高效消能减震装置研发及其应用

陈 云 著

科 学 出 版 社

北 京

内 容 简 介

本专著是作者10多年来针对消能减震装置的研究成果。本书主要介绍了高性能金属阻尼器（弯曲屈服型和剪切屈服型）、黏弹性阻尼器、转动摩擦阻尼器和分级屈服阻尼器的相关研究；针对上述消能减震装置的抗震性能，进行了系统的理论研究、试验研究和数值模拟；给出两个基于高效消能减震装置的设计案例，为其工程应用提供参考。

本书可为土木工程消能减震领域的从业人员提供启迪和参考，包括设计院的结构设计人员、施工企业的技术人员及对相关领域感兴趣的研究人员等，也可供高等院校相关专业的教师和研究生阅读。

图书在版编目（CIP）数据

高效消能减震装置研发及其应用 / 陈云著. —北京：科学出版社，2024.8
ISBN 978-7-03-077146-9

Ⅰ. ①高…　Ⅱ. ①陈…　Ⅲ. ①建筑结构-抗震设计　Ⅳ. ①TU352.104

中国国家版本馆CIP数据核字（2023）第233482号

责任编辑：王　钰 / 责任校对：赵丽杰
责任印制：吕春珉 / 封面设计：东方人华平面设计部

科学出版社出版
北京东黄城根北街16号
邮政编码：100717
http://www.sciencep.com

北京中科印刷有限公司印刷
科学出版社发行　各地新华书店经销
*
2024年8月第　一　版　开本：B5（720×1000）
2024年8月第一次印刷　印张：12 3/4
字数：246 000

定价：128.00元

（如有印装质量问题，我社负责调换）
销售部电话 010-62136230　编辑部电话 010-62151061

前 言

消能减震技术在过去的30多年在国内外取得了丰硕的研究成果，相关成果已在工程中获得了广泛应用，为减轻结构的地震损伤与破坏发挥了重要的作用。作者一直从事消能减震关键技术的创新与实践研究，本专著即为研究成果的总结。专著中的绝大部分内容已在相关学术论文上发表，研究成果授权了20多项国家发明专利和40多项国家实用新型专利，并在20余项减震结构中成功应用。

光阴荏苒，回想作者从硕士期间开始从事结构减震研究已18年了，其间既有取得成绩的喜悦，也有多年思索的未得，路漫漫其修远兮，吾将上下而求索，遗憾的是限于篇幅等原因，本专著中未囊括作者在自复位阻尼器研究方面的一些探索，希望在后续著作中加入。

本专著的相关研究获得国家重点研发计划项目“装配式轻钢龙骨-生物基面板和轻型钢-混凝土组合结构体系关键技术”（项目编号：2019YFD1101003）、国家自然科学基金项目“可更换连梁-自复位剪力墙可恢复功能抗震结构研究”（项目编号：51408170）、国家自然科学基金项目“可恢复功能自复位钢框架抗震性能和设计方法研究”（项目编号：51968020）、海南省重点研发计划项目“新型高效抗震抗风装置研发及其工程应用”（项目编号：ZDYF2016151）、海南省基础与应用基础研究计划（自然科学领域）高层次人才项目“新型装配式自复位钢框架抗震性能研究”（项目编号：2019RC109）、企业委托横向科研项目“高效减震阻尼器及内隔墙防开裂工艺研发及其工程应用”（项目编号：ZTYJ/JAGS-JHHZGC-KY-01）等项目的资助，在此一并致谢！

专著的部分内容来自于作者的博士论文，在此非常感谢恩师吕西林院士的大力指导和帮助。书中的大部分内容是作者带领科研团队完成的，包括硕士研究生刘涛、陈超、徐子凡、禹文华、魏远航，感谢博士研究生付前旺、硕士研究生陈超和禹文华为本书的排版和校稿付出的劳动。

由于作者理论水平与实践经验有限，加上时间仓促，书中难免存在不足之处，恳请读者批评指正。

目　录

第1章　绪　　论

地震作为一种破坏性极强的自然灾害，具有突发性、不确定性和毁灭性。现有的科学手段还不足以准确预测和控制地震的发生。我国处在欧亚地震带和环太平洋地震带之间，是世界上地震灾害最严重的国家之一，1976年的唐山地震、2008 年的汶川地震均对我国相关地区造成了严重创伤。近年来我国多地地震活动频繁，给人民的生命和财产安全造成了严重威胁，工程抗震与防灾任重道远。2022年9月5日，四川省甘孜藏族自治州泸定县发生6.8级地震，震中位于海螺沟景区。作者在 2022 年 10 月 1 日进行了地震震害调研，图 1-0-1 显示震中某砖混结构产生了严重破坏；图 1-0-2 为某框架-填充墙结构的柱端和填充墙产生了严重破坏；图 1-0-3 为某框架结构的柱端产生了严重的剪压破坏。

传统的抗震设计方法主要依靠结构本身的延性和塑性变形来耗散地震能量，防止结构倒塌。在强震作用后，传统抗震结构会出现损伤或者破坏，尽管实现了“大震不倒”，但震后难以修复。为了有效控制结构的强震损伤破坏，国内外研究人员做了大量的工作。1972 年美籍华裔学者 Yao[1]成功将振动控制理论引入到结构抗震领域，形成了“结构振动控制理论”并获得迅速发展，成为抗震设计史上的一个重要里程碑，是结构抗震设计理论的一次重大突破。

图 1-0-1　某砖混结构产生严重破坏

图 1-0-2　某框架-填充墙结构的柱端和填充墙产生严重破坏

图 1-0-3　某框架结构的柱端产生了严重的剪压破坏

振动控制的理念最早应用于汽车与航空航天领域，结构工程研究人员通过科技创新，成功将其应用于工程抗震、抗风领域[2-3]。结构振动控制分为被动控制、主动控制、半主动控制和混合控制。被动控制技术是指在原结构上设置不需要外部输入能量的消能减震装置，使用减震装置来耗散或者吸收大量地震输入到结构中的能量，从而有效减轻主体结构的地震响应和损伤，主要包括隔震技术、消能减震技术和调谐质量减震技术[4-6]。被动控制技术具有减震效果明显、性能稳定、经济性好等优点，在国内外得到广泛研究和应用[7-9]。

基于被动控制的消能减震技术是应用最为广泛的减震技术之一，经过近 40 年无数科研工作者的努力，目前已渐趋成熟[10-12]。其核心在于阻尼器的研发，目前工程中常用的阻尼器按耗能机理可分为位移型阻尼器、速度型阻尼器和复合型阻尼器[13-15]。

位移型阻尼器主要包括金属阻尼器（包含屈曲约束耗能支撑）、摩擦阻尼器和形状记忆合金（shape memory alloys，SMA）阻尼器等。位移型阻尼器的耗能多少与阻尼器的相对变形有关，相对变形越大，耗散能量越多。位移型阻尼器的滞回性能稳定，能够增加结构的刚度和阻尼，是能够良好控制结构位移的阻尼装置[16-18]。速度型阻尼器的阻尼力与相对速度有关，相对速度越快，阻尼力越大。速度型阻尼器一般对结构的刚度增加较小，但能够增加结构的阻尼，在地震作用下能够减小结构基底剪力及层间位移，主要包括黏弹性阻尼器和黏滞阻尼器等。复合型阻尼器将不同耗能机理和变形机制的阻尼元件根据实际工程需要进行合理的组合而成，这类阻尼器一般比普通单一耗能机制的阻尼器具有更强适应能力，包括 SMA-摩擦复合阻尼器、SMA-黏滞复合阻尼器、金属-摩擦复合阻尼器、金属-铅复合阻尼器、金属-黏弹性复合阻尼器、TMD（tuned mass damper，调谐质量阻尼器）-黏弹复合阻尼器和TMD-SMA 复合阻尼器等。针对以上类型的阻尼器，各国学者开展了大量的力学性能研究工作[19-22]。

尽管消能减震技术在近年来取得了重要的研究进展，但是在具体的工程应用中，也存在以下技术难题有待解决。

（1）金属剪切屈服阻尼器变形能力有限、疲劳性能较差，大多金属阻尼器仅具备单一屈服点，不能有效适应地震作用强度不确定性的需求。

（2）黏弹性阻尼器橡胶层剪切变形性能和耗能性能较差，力学模型的模拟精度有待提高。

（3）摩擦阻尼器出力较小，不具备力或位移放大功能。

（4）复合型阻尼器研究成果较少，多道耗能机制不够清晰。

针对以上技术难题，海南大学陈云教授团队近年来在国家重点研发计划项目、国家自然科学基金项目和海南省重点研发计划项目等项目的支持下，围绕新型高效阻尼器的研发与应用，采用理论分析、试验研究、数值模拟和工程应用相结合的研究方法，开展了较为系统深入的科学研究工作，形成了较为系统和丰富的研究成果。本书的研究成果主要包括以下4个方面：

（1）高性能金属阻尼器研发及其抗震性能研究。

（2）黏弹性阻尼器研发及其抗震性能研究。

（3）转动摩擦阻尼器研发及其抗震性能研究。

（4）分级屈服阻尼器研发及其抗震性能研究。

参 考 文 献

[1] YAO J T P. Concept of structure control[J]. Journal of structural division, 1972, 98(7): 1567-1574.

[2] SHEN K L, SOONG T T. Modeling of viscoelastic dampers for structural applications[J]. Journal of engineering mechanics, 1995, 121(6): 694-701.

[3] HOUSNER G W, BERGMAN L A, CAUGHEY T K, et al. Structural control: past, present, and future[J]. Journal of engineering mechanics, 1997, 123(9): 897-971.

[4] 周福霖．工程结构减震控制[M]．北京：地震出版社，1997.

[5] 马宏旺，吕西林．建筑结构基于性能抗震设计的几个问题[J]．同济大学学报，2002，30（12）：1429-1434.

[6] 欧进萍．结构振动控制——主动、半主动和智能控制[M]．北京：科学出版社，2003.

[7] 李爱群．工程结构减振控制[M]．北京：机械工业出版社，2007.

[8] 王亚勇．汶川地震建筑震害启示：抗震概念设计[J]．建筑结构学报，2008，29（4）：20-25.

[9] 周锡元．中国建筑结构抗震研究和实践六十年[J]．建筑结构，2009，39（9）：1-14.

[10] 滕军．结构振动控制的理论、技术和方法[M]．北京：科学出版社，2009.

[11] CHUNG H S, MOON B W, LEE S K, et al. Seismic performance of friction dampers using flexure of RC shear wall system[J]. The structural design of tall and special buildings, 2009, 18(7): 807-822.

[12] 吕西林，蒋欢军．复杂高层建筑抗震与消能减震研究进展[J]．建筑结构学报，2010，31（6）：52-61.

[13] LEE D, TAYLOR D P. Viscous damper development and future trends[J]. The structural design of tall and special buildings, 2010, 10(5): 311-320.

[14] 吕西林，陈云，毛苑君．结构抗震设计的新概念：可恢复功能结构[J]．同济大学学报（自然科学版），2011，39（7）：941-948．

[15] 周福霖，崔鸿超，安部重孝，等．东日本大地震灾害考察报告[J]．建筑结构，2012，42（4）：1-20．

[16] DEDOMENICO D, RICCIARDI G. An enhanced base isolation system equipped with optimal tuned mass damper inerter (TMDI)[J]. Earthquake engineering & structural dynamics, 2018, 47(5): 1169-1192.

[17] 周云，商城豪，张超．消能减震技术研究与应用进展[J]．建筑结构，2019，49（19）：33-48．

[18] CURADELLI R O, RIERA J D. Reliability based assessment of the effectiveness of metallic dampers in buildings under seismic excitations[J]. Engineering structures, 2004, 26(13): 1931-1938.

[19] CHEN B, XU Y L. Integrated damage assessment and vibration control of buildings using friction dampers: Part Ⅱ-numerical investigation[J]. Engineering structures, 2008, 30(3):573-587.

[20] ZHANG Y, ZHU S. A shape memory alloy based reusable hysteretic damper for seismic hazard mitigation[J]. Smart materials and structures, 2007, 16(5): 1603-1613.

[21] 丁洁民，吴宏磊．减隔震建筑结构设计指南与工程应用[M]．北京：中国建筑工业出版社，2018．

[22] 周颖，吴浩，顾安琪．地震工程：从抗震、减隔震到可恢复性[J]．工程力学，2019，36（6）：1-12．

第 2 章　高性能金属阻尼器

本章主要介绍作者科研团队研发的一种弯曲屈服型 Q235 环形金属阻尼器和一种腹板开菱形孔的剪切型金属阻尼器，对这两种高性能金属阻尼器开展了系统的理论分析、试验研究和有限元模拟。

针对弯曲屈服型 Q235 环形金属阻尼器开展的主要工作如下：Q235 环形金属阻尼器的研发→Q235 环形金属阻尼器的拟静力性能试验和结果分析→建立 Q235 环形金属阻尼器的数值模拟方法→建立 Q235 环形金属阻尼器的恢复力模型→提出 Q235 环形金属阻尼器的设计方法。

针对腹板开菱形孔的剪切型金属阻尼器开展的主要工作如下：腹板开菱形孔的剪切型金属阻尼器的研发→腹板开菱形孔的剪切型金属阻尼器的拟静力性能试验和结果分析→建立腹板开菱形孔的剪切型金属阻尼器的数值模拟方法→提出腹板开菱形孔的剪切型金属阻尼器的恢复力模型→设置腹板开菱形孔的剪切型金属阻尼器的双肢剪力墙的低周反复加载模拟→提出腹板开菱形孔的剪切型金属阻尼器的相应研究结论。

2.1　弯曲屈服型金属阻尼器

2.1.1　研究目的和内容

课题组通过前期大量的文献查阅和实地调研，发现目前金属阻尼器在以下两方面的研究仍需进一步加强。①目前，金属阻尼器多采用低屈服点钢材制作，成本高，不利于推广应用，尚需研发以普通钢材制作为基础，具备优良耗能性能和疲劳性能的金属阻尼器。②多数金属阻尼器的变形能力不足，无法满足结构大变形的需要。

为此，陈云等[1]研发了一种由 Q235 钢板制作的环形金属阻尼器，该阻尼器结构形式对称，由普通 Q235 钢板整体切割成型，能够增强阻尼器的变形能力和疲劳性能，安装在结构的大变形部位可实现高效耗能，能够有效保护结构在强震作用下的安全性。该阻尼器可广泛应用在建筑结构中以减小其振动响应，如可通过倒“V”形钢支撑与主体结构连接，也可安装在剪力墙连梁中部，或者安装在隔震结构的隔震层中并与橡胶支座配合使用。为研究环形金属阻尼器的力学性能，课题组通过对 5 个不同规格的环形金属阻尼器进行低周往复加载试验，分析其破坏机理、滞回性能、强度和刚度退化性能、延性、耗能能力和疲劳性能等，并提出环形金属阻尼器的力学性能指标计算公式和恢复力模型，以期为计算分析和工程应用提供参考。

2.1.2　装置构造形式及其工作机理

环形金属阻尼器的构造形式：环形金属阻尼器包括圆弧段、平直段及中间过渡段（图 2-1-1）[2-4]，其中中间连接段钢板设为扩大连接板，每块扩大连接板上开设有螺栓孔用于和结构构件的预埋件相连，平直段与扩大连接板的连接部位做了光滑过渡处理（即过渡段），且平直段与扩大连接板之间光滑过渡处的倒角半径在满足设计要求的前提下应足够大以消除应力集中现象。环形金属阻尼器由 Q235 钢制成，采用钢板整体切割，然后弯折成型，阻尼器只有一条焊缝且位于扩大连接板内。对于钢板厚度较大的大吨位环形金属阻尼器可采用钢水浇铸法生产制作。

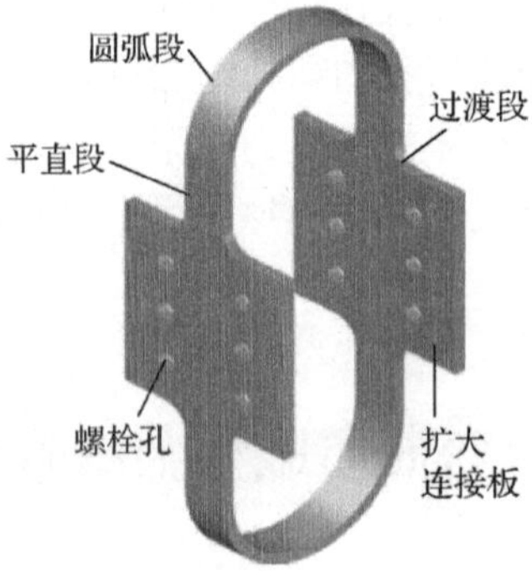

图 2-1-1　环形金属阻尼器的构造形式[2-4]

环形金属阻尼器的圆弧段和平直段为耗能段，每块扩大连接板上均开设有螺栓孔，用于连接结构构件的预埋件，在荷载作用下阻尼器呈滚动弯曲变形，可使多截面屈服，进而增强阻尼器的变形能力和疲劳性能[2]。

环形金属阻尼器的力学性能分析如下。

环形金属阻尼器通过钢板的弯曲屈服耗能[5]，其受力简图如图 2-1-2 所示。左端固定，在竖向力 F 作用下发生弯曲变形，取其中一个圆弧段进行受力分析，首先需做以下假定[6]：

（1）钢板横截面的中性轴在开裂之前都处于横截面的几何中心。

（2）所有理论公式推导都是基于平截面假定。

（3）仅在圆弧段发生变形，平直段只发生竖向位移但不发生变形。

（4）变形之后圆弧段仍为圆弧段。

（5）只考虑弯曲变形，忽略轴向变形和剪切变形。

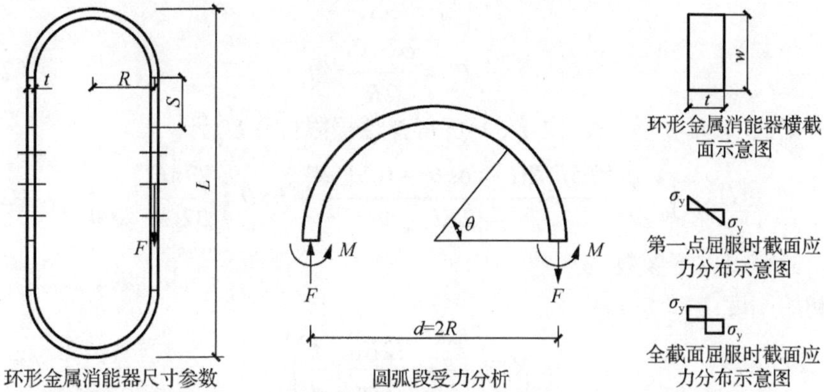

t为阻尼器的钢板厚度；w为阻尼器耗能段的钢板宽度；d和R分别为阻尼器圆弧段的中线直径和半径；S为圆弧段端部到扩大连接板近端的长度；σ_y为阻尼器材料的屈服强度

图 2-1-2　环形金属阻尼器受力简图

根据材料力学理论[7]，当阻尼器上半圆弧受到如图 2-1-2 所示外力时，其圆弧段屈服弯矩 M 和承载力 F 可分别由式（2-1-1）和式（2-1-2）得出[8]。

$$M=\sigma_y W \tag{2-1-1}$$

$$F=\frac{2M}{d}=\frac{M}{R} \tag{2-1-2}$$

式中：W 为截面模量$\left(\text{弹性截面模量} W_e=\dfrac{bt^2}{6}\text{；塑性截面模量} W_p=\dfrac{bt^2}{4}\right)$。

根据几何知识易得，钢板弯曲变形时中性轴两侧的最大应变 ε_{max} 为

$$\varepsilon_{max}=\frac{t}{2R} \tag{2-1-3}$$

由能量法（卡氏第二定律）[9]可知，圆弧段的弹性极限位移 U_e 等于应变能关于荷载的变化率（偏导数），即

$$U_e=\frac{\partial V_e}{\partial F} \tag{2-1-4}$$

$$V_e=\int_0^L \frac{M^2(\theta)}{2EI}\mathrm{d}l \tag{2-1-5}$$

式中：V_e 为圆弧段弧长 L 的应变能。

θ 处的弯矩为

$$M(\theta)=FR(1-\cos\theta)+FR \tag{2-1-6}$$

以上公式都是基于一个半圆弧推导的，由式（2-1-1）和式（2-1-2）可以得到环形金属阻尼器的第一点屈服承载力 F_e［式（2-1-7）］和全截面屈服承载力 F_y［式（2-1-8）］[5]。

$$F_{\mathrm{e}}=\frac{\sigma_{\mathrm{y}}wt^2}{3R} \tag{2-1-7}$$

$$F_{\mathrm{y}}=\frac{\sigma_{\mathrm{y}}wt^2}{2R} \tag{2-1-8}$$

根据式（2-1-3）～式（2-1-6）可得弹性极限位移U_{e}为

$$U_{\mathrm{e}}=\int_0^{\pi}\frac{\partial}{\partial F}\frac{[0.5F_{\mathrm{e}}R(1-\cos\theta)+0.5F_{\mathrm{y}}R]^2}{2EI}R\mathrm{d}\theta=\frac{27\pi F_{\mathrm{y}}}{32Ew}\left(\frac{d}{t}\right)^3 \tag{2-1-9}$$

由此可得以下参数。

初始刚度：

$$K_0=\frac{F_{\mathrm{e}}}{U_{\mathrm{e}}}=\frac{32Ew}{27\pi}\left(\frac{t}{d}\right)^3 \tag{2-1-10}$$

屈服后刚度：

$$K'=\alpha K_0 \tag{2-1-11}$$

等效屈服位移：

$$U_{\mathrm{y}}=\frac{F_{\mathrm{y}}}{K_0}=\frac{27\pi F_{\mathrm{y}}}{32Ew}\left(\frac{d}{t}\right)^3 \tag{2-1-12}$$

峰值承载力：

$$F_{\mathrm{u}}=\beta F_{\mathrm{y}} \tag{2-1-13}$$

式中：E为阻尼器材料的弹性模量；α为阻尼器屈服后刚度与初始刚度之比，对于Q235钢建议取值0.015～0.025；β为材料的超强系数，$1<\beta<\dfrac{\sigma_{\mathrm{u}}}{\sigma_{\mathrm{y}}}$，其中$\sigma_{\mathrm{u}}$为消能材料抗拉强度。

2.1.3　抗震性能试验

1. 试件设计

试验中总共设计了5个试件，其编号为LS-1～LS-5，试件编号及参数如表2-1-1所示，环形金属阻尼器的设计如图2-1-3所示，其中，试件LS-1与试件LS-2的板厚t不同，试件LS-2与试件LS-3的板宽w不同，试件LS-2与试件LS-4的直径d和L不同，试件LS-3 与试件LS-5的S和L不同[2]。

表2-1-1　试件编号及参数[2]　（单位：mm）

试件编号	t	w	d	S	L
LS-1	18	100	280	120	810
LS-2	20	100	280	120	810

续表

试件编号	t	w	d	S	L
LS-3	20	140	280	120	810
LS-4	20	100	240	120	770
LS-5	20	140	280	80	730

注：t 为阻尼器的钢板厚度；w 为阻尼器耗能段的钢板宽度；d 为阻尼器圆弧段的中线直径；S 为圆弧段端部到扩大连接板的长度；L 为阻尼器的总高度[2]。

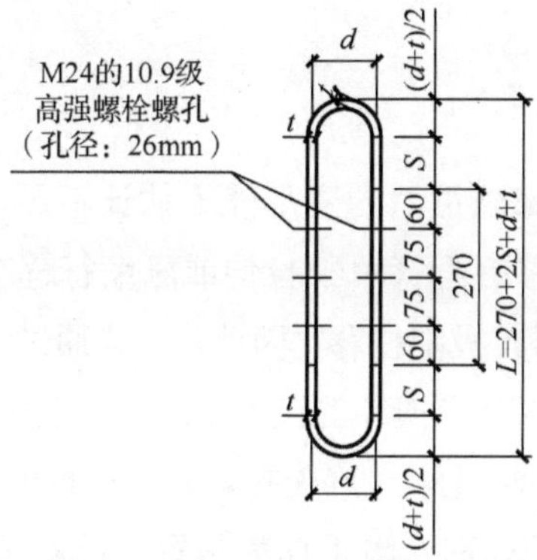

（a）环形试件主视图

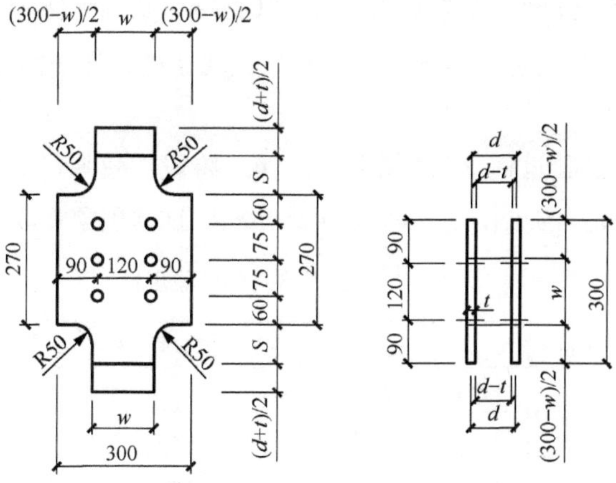

（b）环形试件侧视图　　　　（c）环形试件俯视图

图 2-1-3　环形金属阻尼器设计（单位：mm）[2-4]

环形金属阻尼器试件是由 Q235 钢板整体切割而成，板厚分别为 18mm 和 20mm，对钢板进行单向拉伸力学性能试验[2]，按照《金属材料　拉伸试验　第 1 部分：室温试验方法》（GB/T 228.1—2010）[10]进行，在海南大学结构实验室完成。试验设备为最大负荷 2000kN 的微机控制电液伺服万能试验机，采用精度等级为 0.5

的轴向电子引伸计测量应变，试验结果平均值如表 2-1-2 所示[2]。

表 2-1-2 材料力学性能试验结果[2]

试件编号	t/mm	b/mm	f_y/MPa	f_u/MPa	f_y/f_u	δ/%
1	18	25	290.00	462.56	0.627	34.55
2	20	25	288.70	447.70	0.645	33.61

注：t 为试样厚度；b 为试样宽度；f_y 为材料屈服强度；f_u 为材料抗拉强度；f_y/f_u 为材料屈强比；δ 为断后伸长率[2]。

2. 试验过程与试验现象

由于试验前对环形金属阻尼器的变形能力估计不足，加载时发现试件的变形能力超过了加载装置的位移行程（单独拉伸或压缩行程 200mm），导致试件 LS-1 和试件 LS-3 均未能加载到其极限位移。因此，后续通过改进加载装置将作动器的工作行程增大到 250mm，并对未损坏的试件 LS-1 进行继续加载，试验中试件 LS-1 在位移幅值增加至 164mm 时几乎完好无损，后续一直增大位移直到其破坏；试件 LS-3 加载到 156mm 位移幅值时，限于加载装置不能继续增大位移，在 156mm 位移时反复循环加载 29 圈后发生疲劳破坏。其余试件基本加载到了其极限位移。下面分别对 5 个环形金属阻尼器试验过程和试验现象进行详细阐述。

1）试件 LS-1

试件 LS-1 的试验过程分为两个阶段，第一阶段加载装置工作行程为 200mm，第二阶段将加载装置的工作行程调整为 250mm。试验现象如表 2-1-3 所示。

表 2-1-3 试件 LS-1 的试验现象

加载阶段	位移幅值/mm	试验现象
第一阶段	16	开始形成比较明显的滞回环
	164	第一阶段加载结束，试件几乎完好无损，承载力保持良好
第二阶段	180	试件背面左下端和右下端过渡段各新出现 1 条细微裂缝［裂缝①（图 2-1-4）和裂缝②］
	192	试件正面左下端和右下端过渡段各新出现 1 条裂缝（裂缝③和裂缝④），正面右上端圆弧段出现细长裂缝⑤（图 2-1-5）
	228	5 条裂缝继续扩展，试件塑性变形明显（图 2-1-6）
	240	裂缝⑤继续扩展、贯通，试件破坏（图 2-1-7）

试件 LS-1 的破坏过程(裂缝开始出现到最后破坏模式)的现场照片如图 2-1-4～图 2-1-7 所示。

图 2-1-4　LS-1 初始裂缝出现

图 2-1-5　LS-1 裂缝⑤出现

图 2-1-6　LS-1 在 228mm 位移幅值下的变形图

图 2-1-7　LS-1 的破坏模式

2）试件 LS-2

试件 LS-2 的试验现象如表 2-1-4 所示。

表 2-1-4　试件 LS-2 的试验现象

位移幅值/mm	试验现象
24	开始形成比较明显的滞回环
132	左下端过渡段前后各出现 1 条细微裂缝［裂缝①（图 2-1-8）和裂缝②］
144	右下端过渡段前后各新出现 1 条细微裂缝（裂缝③和裂缝④）
216	4 条裂缝继续扩展，左下端过渡段裂缝宽度达 2mm 左右，试件塑性变形明显（图 2-1-9）
240	左下端过渡段前后裂缝①和裂缝②继续扩展、贯通，试件破坏（图 2-1-10）

试件 LS-2 的破坏过程（裂缝开始出现到最后破坏模式）的现场照片如图 2-1-8～图 2-1-10 所示[3]。

图 2-1-8　LS-2 初始裂缝出现

图 2-1-9　LS-2 在 216mm 位移幅值下的变形

图 2-1-10　LS-2 的破坏模式[3]

3）试件 LS-3

试件 LS-3 的试验现象如表 2-1-5 所示。

表 2-1-5　试件 LS-3 的试验现象

位移幅值/mm	试验现象
24	开始形成比较明显的滞回环
132	试件左上端正面过渡段出现 1 条细微裂缝①（图 2-1-11）
144	试件右上端背面过渡段出现新裂缝②
156（第 13 圈）	之前的裂缝①和裂缝②继续扩展，试件左上端背面过渡段、右上端正面过渡段和右下端背面过渡段分别出现新裂缝（裂缝③～裂缝⑤），试件塑性变形明显（图 2-1-12）
156（第 29 圈）	裂缝①和裂缝③继续扩展、贯通，试件破坏（图 2-1-13）

试件 LS-3 的破坏过程（裂缝开始出现到最后破坏模式）的现场照片如图 2-1-11~图 2-1-13 所示。

图 2-1-11　LS-3 初始裂缝出现

图 2-1-12　LS-3 在 156mm 位移幅值下的变形

图 2-1-13　LS-3 的破坏模式

4）试件 LS-4

试件 LS-4 的试验现象如表 2-1-6 所示。

表 2-1-6　试件 LS-4 的试验现象

位移幅值/mm	试验现象
12	开始形成细窄的滞回环
60（第 30 圈）	试件正面右上端和左上端过渡段各出现 1 条细微裂缝［裂缝①（图 2-1-14）和裂缝②］
156	试件背面右上端过渡段出现新裂缝③
192	之前的 3 条裂缝持续扩展，试件塑性变形明显（图 2-1-15）
204	试件左下端出现新裂缝④并迅速扩展、贯通，试件破坏（图 2-1-16）

试件 LS-4 的破坏过程（裂缝开始出现到最后破坏模式）的现场照片如图 2-1-14～图 2-1-16 所示。

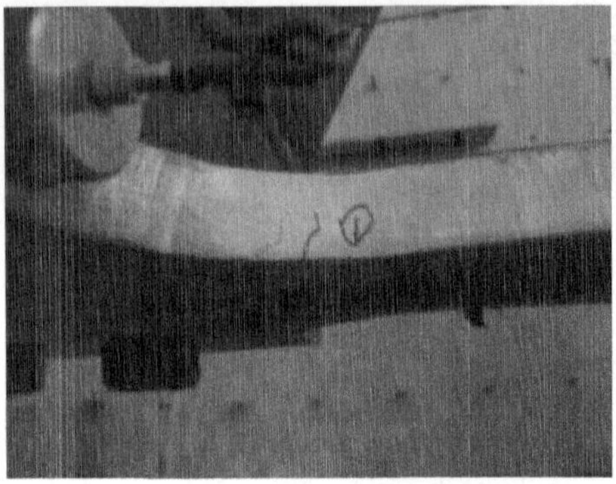

图 2-1-14　LS-4 初始裂缝出现

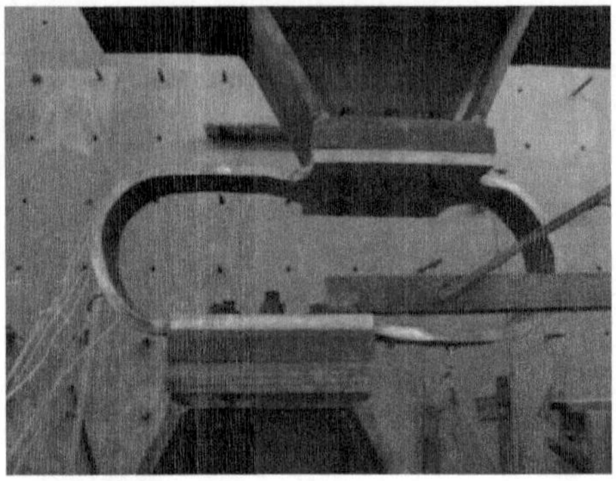

图 2-1-15　LS-4 在 192mm 位移幅值的变形

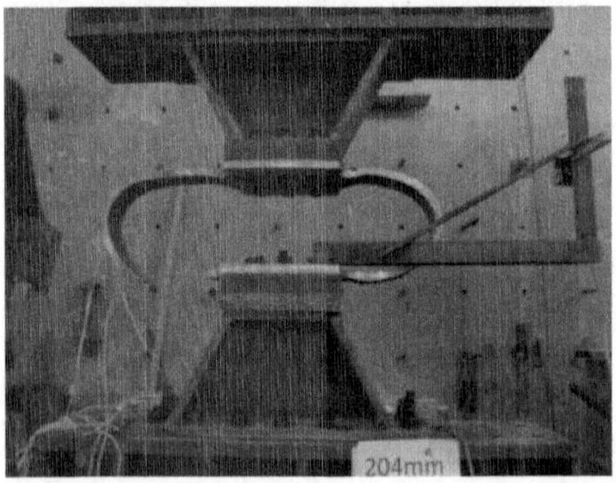

图 2-1-16　LS-4 的破坏模式

5）试件 LS-5

试件 LS-5 的试验现象如表 2-1-7 所示。

表 2-1-7　试件 LS-5 的试验现象

位移幅值/mm	试验现象
12	开始形成细窄的滞回环
66（第 30 圈）	试件正面右下端和左下端过渡段分别出现 1 条细微裂缝［裂缝①（图 2-1-17）和裂缝②］
120	试件背面右下端和左下端过渡段分别出现新的裂缝③和裂缝④
180	之前的 4 条裂缝持续发展，试件正面左上端内壁出现贯通裂缝⑤（图 2-1-18）
192	裂缝⑤继续扩展、贯通，试件破坏（图 2-1-19）

试件 LS-5 的破坏过程（裂缝开始出现到最后破坏模式）的现场照片如图 2-1-17～图 2-1-19 所示。

综合分析所有试件的试验现象发现，试件的断裂破坏位置都发生在平直段或者过渡段，破坏时阻尼器的耗能段已经产生充分的塑性变形，在 4 个平直段或过渡段出现多处裂缝，表明阻尼器实现了多截面屈服，有效地避免了应力集中现象。从试验现象分析得出，在一定范围内，钢板厚度越薄，圆弧段中线半径越大，平直段越长，环形金属阻尼器裂缝出现的时间越晚，疲劳性能和变形性能越好。

图 2-1-17　LS-5 初始裂缝出现

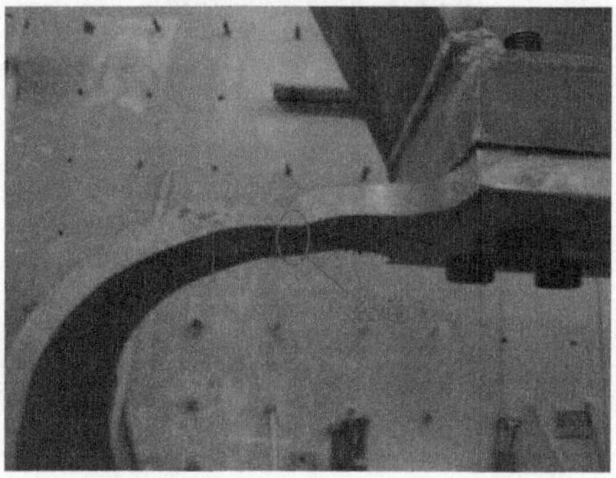

图 2-1-18　LS-5 裂缝⑤出现

图 2-1-19　LS-5 的破坏模式

3. 试验结果及分析

1）滞回曲线和骨架曲线

5 个环形金属阻尼器对应的滞回曲线和骨架曲线如图 2-1-20～图 2-1-27 所示[2]。骨架曲线取各级位移幅值 U 水平下首次循环加载至峰值点的连线。从图中可以看出，每个试件的滞回曲线呈饱满的纺锤体状，滞回环稳定饱满，在试件变形超出大震设计位移的工况下试件仍能较好耗能，直至最后断裂破坏之前，试件的承载力 F 都没有明显降低，滞回环的形状和面积没有发生明显退化，表明环形金属阻尼器具备优良的耗能能力和变形能力。5 个环形金属阻尼器试件的试验结果如表 2-1-8 所示。

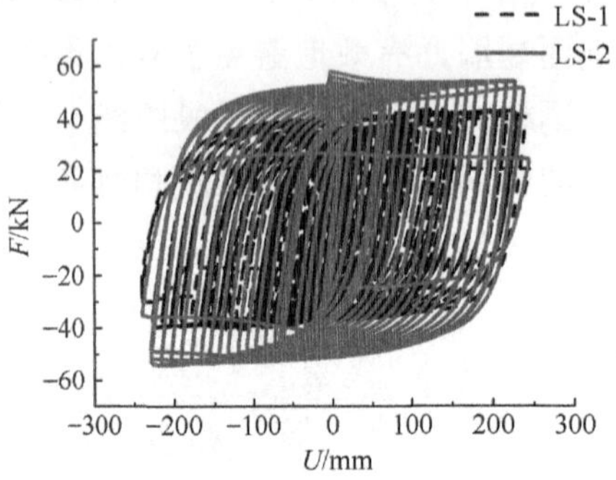

图 2-1-20　试件 LS-1 与试件 LS-2 滞回曲线对比

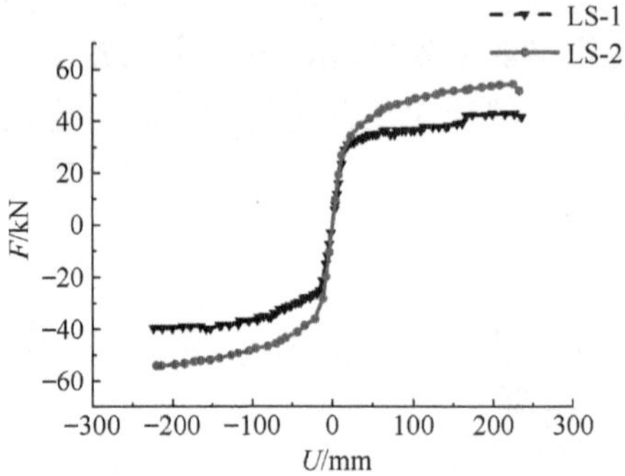

图 2-1-21　试件 LS-1 与试件 LS-2 骨架曲线对比

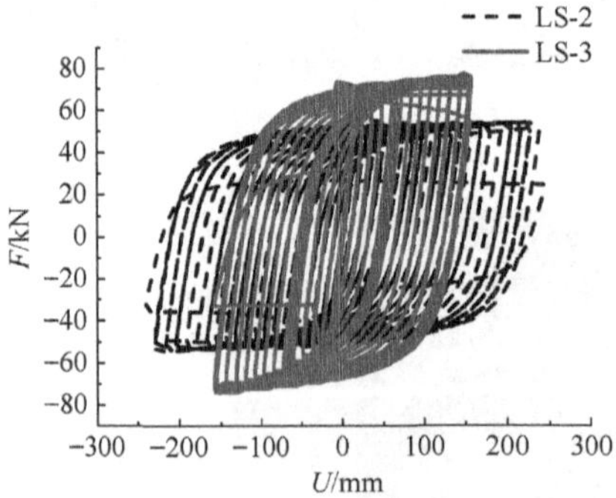

图 2-1-22　试件 LS-2 与试件 LS-3 滞回曲线对比

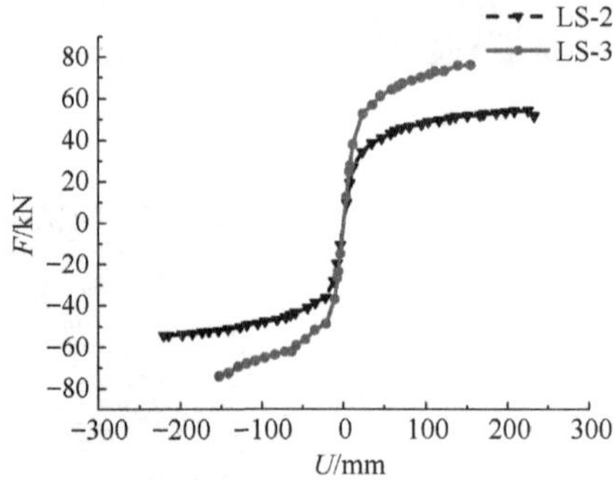

图 2-1-23　试件 LS-2 与试件 LS-3 骨架曲线对比

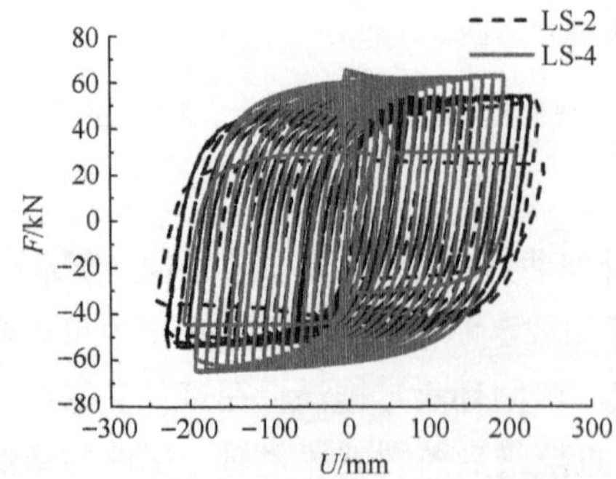

图 2-1-24　试件 LS-2 与试件 LS-4 滞回曲线对比

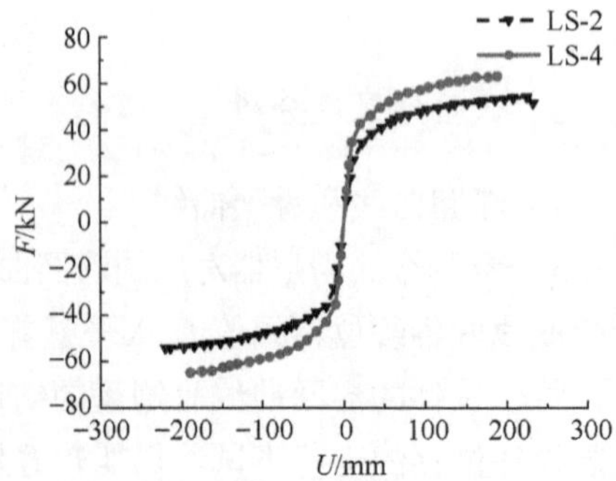

图 2-1-25　试件 LS-2 与试件 LS-4 骨架曲线对比

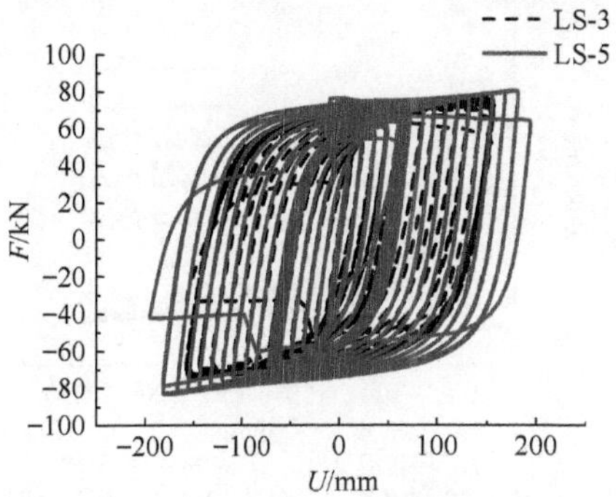

图 2-1-26　试件 LS-3 与试件 LS-5 滞回曲线对比

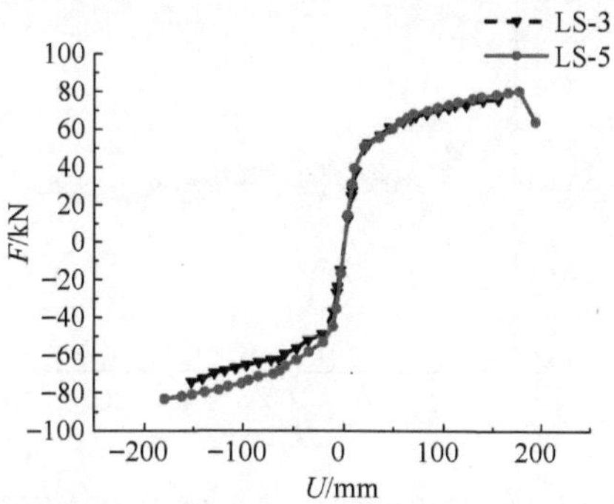

图 2-1-27　试件 LS-3 与试件 LS-5 骨架曲线对比

表 2-1-8　环形金属阻尼器的试验结果

试件编号	初始刚度/(kN/mm)	塑性屈服承载力/kN	屈服位移/mm	峰值承载力/kN	峰值位移/mm	极限承载力/kN	极限位移/mm	延性系数
LS-1	2.107	31.42	14.91	42.88	199.34	41.56	235.93	15.82
LS-2	2.709	41.15	15.19	54.24	225.20	51.65	232.79	15.33
LS-3	3.668	57.04	15.55	76.00	154.54	76.00	154.54	9.94
LS-4	3.803	48.68	12.80	63.09	188.56	63.09	188.56	14.73
LS-5	4.649	56.86	12.23	80.53	176.08	64.85	192.74	15.76

2）强度退化与刚度退化

本次试验从 12mm 开始每级加载循环 3 次，为了充分考察环形金属阻尼器的荷载保持能力，将每级加载第 3 圈的峰值荷载 F_{peak3} 与第 1 圈的峰值荷载 F_{peak1} 的比值记为强度退化率。在循环往复荷载作用下，随着位移幅值的增加，试件的刚度 K 也在不断退化，这里试件的刚度采用等效割线刚度。

5 个环形金属阻尼器的强度退化曲线和刚度退化曲线分别如图 2-1-28 和图 2-1-29 所示[2]。从图 2-1-28 可知，5 个环形金属阻尼器试件的强度退化率为 0.93～1.07，因此从加载初始到最后破坏之前，所有试件的强度退化很小，表明环形金属阻尼器的荷载保持能力比较突出。从图 2-1-29 可知，试件 LS-5 因为其钢板厚度和宽度大并且平直段长度小，所以刚度最大；试件 LS-4 初始刚度比试件 LS-3 大，但试件 LS-4 的刚度退化比试件 LS-3 快，位移幅值从 8mm 以后，试件 LS-3 的刚度大于试件 LS-4；试件 LS-1 的刚度最小。所有试件的刚度退化过程比较相似，都是初始刚度退化较快，当位移幅值超过 60mm 之后，刚度退化变缓，整体刚度退化曲线比较光滑。

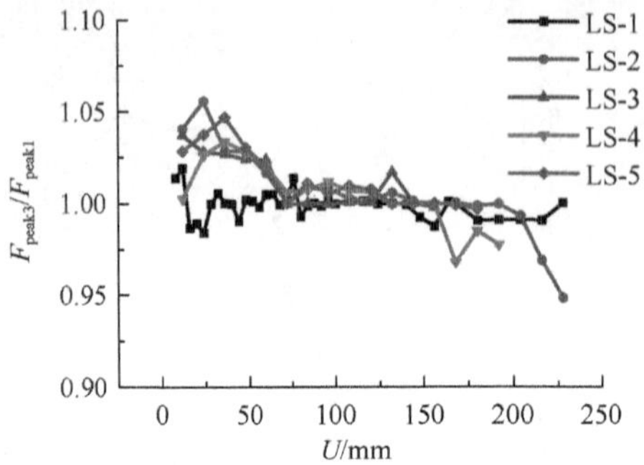

图 2-1-28　试件 LS-1～试件 LS-5 的强度退化曲线

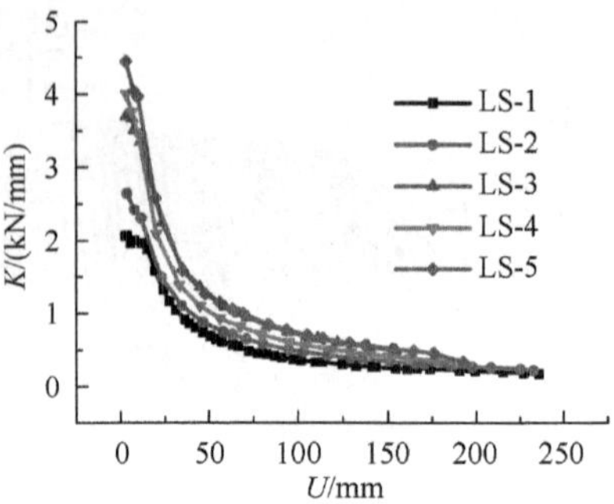

图 2-1-29　试件 LS-1～试件 LS-5 的刚度退化曲线

3）耗能性能

在现代工程抗震中，通常用等效黏滞阻尼系数 ζ_{eq} 大小来评价结构的耗能能力[11]，其计算方法如图 2-1-30 和式（2-1-14）所示。

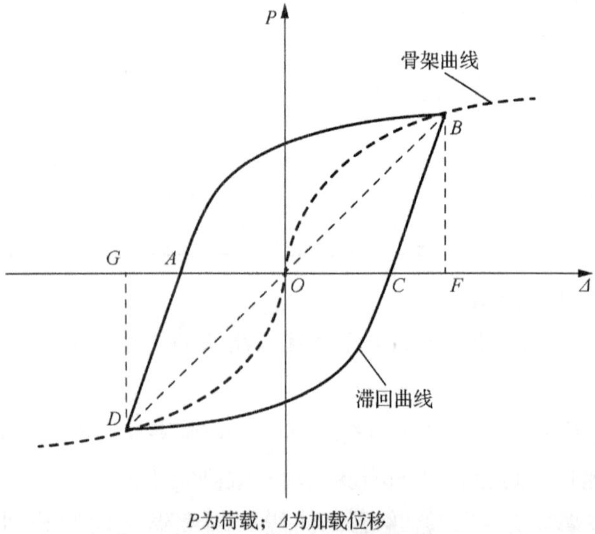

P为荷载；Δ为加载位移

图 2-1-30　滞回曲线和骨架曲线

$$\zeta_{eq}=\frac{1}{2\pi}\times\frac{S_{ABCD}}{S_{OBF}+S_{ODG}} \tag{2-1-14}$$

式中：S_{ABCD} 表示滞回环的面积；S_{OBF}、S_{ODG} 分别表示△*OBF* 和△*ODG* 的面积。

计算获得的等效黏滞阻尼系数曲线如图 2-1-31 所示，随着位移的加大，每个试件的等效黏滞阻尼系数逐渐增大，初始增长速度较快，后期趋于平缓，最后稳定在 0.5 左右。每个试件从裂缝出现到最后破坏之前，其等效黏滞阻尼系数几乎没有降低，表明环形金属阻尼器的耗能性能很强。对于 5 个环形金属阻尼器，试件 LS-4 和试件 LS-5 的等效黏滞阻尼系数相对较大，试件 LS-2 和试件 LS-3 次之，试件 LS-1 的等效黏滞阻尼系数最小，因此适当增加耗能段钢板的厚度、减小圆弧段中线的直径或者平直段的长度，可使等效黏滞阻尼系数有所增加，从而提高环形金属阻尼器的耗能性能。

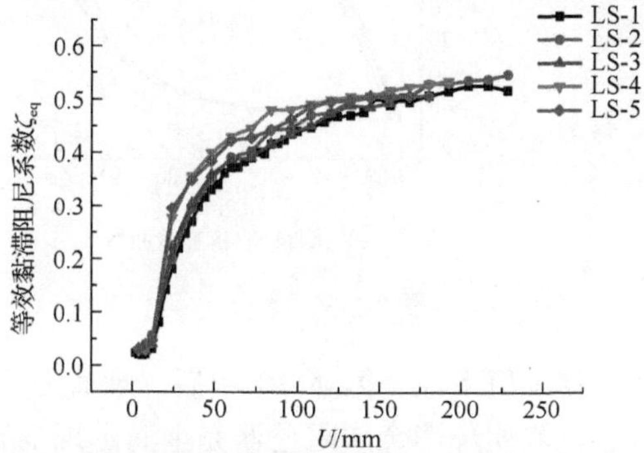

图 2-1-31　等效黏滞阻尼系数曲线[2]

4）疲劳性能

根据《建筑抗震设计规范（2016 年版）》（GB 50011—2010）[12]第 12.3.6 条对位移相关型消能器的规定：在消能器设计位移幅值下往复循环 30 圈后，消能器的主要设计指标误差和衰减量不应超过 15%，且不应有明显的低周疲劳现象。本试验对所有试件都进行了设计位移幅值下的疲劳测试，测试结果如图 2-1-32 所示。

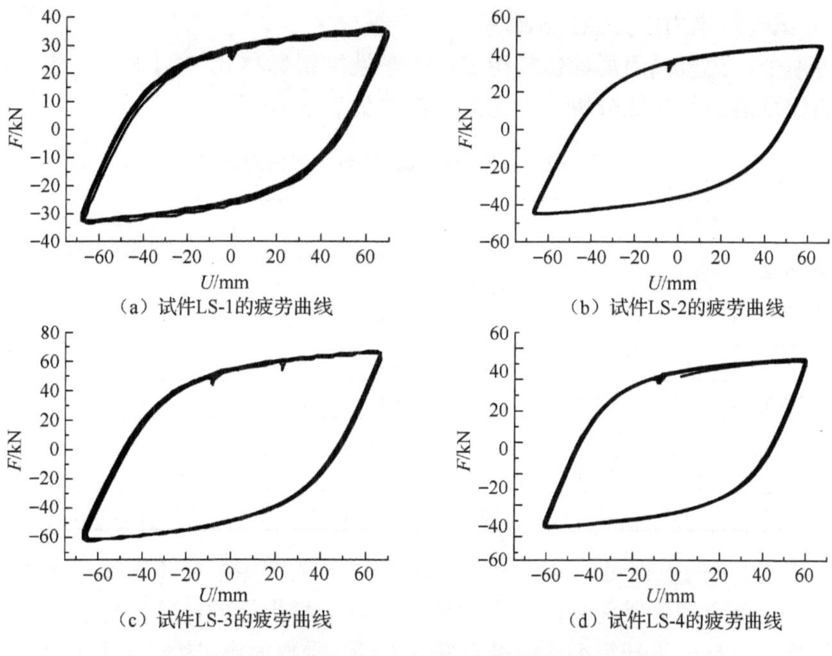

图 2-1-32　试件在设计位移幅值下的疲劳曲线[2]

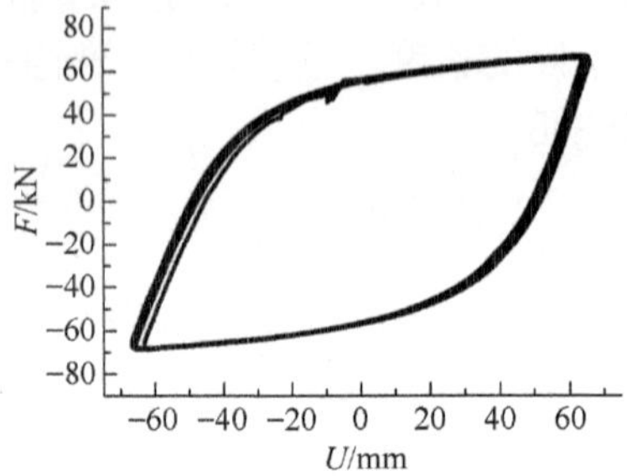

（e）试件LS-5的疲劳曲线

图 2-1-32（续）

所有试件在设计位移幅值下往复循环 30 圈后，承载力几乎没有下降，30 圈的滞回环形状几乎重合，表明环形金属阻尼器完全满足规范的疲劳测试要求。另外需要指出的是，对于单个环形金属阻尼器，从开始加载直到破坏时，试件 LS-1 总共加载循环了 145 圈，其中有 97 圈的加载位移大于大震下的设计位移，位移累计历程达 50496mm，远远超过了规范的 30 圈要求。试件 LS-2～试件 LS-5 也都表现出非常优良的疲劳性能。其中，试件 LS-2 总共循环 90 圈，位移累计历程达 35568mm；试件 LS-3 总共循环 100 圈，位移累计历程达 37320mm；试件 LS-4 总共循环 78 圈，位移累计历程达 26316mm；试件 LS-5 总共循环 78 圈，位移累计历程达 26016mm。

5）试验结果力学性能指标分析

将单个环形金属阻尼器试验得到的力学性能指标与式（2-1-8）～式（2-1-12）得到的计算值进行对比分析，对比结果汇总如表 2-1-9 所示。

表 2-1-9　力学指标试验值与计算值对比[2]

试件编号	初始刚度			塑性屈服承载力			等效屈服位移		
	试验值 K_0'/(kN/mm)	计算值 K_0/(kN/mm)	误差 $[(K_0'-K_0)/K_0']$/%	试验屈服承载力 F_y'/kN	计算屈服承载力 F_y/kN	误差 $[(F_y'-F_y)/F_y']$/%	试验屈服位移 U_y'/mm	计算屈服位移 U_y/mm	误差 $[(U_y'-U_y)/U_y']$/%
LS-1	2.107	2.191	−3.987	31.42	33.32	−6.047	14.91	15.21	−2.012
LS-2	2.709	2.662	1.735	41.15	41.24	−0.219	15.19	15.49	−1.975
LS-3	3.668	3.727	−1.609	57.04	57.74	−1.227	15.55	15.49	0.386
LS-4	3.803	3.766	0.973	48.68	48.12	1.150	12.80	12.78	0.156
LS-5	4.649	3.727	19.832	56.86	57.74	−1.548	12.23	15.49	−26.656

从表 2-1-9 的数据可以分析得出，除了 LS-5 的初始刚度和等效屈服位移的计算值与试验值有较大差距外，其余试件的 3 项力学指标的计算值与试验值都很接近。分析原因是理论计算公式未能反映 S（圆弧段端部到扩大连接板近端的长度）

对阻尼器力学性能的影响。从比较结果可知，上述计算公式对 S=120mm 的阻尼器力学性能指标的计算结果较好，但对 S=80mm 的阻尼器的初始刚度和等效屈服位移的预测结果较差，这表明 S 值对阻尼器的初始刚度和等效屈服位移有较大影响，但对塑性屈服承载力基本无影响。

2.1.4　数值模拟

1. ABAQUS 建模方法

基于 ABAQUS 有限元分析软件，采用 ABAQUS/Standard（标准）分析模块，所有构件的单元均为八结点线性六面体减缩积分实体单元——C3D8R。减缩积分单元可以有效避免剪切闭锁问题，而且对计算分析精度影响不大。应用扫掠化分网技术并采用进阶算法进行网格划分，因为试件过渡段容易发生应力集中现象，所以对该位置的网格进行了局部加密。建模时，将环形金属阻尼器几何处理为整体模型，未考虑试件焊接等带来的加工缺陷。为了更真实地反映试验加载实况，将试件下部的扩大连接板完全固定（因为平行四连杆机构的固定底梁可以认为刚度无穷大，并且可以完全约束住下部扩大连接板的所有自由度），上部的扩大连接板采用定向约束，只释放 X 向平动自由度，约束其他方向的平动自由度和转动自由度（由于平行四连杆机构的上部加载横梁刚度无穷大，可让上部的扩大连接板只发生平面内 X 方向的水平位移）。上部连接板与一个参考点 RF1 耦合，采用位移加载方式，向参考点 RF1 施加 X 方向逐级递增的循环位移，加载时程与试验相同。

钢材采用双线性随动强化模型，具体数据采用对应材料性能试验的真实值。该材料本构模型可以考虑钢材的包兴格效应，可用于循环往复加载研究中；但是该模型有其缺点，即未考虑刚度退化。试件的有限元模型和模拟变形图如图 2-1-33 和图 2-1-34 所示。

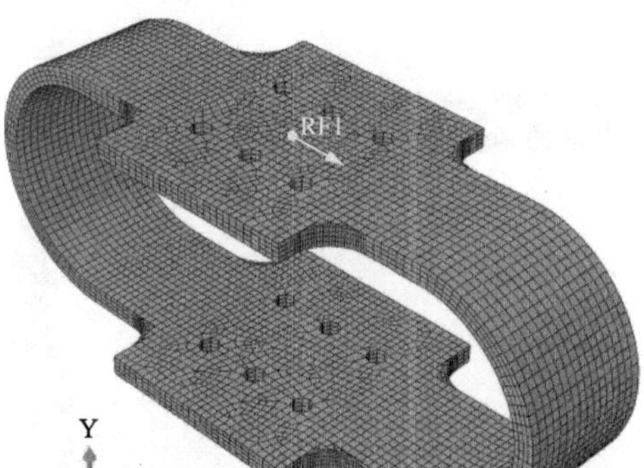

图 2-1-33　试件的有限元模型[3]

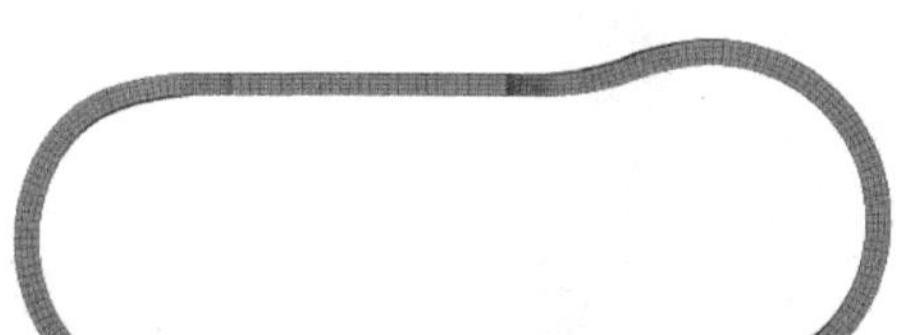

图 2-1-34　试件的模拟变形图

2. 模型验证

对 5 个试验试件按照上述的建模方法进行精确模拟，这里只给出试件 LS-2 的等效塑性应变（equivalent plastic strain，在 ABAQUS 中该变量表示为 PEEQ）的发展过程（图 2-1-35）。等效塑性应变（PEEQ）是描述试件在整个变形过程中塑性应变的累计结果，若在弹塑性分析过程中 PEEQ>0，则表示材料已经屈服。

（a）开始屈服

（b）出现裂缝

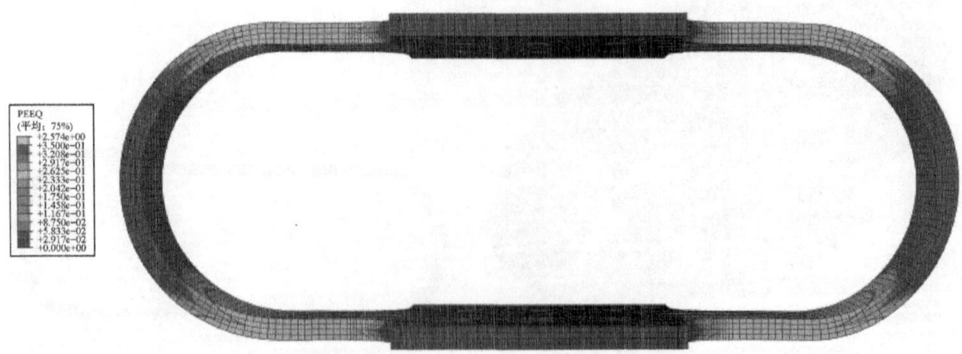

（c）试件断裂

图 2-1-35　试件 LS-2 的等效塑性应变发展过程

图 2-1-35 给出了试件 LS-2 等效塑性应变发展的全过程，从模拟情况来看：试件从 9.10mm 开始屈服，屈服位置主要集中在过渡段［图 2-1-35（a）］；随着位移幅值加大，塑性应变开始积累并扩展，试件圆弧段和平直段多处产生塑性变形，过渡段的塑性应变累计仍然是最多的［图 2-1-35（b）］，而试验的裂缝出现位置也在过渡段，与模拟现象吻合；试验时试件在 240mm 位移幅值下发生断裂，且此时试件耗能段（圆弧段和平直段）塑性变形明显，真正实现多截面屈服，也与模拟现象吻合。

为了进一步证明阻尼器有限元模拟的可靠度，对 5 个试件数值模拟得到的滞回曲线和骨架曲线与试验结果进行了对比分析。限于篇幅，只给出了试件 LS-1 的对比曲线（图 2-1-36），所有试件数值试验与模拟的初始刚度对比如表 2-1-10 所示。

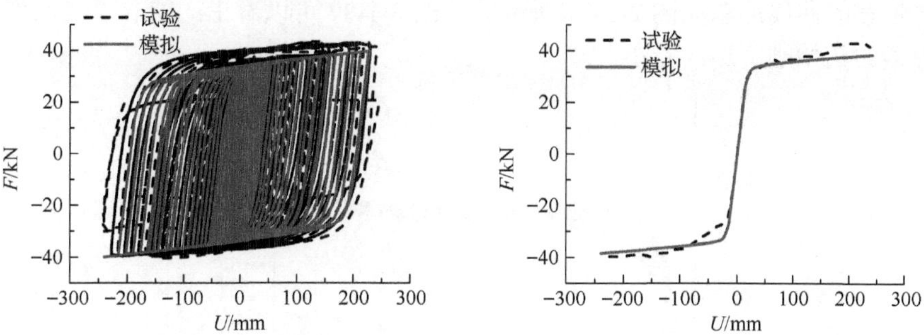

（a）LS-1试验与模拟的滞回曲线对比[3]　　（b）LS-1试验与模拟的骨架曲线对比

图 2-1-36　试验与模拟的曲线对比

表 2-1-10　试验与模拟的初始刚度对比

初始刚度	LS-1	LS-2	LS-3	LS-4	LS-5
$K_{试验}$/（kN/mm）	2.107	2.709	3.668	3.803	4.649
$K_{模拟}$/（kN/mm）	1.992	2.571	3.552	3.829	4.304
误差[($K_{模拟}$−$K_{试验}$)/$K_{试验}$]/%	−5.458	−5.09413	−3.16249	0.683671	−7.42095

从图 2-1-36 可知，模拟的滞回环形状整体上与试验结果比较接近，特别是初始刚度和卸载刚度与试验结果吻合良好，误差都在 8%以内（表 2-1-10）。不足之处是模拟的滞回环在每一圈的软化过渡段与试验结果有一定差异，且在加载后期模拟比试验得到的滞回环面积偏小，原因是模拟的材料本构模型采用简化的双线性随动强化模型，而钢材真实的材料本构模型是介于等向强化模型和随动强化模型之间。综上所述，本章的建模方法是合理可靠的。

3. 参数化分析

受试验条件和项目经费的限制，本次试验未能对阻尼器的每个尺寸参数都进行深入试验研究，初始的理论分析未考虑平直段长度 S（即圆弧段端部到扩大连接板近端的长度）对其力学性能指标的影响。试验结果分析表明：平直段长度 S 对环形金属阻尼器的初始刚度和等效屈服位移有较大影响，但对塑性屈服承载力基本无影响。下面通过 ABAQUS 数值模拟参数分析，研究 S 的大小对环形金属阻尼器初始刚度的影响。

4. 模型建立与参数选取

总共建立了 19 个不同 S 值的环形金属阻尼器的有限元分析模型，S 值在 60～160mm 时增幅为 10mm，在 160～200mm 时增幅为 5mm，其余尺寸参数同试件 LS-2。对 19 个模型进行单调推覆加载分析得到其初始刚度，所有模型模拟结果的力与位移的曲线汇总如图 2-1-37 所示。从图 2-1-37 可以看出：随着 S 值的增加，阻尼器的初始刚度逐渐减小。

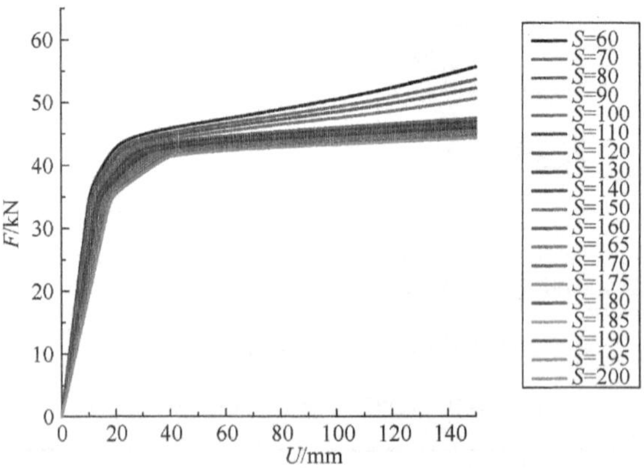

图 2-1-37　模拟曲线汇总[3]

5. 参数分析

将每个模型模拟得到的初始刚度 $K_{0,模拟}$ 除以按初始刚度理论计算公式得到的初始刚度 $K_{0,计算}$，对二者之间的比值采用最小二乘法回归拟合得到环形金属阻尼器的初始刚度的修正系数 $f(S)$，回归拟合曲线如图 2-1-38 所示，修正之后的阻尼器初始刚度和等效屈服位移见式（2-1-15）～式（2-1-18）。

初始刚度修正系数：

$$f(S)=\frac{1}{0.5185+0.00431S} \tag{2-1-15}$$

全截面屈服承载力：

$$F_y=\frac{\sigma_y wt^2}{2R} \tag{2-1-16}$$

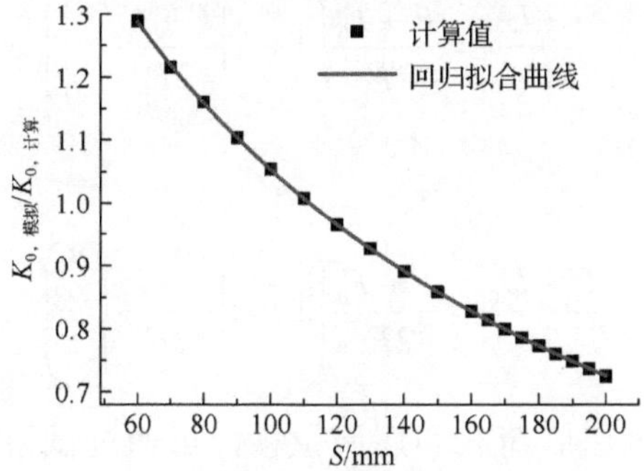

图 2-1-38　回归拟合曲线[3]

初始刚度：

$$K_0 = f(S)\frac{32Ewt^3}{27\pi(2R)^3} \tag{2-1-17}$$

等效屈服位移：

$$U_y = \frac{F_y}{K_0} = \frac{27\pi\sigma_y R^2}{8f(S)Et} \tag{2-1-18}$$

2.1.5　恢复力模型

1. Ramberg-Osgood 恢复力模型

采用 Ramberg-Osgood（兰贝格-奥斯古德）模型（简称 RO 模型）作为单个环形金属阻尼器的恢复力模型。该模型是一款连续的曲线模型，避免了折线模型的个别转折点导数不连续的问题，较为符合工程实际，而且参数较少，能够考虑刚度退化和滞回曲线的扩张特性，是应用广泛的恢复力模型之一。RO 模型由骨架曲线和滞回曲线组成（图 2-1-39），其中U_0和F_0分别为卸载点的位移和荷载，骨架曲线和滞回曲线对应的表达式为式（2-1-19）～式（2-1-21）。式中，α和 r 为曲线形状系数。α控制曲线的弹性比例极限，α越大，曲线弹性比例极限值越小；r 控制曲线屈服后刚度，r 越大，屈服后刚度越小，特殊的，r=1 时，曲线为完全弹性，r=∞时，曲线为理想弹塑性[13]。

骨架曲线：

$$\frac{U}{U_y} = \frac{F}{F_y}\left(1+\alpha\left|\frac{F}{F_y}\right|^{r-1}\right) \tag{2-1-19}$$

滞回曲线左：

$$\frac{U+U_0}{2U_y}=\frac{F+F_0}{2F_y}\left(1+\alpha\left|\frac{F+F_0}{2F_y}\right|^{r-1}\right) \tag{2-1-20}$$

滞回曲线右：

$$\frac{U-U_0}{2U_y}=\frac{F-F_0}{2F_y}\left(1+\alpha\left|\frac{F-F_0}{2F_y}\right|^{r-1}\right) \tag{2-1-21}$$

式中：F_y和U_y分别为屈服荷载和屈服位移，可通过试验结果或理论计算公式获得。

通过最小二乘法拟合得到$r=7.1\ln\left(\frac{t}{2R}\right)+29.5$，$\alpha=0.5$。

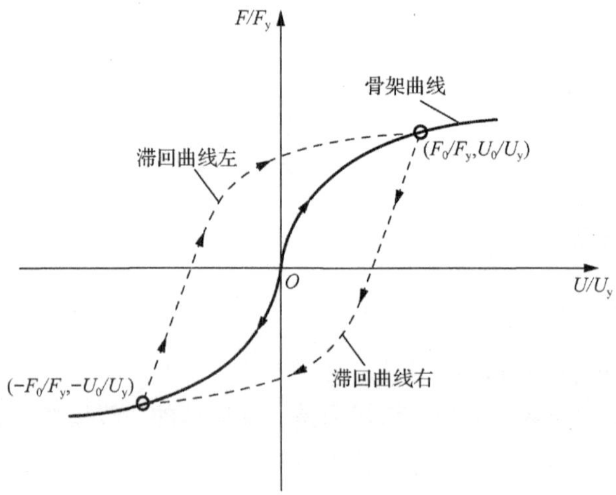

图 2-1-39　Ramberg-Osgood 恢复力模型

2. Ramberg-Osgood 模型与试验对比

根据式（2-1-15）～式（2-1-21），在 MATLAB 软件中用 RO 模型编写程序绘制环形金属阻尼器的骨架曲线、滞回曲线和耗能变化曲线，这里的F_y和U_y分别通过式（2-1-19）和式（2-1-21）获得。比较所有试件的试验曲线与计算模拟曲线，都表明 RO 恢复力模型可以较好地描述环形金属阻尼器的滞回性能，限于篇幅这里仅列出试件 LS-2 和试件 LS-4 的试验与计算结果对比（图 2-1-40）[2]。

根据 RO 模型计算的骨架曲线和滞回曲线与试验结果除了过渡段有所差异外，其余各项力学性能指标都比较吻合，譬如初始刚度、峰值承载力和不同位移下的耗散能量。

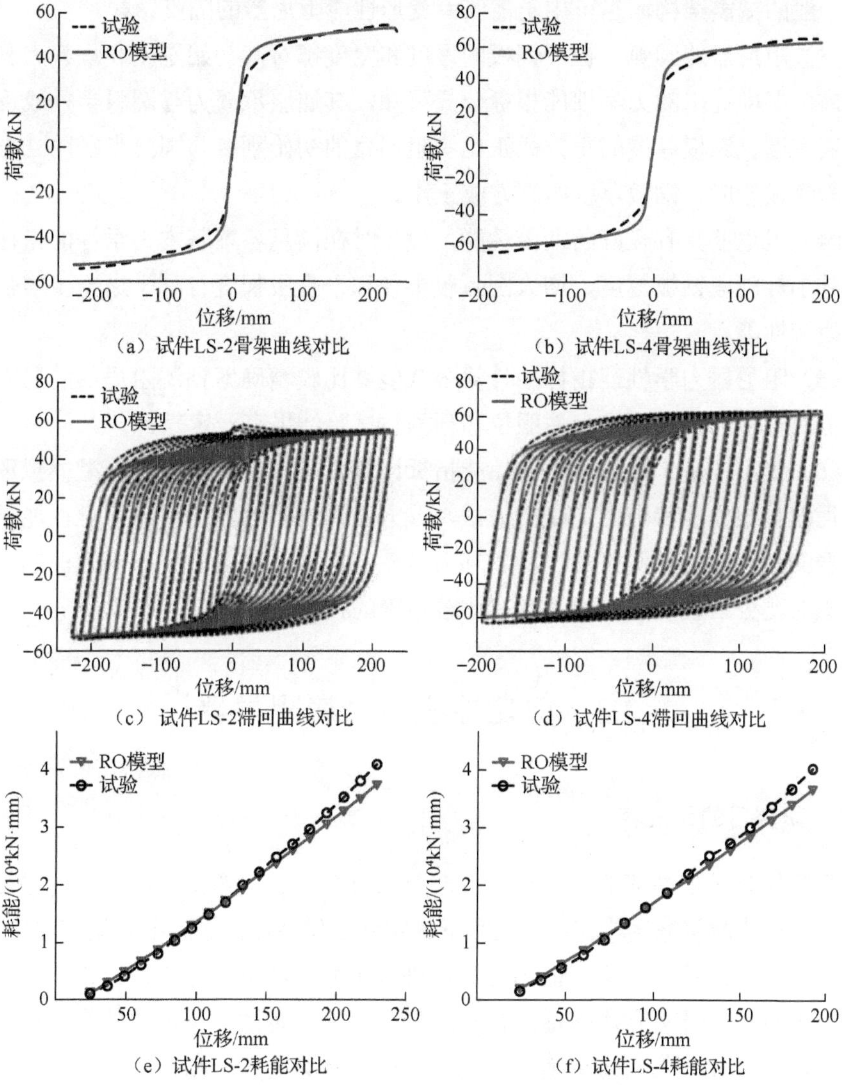

（a）试件LS-2骨架曲线对比　（b）试件LS-4骨架曲线对比

（c）试件LS-2滞回曲线对比　（d）试件LS-4滞回曲线对比

（e）试件LS-2耗能对比　（f）试件LS-4耗能对比

图 2-1-40　RO 模型曲线与试验曲线对比[2]

2.1.6　研究结论

（1）环形金属阻尼器在低周反复加载时呈滚动弯曲变形，实现了多截面屈服，有效避免了一般阻尼器屈服位置集中的现象，因此，其变形性能和疲劳性能非常优越。

（2）阻尼器的滞回环饱满稳定，直至破坏前其承载力都退化很小，表明环形金属阻尼器具有优良的滞回耗能能力，特别在大变形下其滞回环仍饱满稳定，可用于一般的减震结构，也可用于需要大变形性能阻尼器的隔震结构。

（3）阻尼器的圆弧半径、钢板的厚度和宽度都对其初始刚度和承载力有重要影响，由书中提出的力学性能指标公式可知，其屈服承载力与圆弧半径成反比，与钢板宽度、钢板厚度的平方成正比；阻尼器的初始刚度与圆弧半径的立方成反比，与钢板宽度、钢板厚度的立方成正比。

（4）阻尼器具有良好的疲劳性能，设计时在满足各项基本力学性能指标的同时，减小耗能段钢板厚度、增大圆弧段半径和平直段长度有利于进一步增强阻尼器的疲劳性能。

（5）阻尼器力学性能指标的计算公式能够比较精确地预测阻尼器的屈服承载力，但对试件的初始刚度和屈服位移预测与试验结果有一定差异。

（6）提出了基于阻尼器力学性能指标计算公式和 RO 恢复力模型模拟环形金属阻尼器骨架曲线和滞回曲线的方法，该方法通过阻尼器的材料力学性能指标和阻尼器的尺寸即可预测阻尼器的各项力学性能指标、骨架曲线和滞回曲线，与试验结果对比分析表明，该方法具有比较精确的预测结果。

2.2 剪切屈服型金属阻尼器

2.2.1 研究目的和内容

目前结构基于性能的抗震设计方法要求对结构进入弹塑性后的性能进行详细计算，这样才能掌握结构在中、大震下的实际工作性能，从而不断调整结构设计，使其达到预定的性能目标。但结构构件进入了弹塑性也就意味着结构有了损伤，而现在的性能设计只考虑保证结构在遭受一次地震时达到预定的性能目标，却不考虑结构构件在损伤后可更换的问题，因此很有必要开展结构构件在地震受损后可更换的研究工作，不致因震后部分结构构件的严重受损而影响整个结构的使用功能。

针对连梁在联肢剪力墙中除了需要有足够的强度和刚度给墙肢提供足够的约束外，其另一个主要功能是耗散大量的地震能量以保护墙肢免遭严重破坏。鉴于此，Fortney 等[14]和吕西林等[15-16]明确提出了可更换的“保险丝”连梁的概念，其做法是对连梁的中间部分进行削弱，并利用连梁的中间部分进行剪切屈服耗能，中间部分损坏后易于更换。目前可用于连梁的“保险丝”种类甚多，很多阻尼器都可作为可更换连梁“保险丝”。可更换连梁阻尼器除了应当具备较强的耗能能力之外，还应具有足够的强度、刚度和耐久性。连梁阻尼器的刚度主要是满足连梁在小震作用下应当保持弹性的要求。连梁阻尼器的强度是连梁对墙肢提供约束弯矩大小的依据，连梁阻尼器的强度越大，连梁对墙肢提供的约束弯矩越大，但连梁阻尼器的强度一定要合理，因为连梁阻尼器应先于墙肢纵筋屈服，如此方为合理的屈服顺序，并可以保护墙肢的安全。

连梁阻尼器应具有造价低廉、连接方便、设计概念清晰的优点。因为阻尼器除了耗能的作用外，其受力状态比较复杂，要承受弯矩、剪力和轴力的作用，起着对墙肢提供约束弯矩的重要作用。金属阻尼器因其价格低廉，强度和刚度的大小设计较易控制，经过合理设计后耗能性能优越，在目前的结构振动控制中得到了广泛的应用[17]。

本章提出了一种新型可更换腹板开菱形孔的剪切型金属阻尼器[18-19]，通过低周反复加载试验对腹板开菱形孔的剪切型金属阻尼器的抗震性能进行详细试验研究，最后提出相应的设计建议，该阻尼器可应用于连梁阻尼器。

2.2.2　装置构造形式及其工作机理

图 2-2-1 所示为腹板开菱形孔的剪切型金属阻尼器的三维构造示意图。腹板开菱形孔是为了使腹板能够大部分屈服耗能，增强阻尼器的耗能能力，合理的屈服顺序是最弱的截面先屈服，通过材料的硬化处理，达到腹板大部屈服的目的。这类阻尼器一般设计为剪切屈服耗能构件，如图 2-2-2 所示。

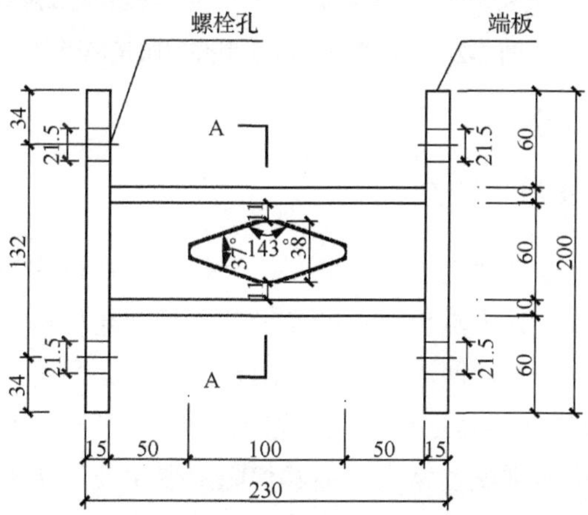

（a）阻尼器立面图

图 2-2-1　腹板开菱形孔的剪切型金属阻尼器的三维构造示意图[20-22]

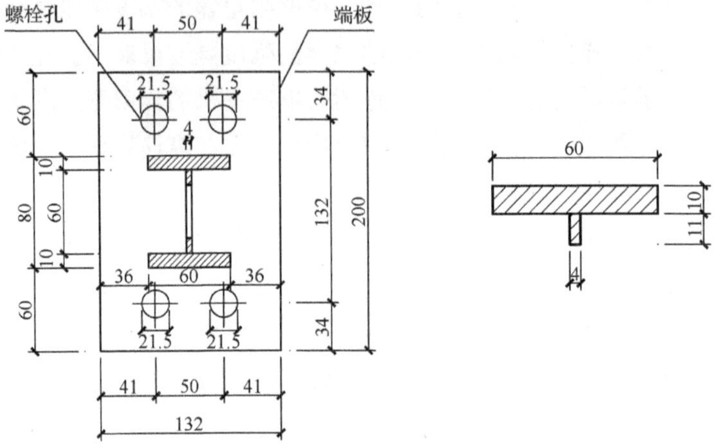

（b）A-A剖面图[22,25]　　（c）阻尼器洞口上/下部的T形截面

图 2-2-1（续）

图 2-2-2　开菱形孔剪切型金属阻尼器[20,22-24]

2.2.3　抗震性能试验

1. 加载装置及加载制度

阻尼器的受力以受剪为主，因此采用平行四连杆机构对试件进行剪切试验。将阻尼器竖立起来，其上端板通过转换板与平行四连杆机构的上部横梁相连接，下端板通过转换板与平行四连杆机构的固定梁连接。利用 63t 的 SCHENCK（德国申克集团）液压作动器对上部横梁实施水平推、拉荷载，具体加载装置如图 2-2-3 所示。四连杆机构的刚度非常大，能够使阻尼器主要产生剪切变形，在这里忽略阻尼器的轴向变形。一共布置了 4 个位移计，分别在底梁和加载梁的形心上布置了 2 个水平位移计，分别用来测量底座的滑移量和加载梁的水平位移。在与阻尼器连接的上下两块端板上布置了 2 个水平位移计，用来测量阻尼器的剪切变形。

测试数据通过江苏东华测试技术股份有限公司生产的 DH3817 动静态应变测试系统进行采集。

全部采用位移控制加载方式，确定骨架曲线和滞回曲线时每次加载 1mm 位移，每级位移循环 3 次测试阻尼器的荷载保持能力[22]，加载过程如图 2-2-4 所示。采用小位移增量加载的优点是可以尽可能准确地测出试件的屈服位移；采用混合加载方式则由于计算的误差可能错过构件的屈服位移，而且初始阶段采用力的加载方式不易控制。确定试件的疲劳特性时采用等位移幅值多周循环加载，考察试件对加载循环幅值的敏感性和对循环周数的敏感性[22]。

图 2-2-3　加载装置[25-26]

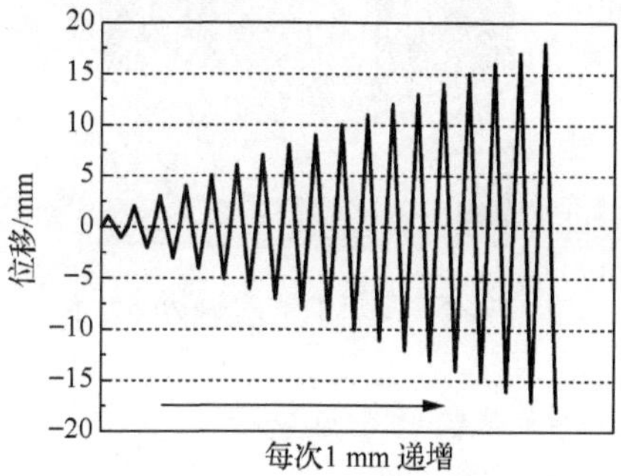

图 2-2-4　加载过程[22]

2. 试验过程与试验现象

试验现象描述时以阻尼器的剪切位移角为标准来进行描述，开菱形孔剪切型金属阻尼器的试验现象如表 2-2-1 所示。

表 2-2-1　开菱形孔剪切型金属阻尼器的试验现象[22]

剪切位移角/%	试验现象
3.55	在上下小孔左右两边开始出现微裂缝
4.28	上下小孔处的裂缝长度继续发展，裂缝长度达 15mm 左右，裂缝方向与水平线呈 45°～60°，向着翼缘扩展
5.38	裂缝已由小孔处完全延伸至翼缘
5.88	裂缝开始沿着腹板与翼缘的交界处分别向上部的端板和下部的端板延伸
6.30	翼缘与腹板交界处的裂缝长度已达到 17mm 左右
8.33	翼缘与腹板交界处的裂缝已延伸至上端板和下端板，至此腹板完全撕裂

开菱形孔剪切型金属阻尼器的破坏照片如图 2-2-5 和图 2-2-6 所示[22]。

从试验现象上分析，开菱形孔剪切型金属阻尼器裂缝产生的时间较晚，裂缝发展较快。从裂缝产生的原因分析，开菱形孔剪切型金属阻尼器是由于小孔的尺寸较小，且加工打磨不够光滑导致小孔处应力集中，从而最开始在小孔处产生裂缝。若要避免裂缝过早产生，开菱形孔剪切型金属阻尼器可以进一步增大小孔的角度，增大倒角的半径，并且打磨光滑，则可以有效地减小小孔处应力集中的影响。

图 2-2-5 阻尼器的腹板初始开裂

图 2-2-6 阻尼器的腹板完全开裂[22]

3. 试验结果与分析

1）滞回曲线和骨架曲线

滞回曲线是构件或结构抗震性能的综合体现，也是结构进行弹塑性反应分析的主要依据，滞回曲线的横坐标采用剪切位移角（简称剪切角），纵坐标采用实测的水平荷载（即剪力），得到阻尼器的滞回曲线和骨架曲线如图 2-2-7 所示。

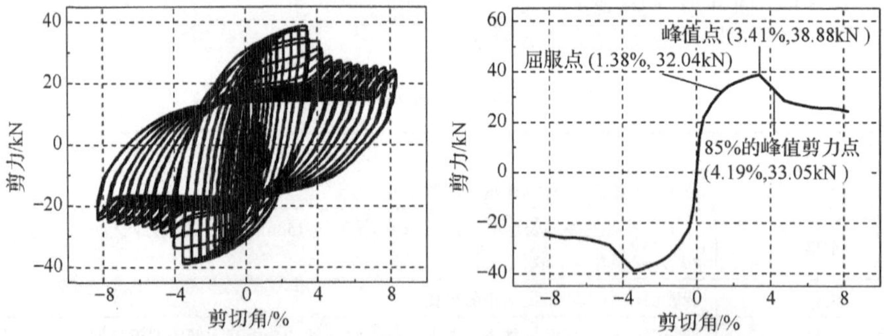

（a）滞回曲线　（b）骨架曲线

图 2-2-7 开菱形孔剪切型金属阻尼器的滞回曲线和骨架曲线[22]

观察开菱形孔剪切型金属阻尼器的滞回曲线，可以发现开菱形孔剪切型金属阻尼器的滞回曲线非常稳定饱满，其发展过程可以明显地分成两个阶段，即腹板开裂前和腹板开裂后。腹板开裂前随着位移的增大，剪力也在显著增大，滞回曲线形状类似于斜向放置的平行四边形；开裂后随着承载力的不断下降，滞回曲线类似于水平放置的平行四边形。如图 2-2-7（a）所示，开菱形孔剪切型金属阻尼器达到峰值剪力时的剪切角为 3.41%，而开菱形孔剪切型金属阻尼器的腹板开裂剪切角为 3.55%，即阻尼器达到峰值剪力后不久，腹板开始出现裂缝，承载力开始下降，在剪切角为 4.19%时承载力下降到峰值剪力的 85%。在承载力下降的过程中骨架曲线上有一个明显的拐点，即当剪切角达到 4.74%，剪力下降到了峰值剪力的 74.5%后，承载力下降的速率明显变小，原因是此时腹板已基本开裂，腹板承担的荷载减小。当剪切角达到 8.3%时，承载力最终下降到峰值剪力的 63%。此后承载力下降极其缓慢，为节省试验时间停止了加载。

开菱形孔剪切型金属阻尼器的试验结果如表 2-2-2 所示，延性系数一般取极限位移与屈服位移之比，本节延性系数取极限剪切角与屈服剪切角之比。

表 2-2-2　开菱形孔剪切型金属阻尼器的试验结果[22]

阻尼器类别	屈服剪切角/%	屈服剪力/kN	峰值剪切角/%	峰值剪力/kN	极限剪切角/%	极限剪力/kN	延性系数
开菱形孔剪切型金属阻尼器	1.38	32.04	3.41	38.88	4.19	33.05	3.04

2）强度退化及刚度退化

本次试验，每级加载循环 3 次，为了充分考察阻尼器的荷载保持能力，取每级位移第 3 次循环的峰值荷载 V_{peak3} 与第 1 次循环的峰值荷载 V_{peak1} 之比作为强度退化率。在反复荷载作用下，随着侧向荷载的增加，试件的刚度也在不断退化，这里试件的刚度采用等效割线刚度 K。开菱形孔剪切型金属阻尼器的强度退化曲线和刚度退化曲线分别如图 2-2-8 和图 2-2-9 所示。

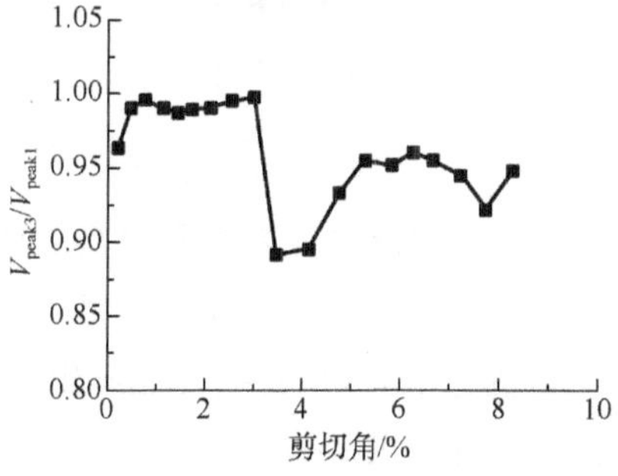

图 2-2-8　强度退化曲线[22]

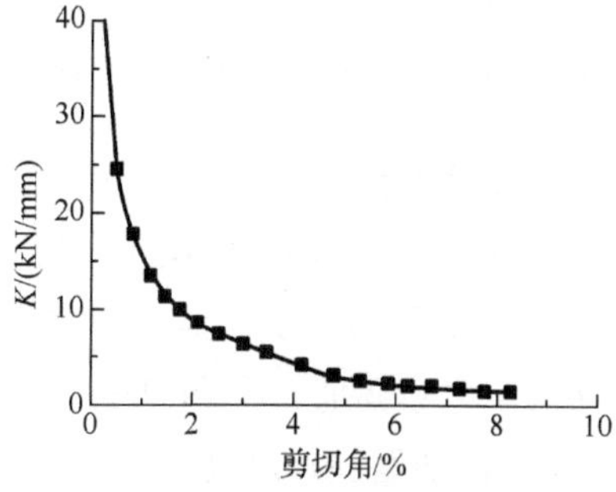

图 2-2-9　刚度退化曲线[22]

从图 2-2-8 可知，在剪切角小于 2.8%时，开菱形孔剪切型金属阻尼器的强度退化很小，荷载保持能力很好；在剪切角达到 3.5%后，强度退化非常严重，退化了 11%，原因是此时开菱形孔剪切型金属阻尼器的腹板已开裂，每一次重复性的加载循环都会促使开裂进一步扩大，造成强度降低较大；当剪切角达到 5.3%时，腹板已经撕裂比较严重，腹板的作用减小，翼缘承担荷载的占比上升，强度退化因此减小了。从图 2-2-9 可知，开菱形孔剪切型金属阻尼器的刚度开始退化较快，后期逐渐变缓，曲线比较光滑，没有大的刚度突变。

3）耗能性能

等效黏滞阻尼系数 ζ_{eq} 经常被用来评价结构的耗能性能，其计算方法如式（2-2-1）和图 2-2-10 所示。

$$\zeta_{eq}=\frac{S_{ABC}+S_{CDA}}{2\pi(S_{OBC}+S_{ODF})} \tag{2-2-1}$$

计算的黏滞阻尼系数如图 2-2-11 所示。当剪切角小于 3.5%时，阻尼器的耗能能力较好；当剪切角大于 3.5%之后，阻尼器的腹板开裂，耗能能力开始迅速下降；直到腹板完全开裂后，耗能能力才基本保持稳定，等效黏滞阻尼系数保持在 0.3 左右。总体来看，阻尼器的耗能能力虽然开始较强，但开裂后下降较快。

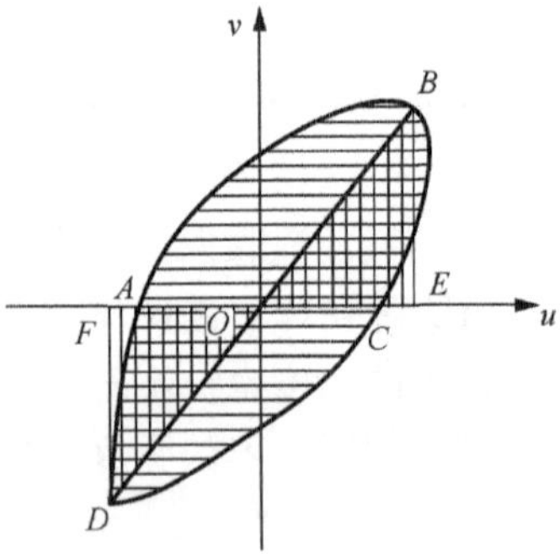

图 2-2-10　等效黏滞阻尼系数的计算

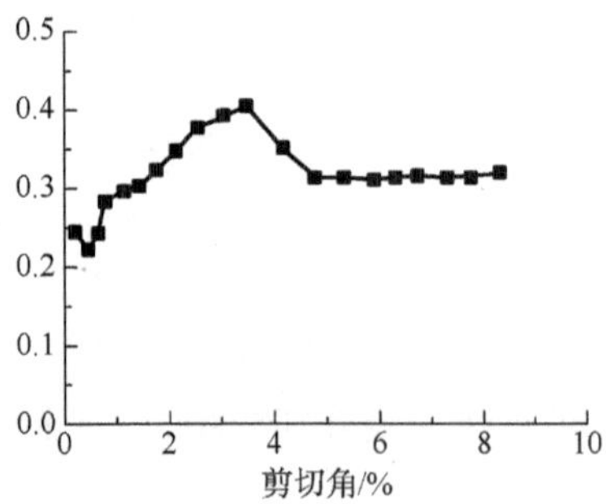

图 2-2-11　等效黏滞阻尼器系数比较[22]

4）疲劳性能

鉴于阻尼器在地震作用下要经历多次反复变形，因此需要考察阻尼器的疲劳性能。设计的开菱形孔剪切型金属阻尼器试件有 3 个，分别进行 3mm 位移幅值工况、6mm 位移幅值工况和 9mm 位移幅值工况的疲劳试验。3mm、6mm 和 9mm 分别表示作动器的位移幅值，实际阻尼器的相对位移比作动器的位移要小。3 种位移幅值工况下，阻尼器的剪切角分别达到 1.0%、2.0%和 3.5%左右。加载停止的条件是循环次数大于 60 次后阻尼器承载力基本没有下降或者承载力下降到了最大承载力的 85%[22]。

如图 2-2-12（a）所示，在 3mm 的位移幅值工况下，阻尼器循环加载了 60 圈后，承载力基本没有下滑，表明阻尼器在剪切角为 1%时，疲劳性能很好[22]。如图 2-2-12（b）所示，在 6mm 的位移幅值工况下，阻尼器循环了 45 圈的时候，承载力下降到了峰值荷载的 85%[22]，表明阻尼器发生了疲劳破坏。如图 2-2-12（c）所示，阻尼器在 9mm 位移幅值工况下，强度退化较快，经历了 15 个循环后承载力就下降到了峰值荷载的 85%[22]。

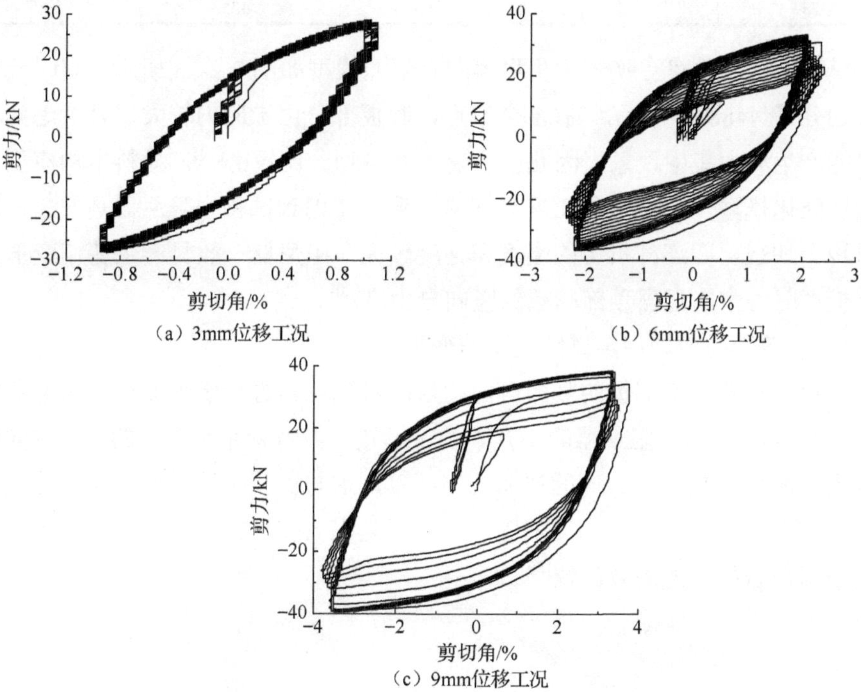

图 2-2-12　阻尼器不同位移工况下的滞回曲线[22]

2.2.4　数值模拟

1. 腹板开菱形孔的剪切型金属阻尼器有限元模拟

阻尼器的所有单元均采用 ABAQUS 程序的 8 节点减缩积分实体单元 C3D8R 来模拟。减缩积分单元比完全积分单元在每一个方向上少用一个积分点，即使存在扭曲变形时，分析精度也不会受到大的影响，在弯曲荷载下也不容易发生剪切自锁[27]。建模时，利用高级网格划分技巧，绝大部分实体采用六面体单元。这样可以减少由于单元退化带来的计算误差。开菱形孔剪切型金属阻尼器的材料性能试验是在同济大学房屋质量检测站做的，材料性能试验得到的钢板各项材料性能指标如表 2-2-3 所示。

表 2-2-3　钢板的各项材料性能指标

钢材等级	钢板厚度/mm	屈服强度/MPa	极限强度/MPa	伸长率/%
Q235	15	285	415	35.0
Q235	10	305	425	30.5
Q235	6	305	420	33.5
Q235	4	345	425	30.5

模型建好后的可更换连梁阻尼器的有限元模型如图 2-2-13 所示。有限元模型一共划分了 4488 个单元，7108 个节点，腹板部分由于应力较大，且考虑到小孔处可能产生应力集中现象，因此该位置的网格划分比较密[20]。材料本构模型采用弹塑性强化模型[20]。加载的工况与试验一致，考虑到试验中阻尼器是安装在四连杆机构上加载，四连杆机构的刚度和强度较大，阻尼器一般只产生剪切变形，因此，模拟时约束阻尼器顶部端板的竖向自由度[20]。

1）开菱形孔剪切型金属阻尼器的变形

约束阻尼器顶部端板的竖向自由度后，对阻尼器进行水平加载，阻尼器的变形如图 2-2-14 所示。阻尼器的小孔处的变形较大，特别是小孔处的 45° 方向的变形较大，而且小孔 45° 方向的屈曲较为严重，这与试验中该处产生撕裂的现象一致[20]。因此，通过阻尼器的变形图可以发现阻尼器变形或屈曲较大的位置，有助于判断阻尼器的可能失效部位[20]。

图 2-2-13　阻尼器的有限元模型[20]

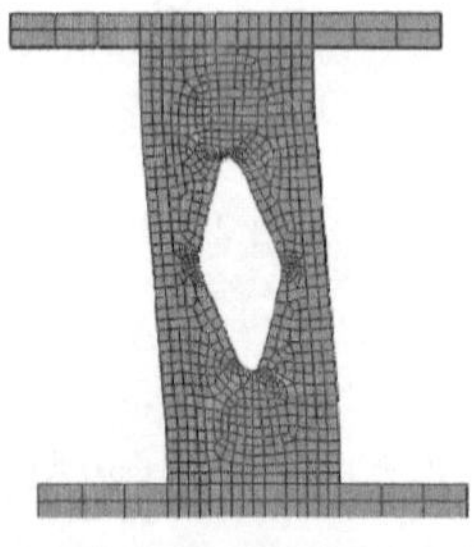

图 2-2-14　阻尼器的变形图[20]

2）开菱形孔剪切型金属阻尼器的滞回性能分析

对开菱形孔剪切型金属阻尼器做低周反复加载模拟，加载工况与试验一致。如图 2-2-15 所示，试验的滞回曲线只取了下降段之前的部分[20]。

总体来讲，模拟的滞回曲线形状基本与试验的结果接近，不足之处是模拟的曲线更加饱满一些，卸载的刚度更大，而屈服承载力和峰值承载力模拟的效果较好[20]。

如图 2-2-16 所示，试验与模拟的骨架曲线在峰值荷载之前基本接近，试验所得阻尼器的初始刚度略大于模拟。总体来讲，通过 ABAQUS 有限元程序模拟开菱形孔剪切型金属阻尼器的滞回曲线和骨架曲线能够得到比较好的结果[20]。

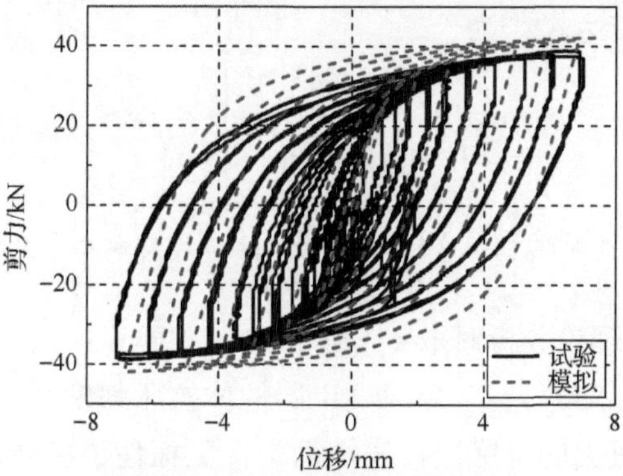

图 2-2-15　试验与模拟滞回曲线[22]

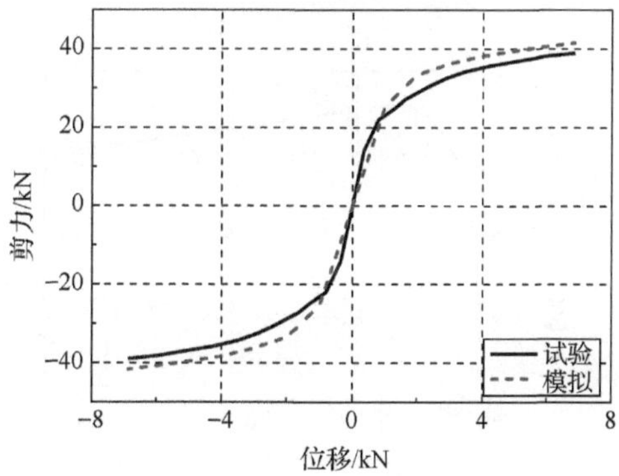

图 2-2-16　试验与模拟骨架曲线[20]

2. 设置腹板开菱形孔的剪切型金属阻尼器的双肢剪力墙的低周反复加载模型

1）模型参数定义

该模型的混凝土材料本构由如下 5 个参数命令定义[28]。

（1）*CONCRETE DAMAGED PLASTICITY（混凝土损伤塑性）用于定义混凝土损伤塑性模型的相关参数[28]。本节选用的模型参数如表 2-2-4 所示。

表 2-2-4　模型参数[28]

ψ /（°）	ϵ	α_f	K_c	μ
32	0.1	1.16	0.6667	0.003

注：ψ为膨胀角；ϵ 为塑性势偏心率；α_f 为双轴极限抗压强度与单轴极限抗压强度的比值；K_c 为拉伸子午面上和压缩子午面上的第二应力不变量的比值；μ 为黏性系数。

（2）*CONCRETE COMPRESSION HARDENING（混凝土压缩硬化）用于定义混凝土单轴受压应力-应变关系[28]。本节选用 Hognestad（宏斯塔德）模型，这是世界上应用最广泛的单轴受压曲线之一[29]。这一曲线的上升段为抛物线，下降段为斜直线，具体表达式[28]为

$$\sigma=\sigma_0\left[2\left(\frac{\varepsilon}{\varepsilon_0}\right)-\left(\frac{\varepsilon}{\varepsilon_0}\right)^2\right]\qquad \varepsilon\leqslant\varepsilon_0 \tag{2-2-2}$$

$$\sigma=\sigma_0\left[1-0.15\left(\frac{\varepsilon-\varepsilon_0}{\varepsilon_u-\varepsilon_0}\right)\right]\qquad \varepsilon_0<\varepsilon\leqslant\varepsilon_u \tag{2-2-3}$$

Hognestad 建议理论分析时取 $\varepsilon_u=0.0038$，并建议：$\varepsilon_0=2(\sigma_0/E_0)$，$E_0$ 为初始弹性模量；$\sigma_0=0.85f_c'$，f_c' 为混凝土圆柱体抗压强度[28]。建议取斜率为 15% 的斜直线来表示混凝土的下降段，表达简洁，又抓住了主要特征，因而得到了广泛应用[28]。ABAQUS 中根据该本构模型定义的混凝土非弹性应变-屈服应力曲线如图 2-2-17 所示[28]。

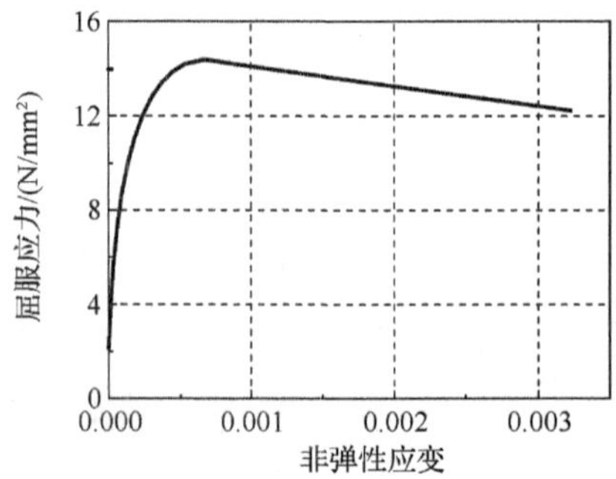

图 2-2-17　ABAQUS 中定义的混凝土非弹性应变-屈服应力曲线[28]

（3）*CONCRETE TENSION STIFFENING（混凝土拉伸加劲）用于定义混凝土的受拉行为[28]。可选用应力-非弹性应变、应力-开裂位移、应力-断裂能等 3 种定义方式[28]。本节采用基于剩余直接应力-直接开裂应变的方式来考虑混凝土的受拉软化行为。假定混凝土受拉峰值应力前为线弹性，峰值应力后则选用 Reinhardt（赖因哈特）和 Cornelissen（科尼利森）提出的混凝土受拉应力-应变曲线[28]。

$$\frac{\sigma}{f_t}=\left[1+c_1\left(\frac{\varepsilon}{\varepsilon_{tu}}\right)^4\right]e^{-c_2\frac{\varepsilon}{\varepsilon_{tu}}} \tag{2-2-4}$$

式中：f_t 为混凝土的抗拉强度；ε_{tu} 为混凝土极限拉应变。关于 c_1、c_2 取值，建议取 $c_1=0.9$，$c_2=5$[28]。

（4）*CONCRETE COMPRESSION DAMAGE（混凝土压缩损伤）和*CONCRETE

TENSION DAMAGE（混凝土拉伸破坏）分别定义混凝土的受压和受拉损伤因子。受压损伤因子为 d_c 定义[30-31]如下：

$$\beta_c = \varepsilon_c^{pl} / \varepsilon_c^{in} \tag{2-2-5}$$

$$\varepsilon_c^{in} = \varepsilon_c - \sigma_c E_0^{-1} \tag{2-2-6}$$

$$d_c = \frac{(1-\beta_c)\varepsilon_c^{in} E_0}{\sigma_c + (1+\beta_c)\varepsilon_c^{in} E_0} \tag{2-2-7}$$

式中：ε_c^{pl}、ε_c^{in} 分别为混凝土受压时的塑性应变和非弹性应变（考虑损伤后 $\varepsilon_c^{in} \neq \varepsilon_c^{pl}$）；$\beta_c$ 为受压时塑性应变与非弹性应变的比值，取 0.35～0.7；σ_c 为与混凝土应变 ε_c 相应的压应力；E_0 为混凝土初始弹性模量。受拉损伤因子的定义和受压损伤因子的定义相似[28]。

2）计算模型

在 ABAQUS 中建立新型剪力墙试件的有限元模型如图 2-2-18 所示，模型一共有 12916 个单元、39918 个节点[28]。

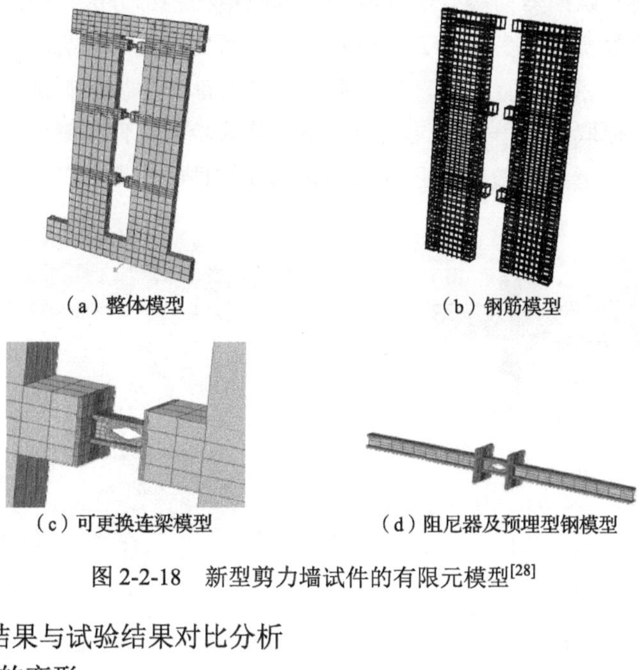

（a）整体模型　（b）钢筋模型

（c）可更换连梁模型　（d）阻尼器及预埋型钢模型

图 2-2-18　新型剪力墙试件的有限元模型[28]

3）计算结果与试验结果对比分析

（1）结构的变形。

通过观察图 2-2-19（a）所示的墙肢整体变形图，可更换连梁的变形主要集中在阻尼器，连梁非屈服段的变形很小，基本与墙体的弯曲变形垂直；1 层和 2 层连梁的阻尼器变形较大，3 层连梁的阻尼器受加载梁的影响较大，因此变形较小。进一步比较试验中阻尼器变形图 2-2-19（b）和模拟的阻尼器变形图 2-2-19（c）可知，模拟得到的阻尼器变形与试验结果很相似[28]。

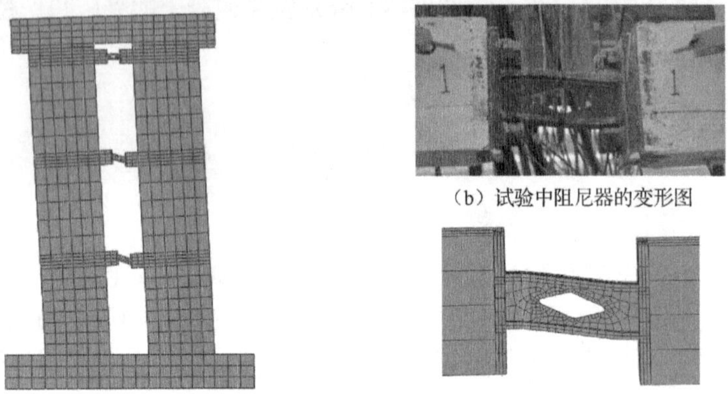

（b）试验中阻尼器的变形图

（a）墙肢整体变形　　（c）模拟的阻尼器变形图

图 2-2-19　试件的变形图[28]

（2）构件屈服顺序。

通过钢筋和阻尼器的等效塑性应变来判断结构各部分的屈服顺序，取不同荷载步下结构等效塑性应变如图 2-2-20 所示[28]。可更换连梁理想的屈服顺序是连梁的阻尼器先产生屈服进行耗能，然后剪力墙的脚部产生屈服耗能。水平加载共分 307 个子步，提取在水平加载过程中，不同荷载步下构件关键受力部位的等效塑性应变云图[28]，通过等效塑性应变云图来判断构件的屈服顺序[28]。

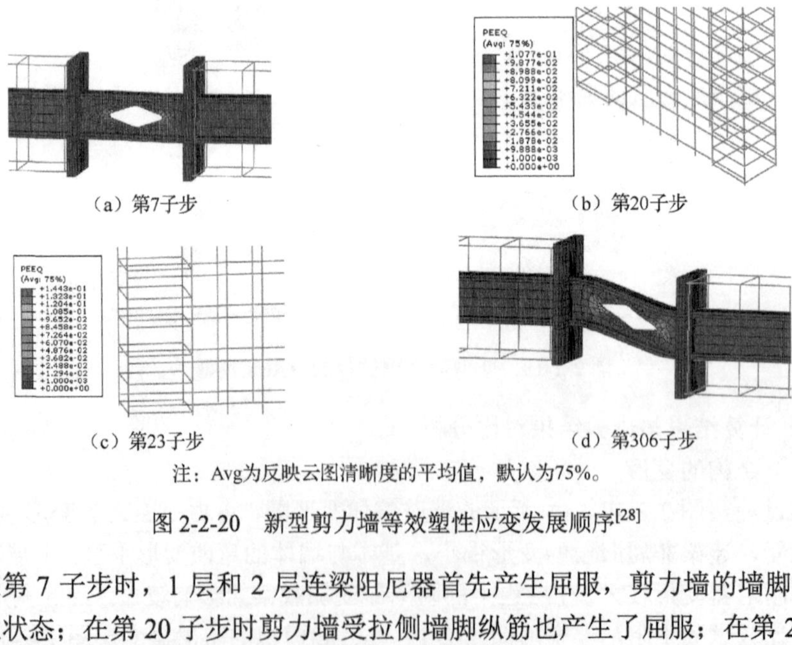

（a）第7子步　　（b）第20子步

（c）第23子步　　（d）第306子步

注：Avg为反映云图清晰度的平均值，默认为75%。

图 2-2-20　新型剪力墙等效塑性应变发展顺序[28]

在第 7 子步时，1 层和 2 层连梁阻尼器首先产生屈服，剪力墙的墙脚纵筋处于弹性状态；在第 20 子步时剪力墙受拉侧墙脚纵筋也产生了屈服；在第 23 子步时，墙脚受压侧纵筋开始屈服；由阻尼器与预埋型钢以及非屈服段纵筋最终的等效塑性应变云图可知（第 306 子步），阻尼器的塑性应变发展较为充分，阻尼器腹板大部分屈服，这与试验结果完全一致[28]。

非屈服段的纵筋、箍筋和预埋型钢均处于弹性状态，这也与试验结果一致，进一步证明了可更换连梁能够将破坏位置集中在阻尼器，这非常有利，可在震后对阻尼器进行更换[28]。最终 2 层处的暗柱纵筋没有发生屈服，这也与试验结果完全一致[28]。

总体来讲，带有可更换连梁的新型剪力墙试件实现了理想的屈服顺序，即阻尼器首先屈服耗能，然后墙脚纵筋屈服耗能，模拟与试验结果一致[28]。

（3）混凝土损伤分析。

在 ABAQUS 中通过提取混凝土受拉损伤变量 DAMAGET，图 2-2-21 和图 2-2-22 混凝土的损伤可以直观地反映混凝土开裂比较严重的部位[28]。观察模拟的墙肢混凝土部分的受拉损伤分布可以发现（图 2-2-21），受拉墙肢开裂比较严重，连梁的损伤较轻，而且受压墙肢的受拉侧混凝土开裂也比较严重，墙肢顶部由于应力集中影响开裂也比较严重[28]。图 2-2-22 所示为试验中单侧墙肢的损伤，墙肢产生了大量的受拉损伤裂缝，与模拟结果相似；图 2-2-23 所示为试验中 2 层连梁的损伤，连梁的裂缝都细微，试验后残余变形很小，与模拟结果基本一致[28]。因此模型基本能够反映墙肢和连梁混凝土的损伤状况[28]。

由于试验中可更换连梁的非屈服段损伤较小，结构的残余变形较小，因此可以在试验结束后比较容易地拆掉损坏后的阻尼器，如图 2-2-23 所示，这有利于震后快速地对受损的连梁进行更换修复，尽快恢复结构的使用功能[28]。

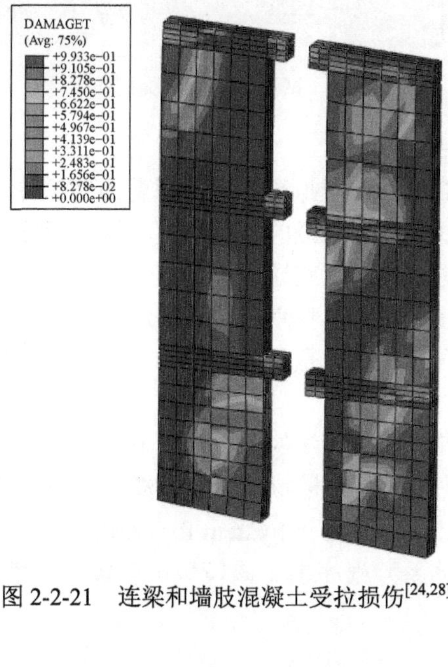

图 2-2-21　连梁和墙肢混凝土受拉损伤[24,28]

图 2-2-22　试验中单侧墙肢损伤[21,24,28]

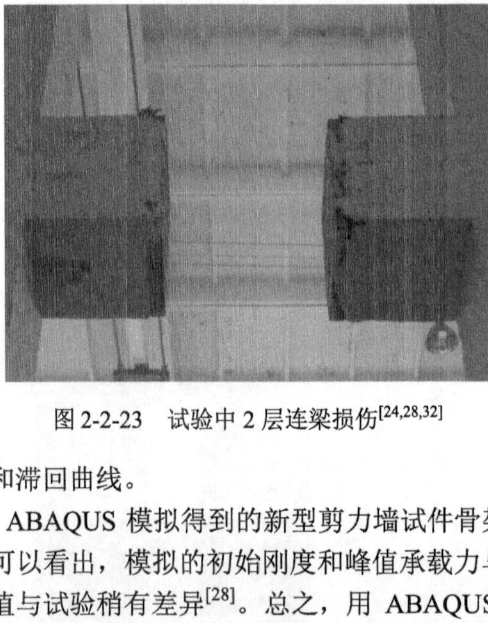

图 2-2-23　试验中 2 层连梁损伤[24,28,32]

（4）骨架曲线和滞回曲线。

图 2-2-24 为由 ABAQUS 模拟得到的新型剪力墙试件骨架曲线与试验的骨架曲线对比，从图上可以看出，模拟的初始刚度和峰值承载力与试验基本一致，但屈服承载力的模拟值与试验稍有差异[28]。总之，用 ABAQUS 模拟联肢剪力墙的骨架曲线能够得到较好的结果，特别是对剪力墙的初始刚度和峰值承载力的模拟能够得到较好的结果，不足之处是骨架曲线的下降段较难模拟，而且较难模拟剪力墙的滞回反应[28]。

因此这里采用美国休斯顿大学的 Mansour 和 Hsu[33]提出的一种新的剪力墙非线性模型——循环软化膜模型来模拟剪力墙的滞回反应，该模型由 Mo 等[34]通过编程开发添加到 OpenSEES（Open System for Earthquake Engineering Simulation，地震工程模拟的开放体系）程序中。该模型可以较好地模拟剪力墙的滞回反应，但不能得到剪力墙的应力、应变云图和损伤云图，模拟结果如图 2-2-25 所示。OpenSEES 模拟的试件滞回曲线与试验结果有一定差别，原因是在模拟的过程中，试件的底端是完全固定的，没有任何滑移，但在试验加载的过程中试件的底座产生了较大的滑移，因此导致试验的滞回曲线很不对称[28]。但模拟的峰值承载力、初始刚度及“捏拢”效应与试验结果比较接近，骨架曲线与 ABAQUS 模拟的结果是类似的[28]。总之，用 ABAQUS 模拟试件的变形、屈服顺序、应力应变关系和损伤状况具有较好的效果，而 OpenSEES 程序中的剪力墙循环软化膜模型可以补充进行剪力墙滞回反应计算[28]。

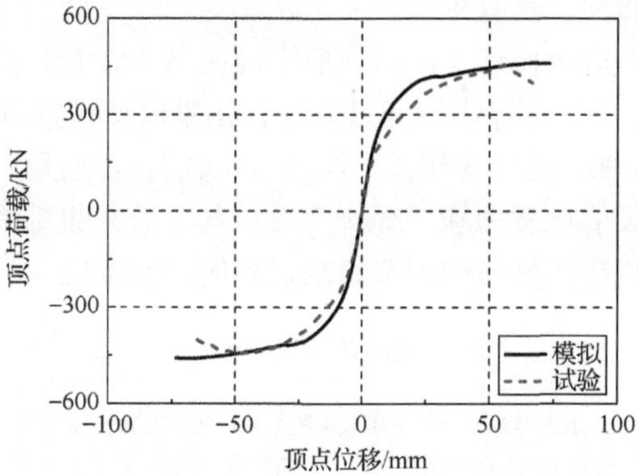

图 2-2-24　ABAQUS 模拟与试验的骨架曲线对比[24,28]

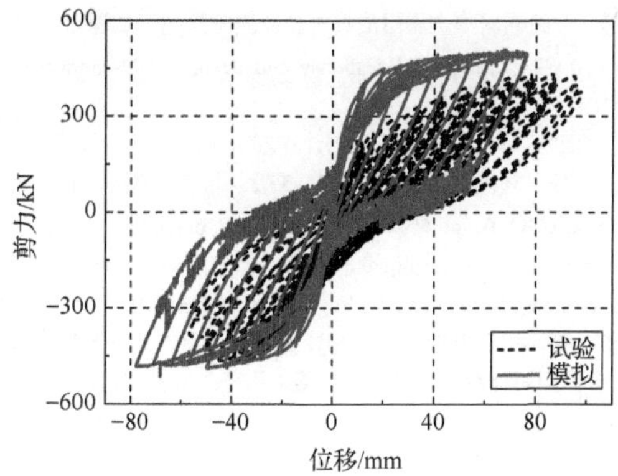

图 2-2-25　OpenSEES 模拟与试验的滞回曲线对比[28]

2.2.5　研究结论

本节提出了一种腹板开菱形孔的剪切型金属阻尼器，通过低周反复加载试验对其抗震性能进行了系统研究，研究了腹板开菱形孔的剪切型金属阻尼器的承载力、延性、耗能性能、强度和刚度退化以及疲劳性能，除此之外，还对安装阻尼器的双肢剪力墙进行了数值模拟和试验结果对比研究，得出的主要结论如下。

（1）腹板开菱形孔的剪切屈服型金属阻尼器在开裂前的性能非常好，但是腹板开裂后其各方面性能下降较多。这表明在阻尼器的腹板开菱形孔确实能够扩大腹板的屈服面积，增强阻尼器的耗能能力，但要适当增大孔洞的夹角并采取有效措施减小开孔处的应力集中。

（2）ABAQUS 精细有限元非线性模拟表明，对腹板开菱形孔的剪切型金属阻尼器的各部分均采用实体单元能够较好地模拟阻尼器在发生开裂前的骨架曲线和滞回曲线，而且还能通过等效塑性应变的变化找出阻尼器最先产生屈服的位置和最易发生破坏的位置，这对设计前期详细地了解阻尼器各部分的屈服先后顺序以及了解阻尼器的薄弱部位具有重要意义。

（3）提出了带有可更换连梁的新型剪力墙在 ABAQUS 和 OpenSEES 程序中的建模方法，OpenSEES 程序中可通过循环软化膜模型模拟剪力墙墙肢。

（4）模拟分析表明，提出的建模方法可以比较精确地预测剪力墙的滞回反应，模拟的初始刚度、峰值承载力和“捏拢”效应与试验结果都吻合较好，而且可以较好地预测腹板开菱形孔的剪切型金属阻尼器的滞回反应。

参 考 文 献

[1] 陈云，刘涛，蒋欢军，等．多水准减震分级屈服金属阻尼器：201621300648.1[P]．2017-06-06.

[2] 陈云，刘涛，蒋欢军，等．环形 Q235 钢板阻尼器力学性能试验研究[J]．建筑结构学报，2018，39（11）：139-147.

[3] CHEN Y, CHEN C, JIANG H, et al. Study of an innovative graded yield metal damper[J]. Journal of constructional steel research, 2019, 160: 240-254.

[4] 陈云，蒋欢军，刘涛，等．分级屈服型金属阻尼器抗震性能研究[J]．工程力学，2019，36（3）：53-62.

[5] TWIGDEN K M, HENRY R S. Experimental response and design of O-connectors for rocking wall systems[J]. Structures, 2015, 3: 261-271.

[6] 杜红凯，韩淼，闫维明．约束 U 形钢板力学性能的计算方法研究[J]．土木工程学报，2014（S2）：158-163.

[7] 孙训方，方孝淑，关来泰，等．材料力学（Ⅰ）[M]．5 版．北京：高等教育出版社，2009.

[8] BAIRD A, SMITH T, PALERMO A, et al. Experimental and numerical study of U-shape flexural plate(UFP) dissipators[C]//New Zealand Society for Earthquake Engineering 2014 Technical Conference and AGM. Auckland, New Zealand: New Zealand Society for Earthquake Engineering, 2014: 1-9.

[9] 孙训方，方孝淑，关来泰，等．材料力学（Ⅱ）[M]．5 版．北京：高等教育出版社，2009.

[10] 全国钢标准化技术委员会．金属材料　拉伸试验　第 1 部分：室温试验方法：GB/T 228.1—2010[S]．北京：中国标准出版社，2010.

[11] 胡聿贤．地震工程学[M]．北京：地震出版社，2006.

[12] 中华人民共和国住房和城乡建设部．建筑抗震设计规范（2016 年版）：GB 50011—2010[S]．北京：中国建筑工业出版社，2016.

[13] AMDE A M, MIRMIRAN A. A new hysteresis model for steel members[J]. International journal for numerical methods in engineering, 1999, 45(8): 1007-1023.

[14] FORTNEY P J, SHAHROOZ B M, RASSATI G A. Large-scale testing of a replaceable "fuse" steel coupling beam[J]. Journal of structural engineering, 2007, 133(12): 1801-1807.

[15] 吕西林，陈云，毛苑君．结构抗震设计的新概念——可恢复功能结构[J]．同济大学学报（自然科学版），2011，39（7）：941-948.

[16] 吕西林，陈云，蒋欢军．新型可更换连梁研究进展[J]．地震工程与工程振动，2013，33（1）：8-15.

[17] 陈云，高洪波．工程结构可更换的设计思想和实现途径[J]．低温建筑技术，2015，37（9）：48-50.

[18] 吕西林，陈云．一种可更换连系梁：201020217583.0[P]．2011-01-19.

[19] 陈云，韩建刚，曹宝珠，等．弯剪屈服型可更换连梁：201320851614.1[P]．2014-06-04.

[20] 单文彦，陈云．连梁保险丝非线性仿真分析[J]．森林工程，2016，32（1）：83-86.

[21] LU X L, CHEN Y, JIANG H J. Earthquake resilience of reinforced concrete structural walls with replaceable "fuses"[J]. Journal of earthquake engineering, 2018, 22(5): 1-25.

[22] 吕西林，陈云，蒋欢军．可更换连梁保险丝抗震性能试验研究[J]．同济大学学报（自然科学版），2013，41（9）：1318-1325，1332.

[23] LU X L, MAO Y J, CHEN Y, et al. New structural system for earthquake resilient design[J]. Journal of earthquake and tsunami, 2013, 7(3): 1350013.

[24] CHEN Y, LI J Z, LU Z. Experimental study and numerical simulation on hybrid coupled shear wall with replaceable coupling beams[J]. Sustainability, 2019, 11(3): 867.

[25] 陈聪，吕西林，陈云．菱形开孔剪切钢板阻尼器的形状优化研究[J]．计算力学学报，2018，35（4）：437-443.

[26] 陈云，吕西林，蒋欢军．基于循环软化膜模型的新型联肢剪力墙非线性仿真分析及试验验证[J]．地震工程与工程振动，2013，33（5）：145-152.

[27] ABAQUS Inc. ABAQUS/CAE user manual V6. 9.1[Z]. Providence: ABAQUS Inc, 2009.

[28] 陈云，吕西林，蒋欢军．带可更换连梁的新型剪力墙仿真分析与试验验证[J]．湖南大学学报（自然科学版），2014，41（9）：48-53.

[29] 江见鲸，陆新征，叶列平．混凝土结构有限元分析[M]．北京：清华大学出版社，2005.

[30] 张劲，王庆扬，胡守营，等．ABAQUS 混凝土损伤塑性模型参数验证[J]．建筑结构，2008，38（8）：127-130.

[31] BIRTEL V, MARK P. Parameterized finite element modeling of RC beam shear failure[Z]. Providence: ABAQUS User's Conference, 2006.

[32] LU X L, CHEN C, CHEN Y, et al. Application of replaceable coupling beams to RC structures[J]. The structural design of tall and special buildings, 2016, 25(17): 947-66.

[33] MANSOUR M, HSU T T C. Behavior of reinforced concrete elements under cyclic shear. Ⅱ: theoretical model [J]. Journal of structural engineering, 2005, 131(1): 54-65.

[34] MO Y L, ZHONG J X, HSU T T C. Seismic simulation of RC wall-type structures[J]. Engineering structures, 2008, 30(11): 3167-3175.

第 3 章　黏弹性阻尼器

本章主要介绍课题组研发的一种新型高阻尼黏弹性阻尼器，对高阻尼黏弹性阻尼器开展系统的理论分析和试验研究，以期为其工程应用提供技术支撑。

课题组针对高阻尼黏弹性阻尼器开展的主要工作如下：高阻尼黏弹性阻尼器的研发→高阻尼黏弹性阻尼器的拟静力性能试验和结果分析→提出高阻尼黏弹性阻尼器的恢复力模型→提出高阻尼黏弹性阻尼器的相应研究结论。

3.1　高阻尼黏弹性阻尼器

3.1.1　研究目的和内容

黏弹性阻尼器是一种具有独特力学性能的消能阻尼器。一方面，与金属阻尼器相比，黏弹性阻尼器不需要发生较大的相对位移，在较小的振动幅值下便可以耗散能量；另一方面，与黏滞阻尼器相比，黏弹性阻尼器能够为结构提供较大的附加刚度，在生产工艺和制造成本方面优于黏滞阻尼器和智能材料阻尼器。尽管国内外学者对黏弹性阻尼器进行了大量研究，但对具有大变形能力和较大耗能性能的高阻尼黏弹性阻尼器的研究相对较少。本节采用某国产高阻尼材料，研发了最大剪切应变可达 500%以上的剪切型高阻尼黏弹性阻尼器，拟将其用于强震时结构的地震反应控制[1-2]。对其进行了一系列试验研究，主要研究了加载频率和应变幅值对高阻尼黏弹性阻尼器力学性能的影响以及在循环荷载作用下高阻尼黏弹性阻尼器的疲劳性能，特别是进行了大变形情况下高阻尼黏弹性阻尼器的力学性能测试，并进一步建立了高阻尼黏弹性阻尼器的恢复力模型，与试验结果进行了对比分析，初步为其工程应用奠定了基础。

3.1.2　装置构造形式及其工作机理

提出的高阻尼黏弹性阻尼器由 3 块钢板和 2 层黏弹性材料组成，通过黏弹性材料的剪切滞回变形耗能进行工作，图 3-1-1 所示为黏弹性阻尼器的构造示意图。

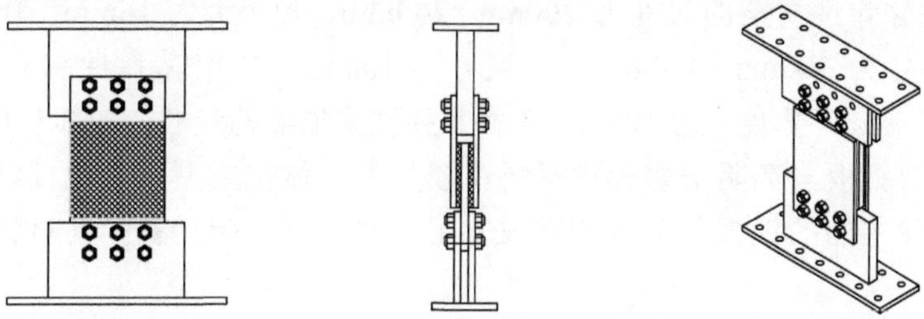

（a）主视图　（b）侧视图　（c）轴视图[3]

图 3-1-1　黏弹性阻尼器构造示意图

3.1.3　抗震性能试验

1．性能参数

本次研究的黏弹性阻尼器采用某国产高阻尼橡胶作为黏弹性材料，对高阻尼橡胶进行了材料性能试验。材料性能试验分成 3 组，以加载位移为控制指标，每组循环加载 5 圈，最大加载位移分别为 6mm、12mm、18mm。通过计算机采集系统记录下每一级加载位移下高阻尼橡胶材料产生的阻尼力，根据橡胶材料性能试验要求计算相关材料性能指标，表 3-1-1 为高阻尼橡胶的材料性能试验主要性能参数测试结果。由表 3-1-1 可知该高阻尼橡胶各项材料性能参数测试结果均符合要求，在外部荷载作用下可以产生较大的剪切变形与阻尼比。

表 3-1-1　高阻尼橡胶材料性能试验主要性能参数测试结果

序号	参数	实测值
1	邵氏硬度/HA	75
2	拉伸强度/MPa	17.22
3	扯断伸长率/%	436
4	撕裂强度/（N/mm）	80
5	低温脆性	−50℃，3min 不裂
6	剪切模量/MPa	1.33
7	橡胶与金属粘结强度/MPa	6.95
8	剥离强度/（kN/m）	22
9	100%等效阻尼比	15.1

2．试验概况

本次试验采用足尺试件，共自主研发加工 A、B、C 三种不同尺寸规格的高阻尼黏弹性阻尼器各一个，每个阻尼器均由 3 块钢板和 2 层黏弹性材料层组成，其中 A 型黏弹性材料的尺寸为 200mm×200mm，厚度 t_r 为 16mm；B 型黏弹性材料的尺寸为 300mm×300mm，厚度 t_r 为 10mm；C 型黏弹性材料的尺寸为 130mm×130mm，厚度 t_r 为 10mm。3 种黏弹性阻尼器的尺寸如图 3-1-2～图 3-1-4 所示。约束钢板与高阻尼黏弹性材料在模具中一体化成型。加载过程中，通过加载装置使中间的钢板和两侧的钢板发生相对位移，带动黏弹性材料发生剪切变形。

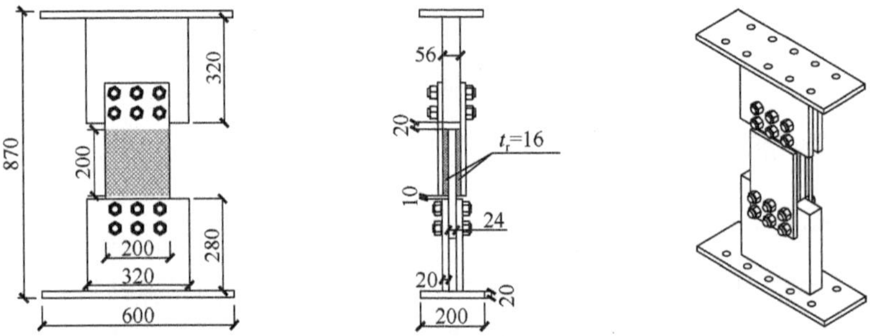

（a）主视图　（b）侧视图　（c）轴视图

图 3-1-2　黏弹性阻尼器 A 的尺寸示意图[3-5]

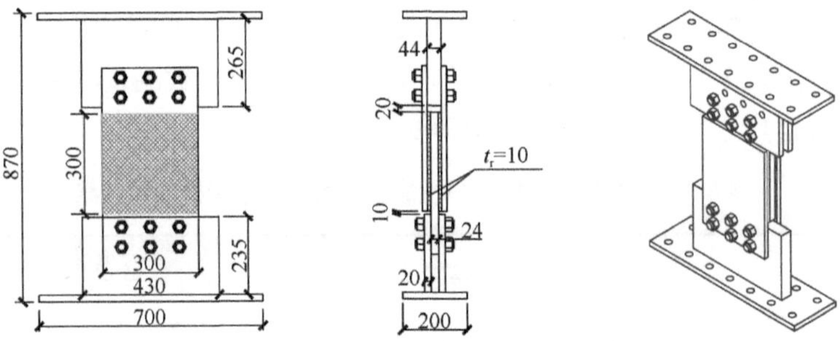

（a）主视图[4]　（b）侧视图[4]　（c）轴视图

图 3-1-3　黏弹性阻尼器 B 的尺寸示意图

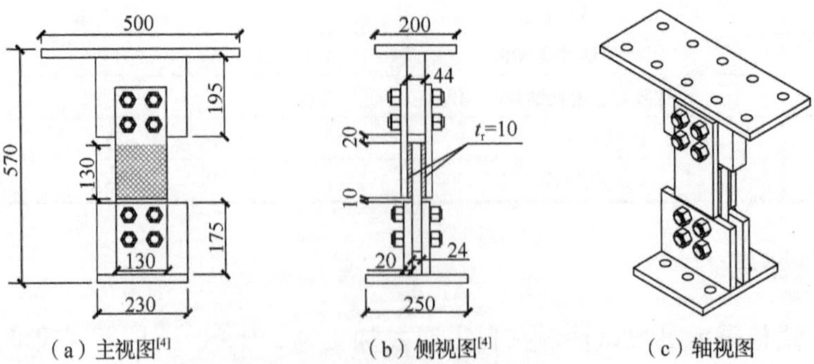

（a）主视图[4]　（b）侧视图[4]　（c）轴视图

图 3-1-4　黏弹性阻尼器 C 的尺寸示意图

试验采用的加载装置为四连杆机构，通过美国 MTS 公司电液压伺服加载系统施加水平推拉荷载，加载装置实物图片如图 3-1-5 所示。

图 3-1-5　加载装置实物图片

本次试验中，A、B、C 三种不同尺寸规格的高阻尼黏弹性阻尼器均进行三组工况加载，分别为频率组、幅值组和疲劳组，分别研究加载频率、应变幅值及加载周期对阻尼器力学性能的影响。试验过程中的环境温度保持在 21～25℃，不考虑温度变化的影响。作动器输入的正弦波为 $u = u_0 \sin(\omega t)$，根据试验结果需要计算的力学性能指标包括实际最大剪应力、储能剪切模量、损耗剪切模量、第 3 圈耗能、损耗因子和等效黏滞阻尼比。频率组按 0.1Hz、0.2Hz、0.3Hz、0.4Hz、0.5Hz 五级加载，加载位移分别取对应规格的黏弹性阻尼器材料层厚度的 60%和 80%两种位移进行加载，试验加载圈数为 5 圈，具体加载工况如表 3-1-2 所示。幅值组的加载频率为 0.1Hz，加载圈数为 5 圈，具体加载工况如表 3-1-3 所示（阻尼器 A 因为在其他后续试验研究中另有用途，所以在本试验中加载剪切应变仅达到 150%，但在后续试验中测定其剪切应变极限值为 550%）。疲劳组的加载频率为 0.1Hz，最大加载位移相当于黏弹性材料层的厚度，加载圈数为 30 圈，具体加载工况如表 3-1-4 所示。

表 3-1-2　频率组试验工况

名称	阻尼器 A		阻尼器 B		阻尼器 C	
加载位移/mm	9.6	12.8	6	8	6	8
剪切应变/%	60	80	60	80	60	80
加载频率/Hz	0.1、0.2、0.3、0.4、0.5					

表 3-1-3　幅值组试验工况

<table>
<tr><td rowspan="2">阻尼器 A</td><td>加载位移/mm</td><td>3.2、8、16、19.2、24</td></tr>
<tr><td>剪切应变/%</td><td>20、50、100、120、150</td></tr>
</table>

续表

阻尼器B	加载位移/mm	2、6、8、10、12、15、20、25、30、35、40、45、50、55、60、65
	剪切应变/%	20、60、80、100、120、150、200、250、300、350、400、450、500、550、600、650
阻尼器C	加载位移/mm	2、6、8、10、12、15、20、25、30、35、40、45、50、55
	剪切应变/%	20、60、80、100、120、150、200、250、300、350、400、450、500、550

表 3-1-4 疲劳组试验工况

阻尼器名称	A	B	C
加载位移/mm	16	10	10
剪切应变/%	100	100	100

3. 试验现象与结果分析

1）试验现象

阻尼器A在起始加载直至加载结束的过程中，约束钢板外观无明显变化，高阻尼橡胶层与约束钢板粘结完好，高阻尼橡胶层无撕裂、破坏，也无明显残余变形。阻尼器B在加载至650%剪切应变时，连接螺栓剪断脱落，黏弹性材料与约束钢板出现轻微剥离现象，阻尼器已经破坏，试验停止加载。阻尼器C在加载至550%剪切应变时，约束钢板外观无明显变化，但高阻尼橡胶层与约束钢板有明显的剥离，高阻尼橡胶层有较大的撕裂和残余变形。图3-1-6分别为3个黏弹性阻尼器加载结束后的变形照片。

（a）阻尼器A （b）阻尼器B[4] （c）阻尼器C[4]

图 3-1-6 加载结束后的黏弹性阻尼器

2）加载频率的影响

图3-1-7为高阻尼黏弹性阻尼器各项力学性能指标与加载频率的相关性曲线（图例中60%与80%为黏弹性阻尼器的剪切应变）。由图可知整体上各力学性能指标与加载频率相关性较小，其大小在一定值附近保持稳定。3种规格的高阻尼黏弹性阻尼器在两种位移幅值工况下，最大剪应力、储能剪切模量、损耗剪切模量和第3圈耗能在0.1～0.3Hz的频段内随着加载频率的增大而增大，在剪切应变为

60%的幅值下，这几项性能指标最大提高率分别为 6.23%、5.42%、7.46%和 4.74%；在剪切应变为 80%的幅值下，最大提高率分别为 6.53%、5.92%、7.84%和 5.01%。最大剪应力、储能剪切模量、损耗剪切模量和第 3 圈耗能在 0.3～0.5Hz 的频段内随着加载频率的增大呈现出减小的趋势，在剪切应变为 60%的幅值下，最大下降率分别为 7.67%、5.33%、8.09%和 6.12%；在剪切应变为 80%的幅值下，最大下降率分别为 6.54%、4.92%、8.76%和 6.44%。损耗因子和等效黏滞阻尼比在 0.1～0.5Hz 加载频段内变化较小，表现出良好的稳定性，在剪切应变为 60%的幅值下，损耗因子和等效黏滞阻尼比的最大变化率分别为 4.57%和 5.01%；在剪切应变为 80%的幅值下，最大变化率分别为 5.26%和 6.09%。整体而言，阻尼器的各项力学性能指标受频率影响较小，变化率不超过 10%。

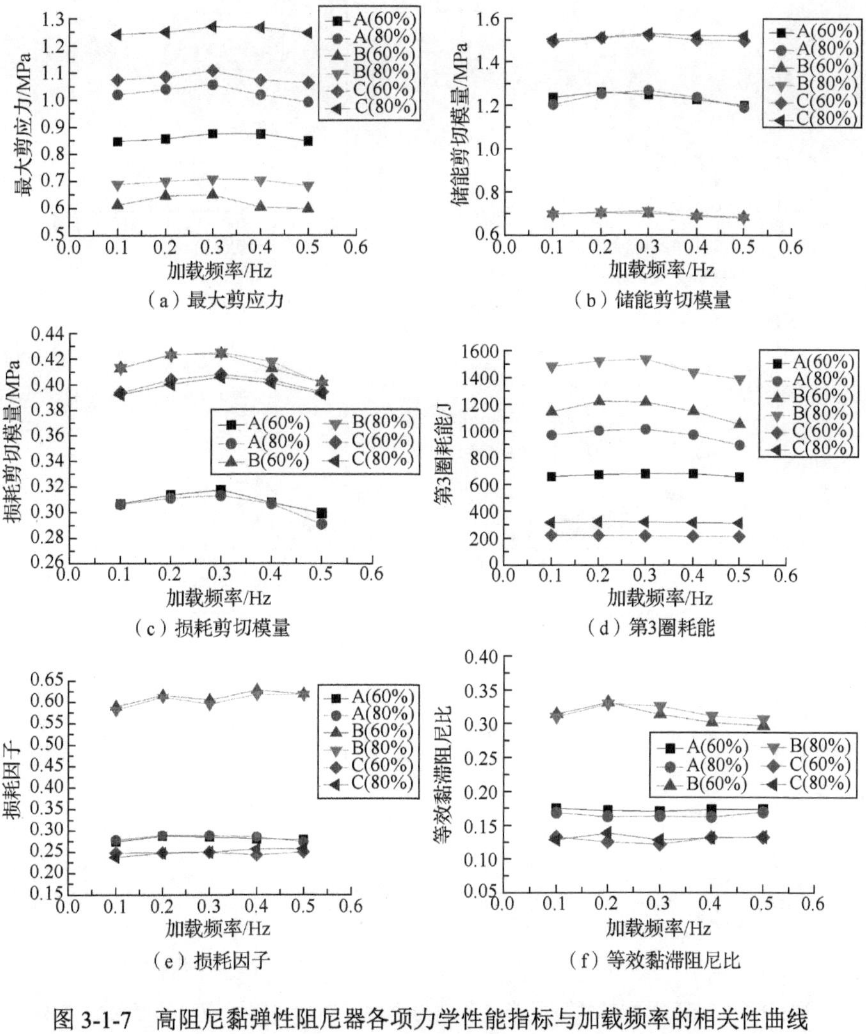

图 3-1-7　高阻尼黏弹性阻尼器各项力学性能指标与加载频率的相关性曲线

阻尼器 A、B、C 在 60%和 80%两种剪切应变下，储能剪切模量、损耗剪切模量、损耗因子、等效黏滞阻尼比与加载频率相关性曲线基本重合，说明在 0.1～0.5Hz 频率范围内，较小的剪切应变增量对这 4 个力学性能指标的影响不大。

3）应变幅值的影响

图 3-1-8 为高阻尼黏弹性阻尼器的各力学性能指标与剪切应变的相关性曲线。由图可知阻尼器 A 的最大剪应力随着剪切应变的增大而不断增大，在 150%剪切应变时达到 1.84MPa；阻尼器 B、C 的最大剪应力从起始加载分别至 600%和 500%剪切应变的过程中整体上近似线性增加，最大值分别为 3.34MPa 和 4.06MPa；阻尼器 B、C 在剪切应变分别为 650%和 550%时，由于阻尼器破坏而最大剪应力分别减小至 1.96MPa 和 3.35MPa。

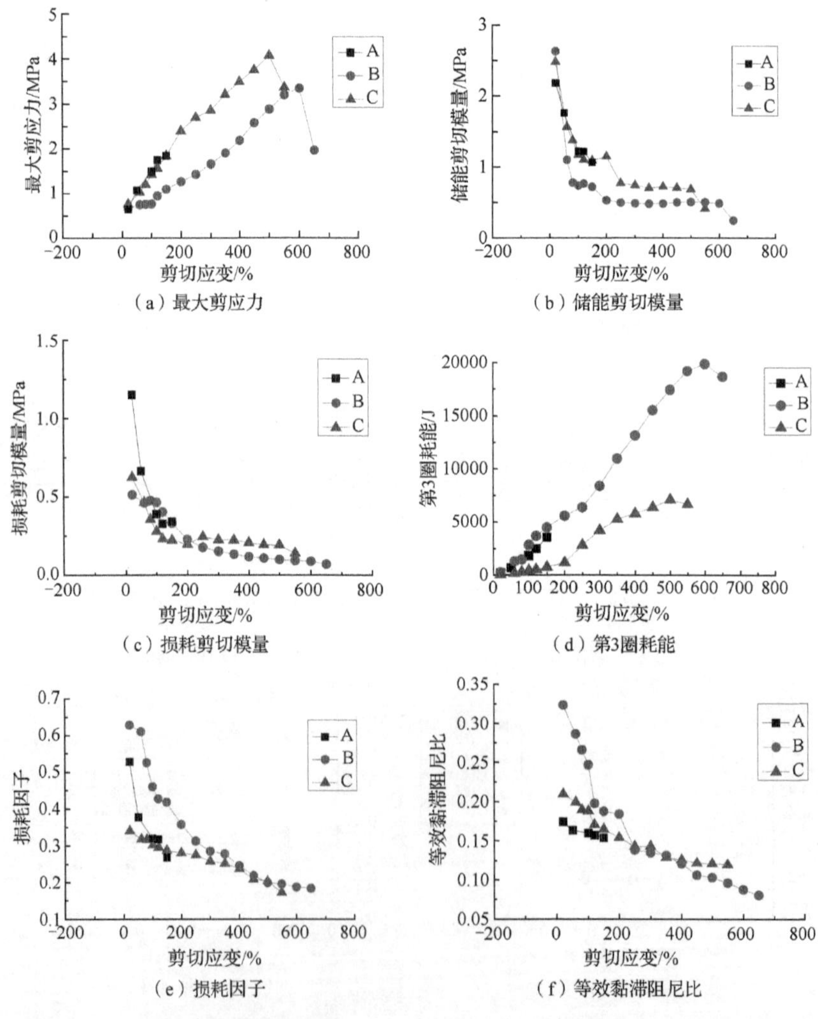

图 3-1-8　高阻尼黏弹性阻尼器的各项力学性能指标与剪切应变的相关性曲线

阻尼器 A、B 和 C 的储能剪切模量和损耗剪切模量均随着剪切应变的增大而不断减小，并且在变形小于 200%的剪切应变时下降幅度最大，其中储能剪切模量在起始加载至 200%剪切应变的范围内下降率分别为 51.37%、64.54%、53.84%，损耗剪切模量在起始加载至 200%剪切应变的范围内下降率分别为 70.43%、54.90%、68.22%，在 200%～600%的剪切应变范围内储能剪切模量和损耗剪切模量的变化趋缓。

3 个阻尼器的第 3 圈耗能随着剪切应变的增大而不断增大，其中阻尼器 B 和 C 在分别加载至 600%和 500%剪切应变的过程中第 3 圈耗能不断增加，直至二者在剪切应变分别达到 650%和 550%时发生破坏后，其第 3 圈耗能开始减小。

3 个阻尼器的损耗因子和等效黏滞阻尼比在起始加载时最大，损耗因子和等效黏滞阻尼比的最大值分别为 0.63 和 0.32，在加载过程中随着剪切应变的增大而减小，并且在起始加载至 150%的剪切应变过程中下降幅度最大，3 个阻尼器损耗因子的下降率分别为 50.38%、46.56%、32.25%，等效黏滞阻尼比的下降率分别为 30.19%、53.26%、37.28%。

综上所述，该种高阻尼黏弹性阻尼器的力学性能指标与剪切应变相关性较明显，损耗因子和等效黏滞阻尼比较大，耗能效果良好。

4）疲劳性能研究

采用正弦激励法，对试验阻尼器施加频率为 $f_1 = 0.1\text{Hz}$ 的正弦力，输入位移 $u = u_0 \sin(\omega t)$，连续加载 30 个循环。对比试验得到的第 3 圈数据和第 30 圈数据，分析循环荷载作用下黏弹性阻尼器力学性能的变化。主要评价指标为黏弹性阻尼器的最大阻尼力、表观剪切模量、损耗因子的变化率，如表 3-1-5～表 3-1-7 所示。

表 3-1-5　阻尼器 A 的疲劳指标

评价指标	第 3 圈	第 30 圈	变化率/%
最大阻尼力	92.81kN	84.39kN	9.07
表观剪切模量	1.16MPa	1.02MPa	12.07
损耗因子	0.32	0.28	12.50

表 3-1-6　阻尼器 B 的疲劳指标

评价指标	第 3 圈	第 30 圈	变化率/%
最大阻尼力	138.32kN	123.86kN	10.49
表观剪切模量	1.54MPa	1.38MPa	10.39
损耗因子	0.63	0.54	14.30

表 3-1-7　阻尼器 C 的疲劳指标

评价指标	第 3 圈	第 30 圈	变化率/%
最大阻尼力	48.18kN	43.52kN	9.67
表观剪切模量	0.99MPa	0.86MPa	13.13
损耗因子	0.23	0.20	13.04

从以上数据可知 3 种规格的黏弹性阻尼器在 30 圈循环加载后，最大阻尼力、表观剪切模量、损耗因子均有一定程度的下降，最大下降率分别为 10.49%、13.13%、14.30%，上述变化率均满足《建筑消能阻尼器》（JG/T 209—2012）[6]中疲劳性能指标变化率不超过 15%的要求。图 3-1-9 所示为 3 个阻尼器的疲劳性能试验曲线，3 种规格阻尼器的滞回曲线饱满，未出现明显的强度退化，表现出良好的疲劳性能。

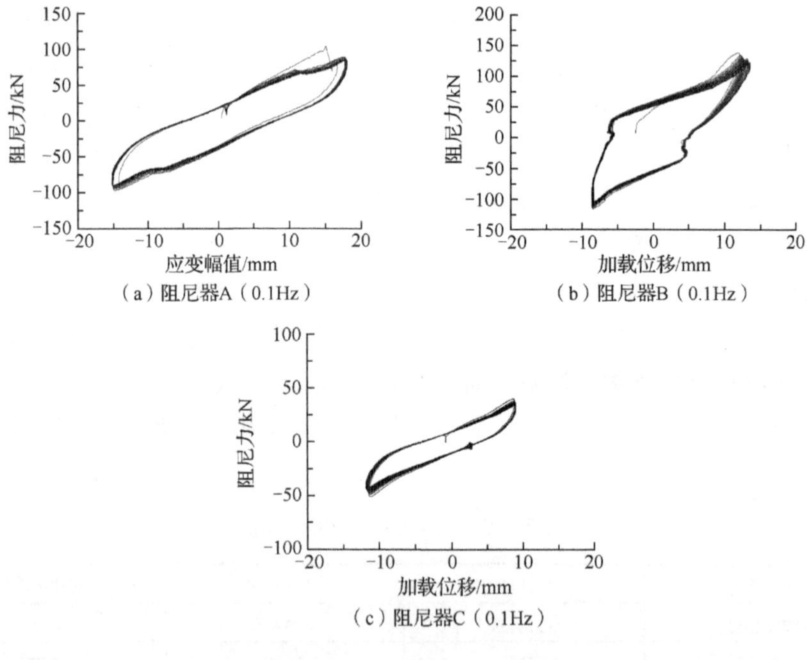

图 3-1-9　疲劳性能试验曲线

3.1.4　黏弹性阻尼器的恢复力模型

1. 恢复力模型

为了反映各种影响因素对黏弹性阻尼器力学性能的影响，尽可能比较精确地描述黏弹性阻尼器的应力-应变关系，本节采用 Soong 等[7]提出的等效刚度和等效阻尼模型来模拟黏弹性阻尼器的滞回曲线。该模型采用等效刚度和等效阻尼两个

重要参数反映黏弹性阻尼器力与位移的关系，将黏弹性阻尼器作为一种速度-位移型复合式消能减震构件，其恢复力的数学表达式为

$$F(t) = k_d X + C_d \dot{X} \tag{3-1-1}$$

式中：k_d 为黏弹性阻尼器的储能刚度；C_d 为黏弹性阻尼器的阻尼系数；X 和 $\dot{X}$ 分别为黏弹性阻尼器的相对位移和相对速度。

储能刚度 k_d 和阻尼系数 C_d 的计算公式为

$$k_d = \frac{G'A}{h} \tag{3-1-2}$$

$$C_d = \frac{G''A}{\omega h} \tag{3-1-3}$$

式中：G' 为储能剪切模量；G'' 为损耗剪切模量；A 为黏弹性材料的面积；h 为黏弹性材料的厚度；ω为激励频率。

该模型中力与位移的关系为 $\left(\dfrac{p-k_d u}{\eta\, k_d u}\right)^2 + \left(\dfrac{u}{u_0}\right)^2 = 1$，理论上画出的滞回曲线应为一个斜置的椭圆。其中，$p$ 为黏弹性阻尼器的阻尼力，u 为黏弹性阻尼器的变形，u_0 为黏弹性阻尼器的实际最大剪切变形，η 为损耗因子。

2. 模型计算与试验结果对比

基于等效刚度和等效阻尼模型，利用 MATLAB 程序模拟得到 3 个高阻尼黏弹性阻尼器的滞回曲线，并与试验曲线进行对比分析，如图 3-1-10～图 3-1-12 所示。

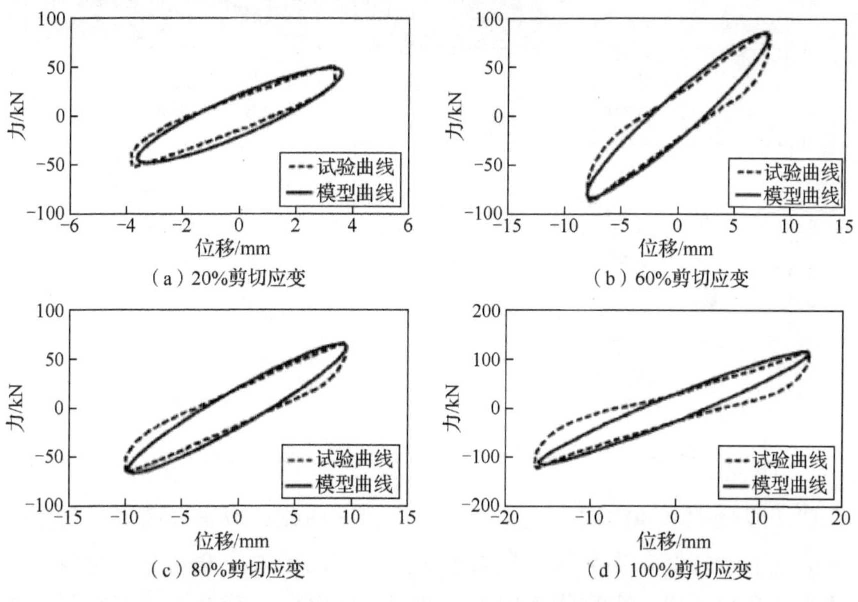

图 3-1-10　阻尼器 A 试验与恢复力模型曲线比较

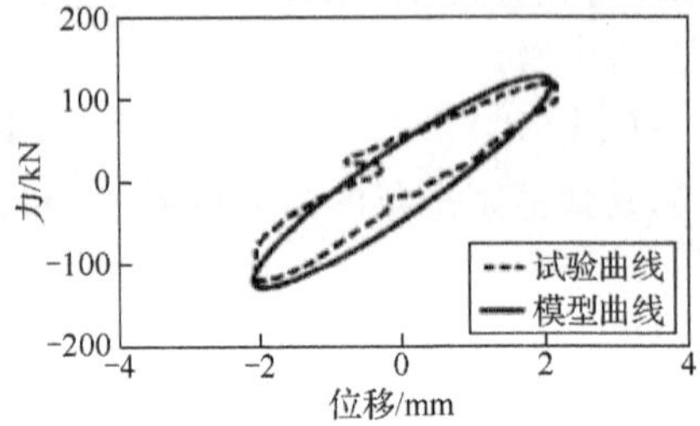

（a）20%剪切应变

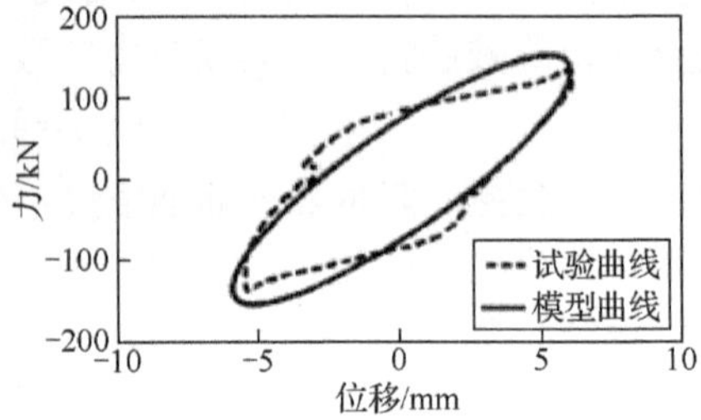

（b）60%剪切应变

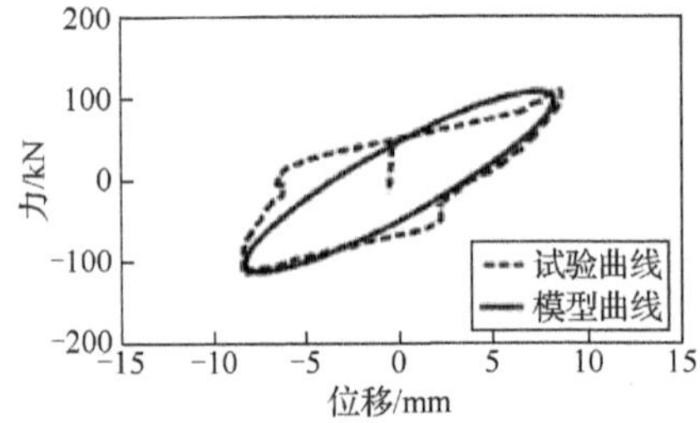

（c）80%剪切应变

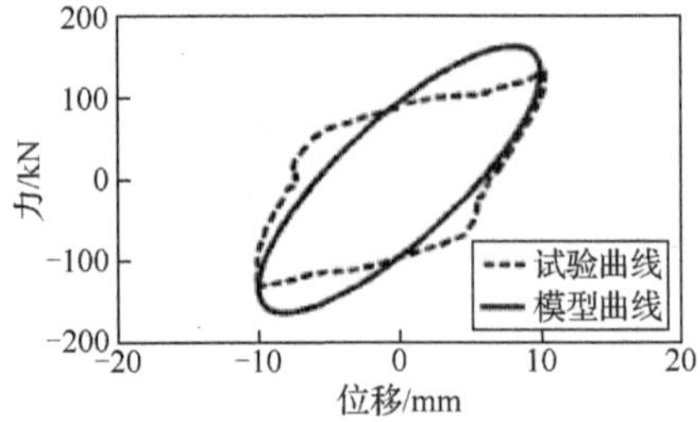

（d）100%剪切应变

图 3-1-11　阻尼器 B 试验与恢复力模型曲线比较

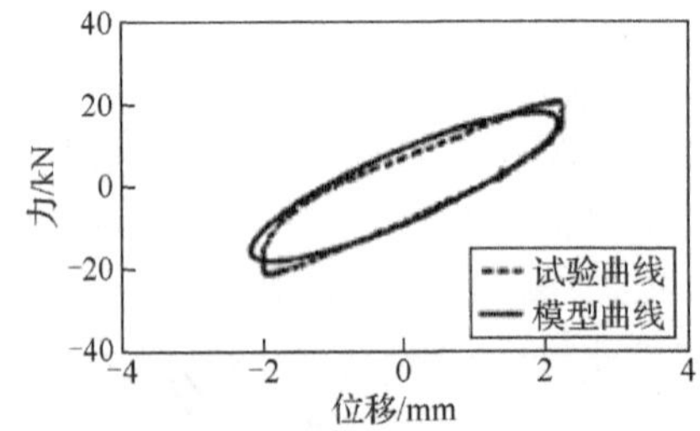

（a）20%剪切应变

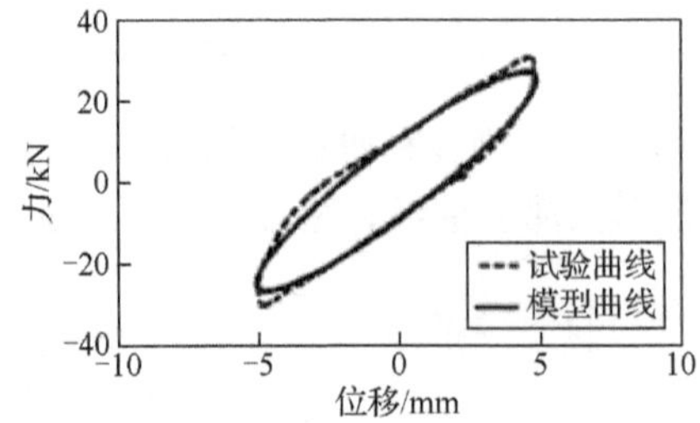

（b）60%剪切应变

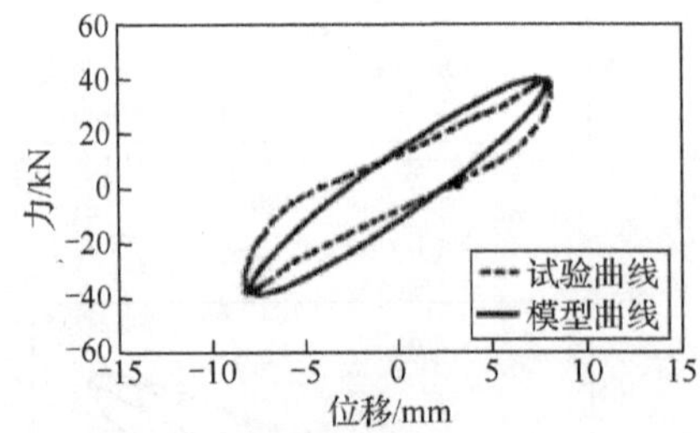

（c）80%剪切应变

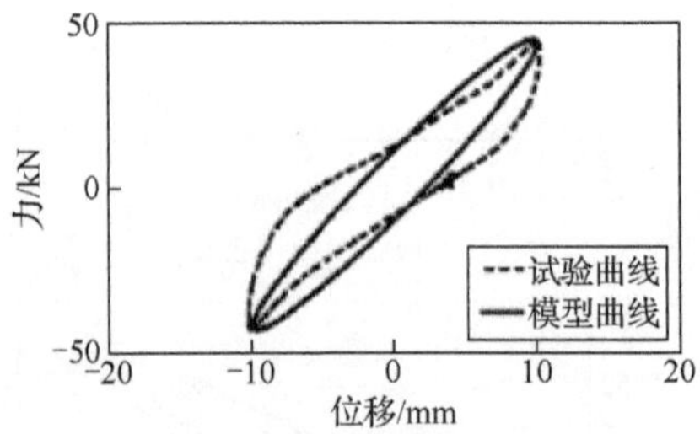

（d）100%剪切应变

图 3-1-12　阻尼器 C 试验曲线与恢复力模型曲线比较

在剪切应变小于 80%时，由试验获得的滞回曲线近似呈椭圆形，与模型得到的滞回曲线吻合较好。当剪切应变大于 80%后，由于大应变条件下材料硬化，滞回曲线中部开始捏拢，出现收缩现象，图形呈现出反 S 形，由模型得到的滞回曲线的精度下降。

由表 3-1-8 可知，在黏弹性阻尼器剪切应变不大于 60%的条件下，储能剪切模量、损耗剪切模量、损耗因子和等效黏滞阻尼比的模型结果与试验结果的最大误差率分别为 5.73%、7.84%、9.52%和 9.52%，模型结果与试验结果吻合较好，进而证实在小应变条件下该模型能够获得较好的模拟效果。在剪切应变 60%～100%范围内时，储能剪切模量、损耗剪切模量、损耗因子和等效黏滞阻尼比的试验结果与模型结果的误差分别达到 20.55%、20.45%、19.57%、20.83%，模型精度较差，表明在大变形条件下该模型还需进一步修正与改进。

表 3-1-8　模型与试验结果对比

阻尼器名称	剪切应变/%	储能剪切模量			损耗剪切模量			损耗因子			等效黏滞阻尼比		
		试验/MPa	模型/MPa	误差率/%	试验/MPa	模型/MPa	误差率/%	试验	模型	误差率/%	试验	模型	误差率/%
A	20	2.18	2.29	5.05	1.15	1.23	6.96	0.52	0.49	5.77	0.17	0.18	5.88
	60	1.76	1.81	2.84	0.66	0.69	4.55	0.37	0.36	2.70	0.16	0.17	6.25
	80	1.22	1.33	9.02	0.48	0.54	12.50	0.34	0.29	14.71	0.15	0.13	13.33
	100	1.21	1.41	16.53	0.34	0.4	17.65	0.32	0.26	18.75	0.13	0.11	15.38
B	20	2.62	2.77	5.73	0.51	0.55	7.84	0.63	0.57	9.52	0.32	0.29	9.38
	60	1.10	1.14	3.64	0.47	0.49	4.26	0.61	0.56	8.20	0.28	0.26	7.14
	80	0.77	0.86	11.69	0.46	0.52	13.04	0.52	0.44	15.38	0.26	0.22	15.38
	100	0.73	0.88	20.55	0.44	0.53	20.45	0.46	0.37	19.57	0.24	0.19	20.83
C	20	2.47	2.57	4.05	0.62	0.65	4.84	0.34	0.31	8.82	0.21	0.19	9.52
	60	1.56	1.59	1.92	0.46	0.47	2.17	0.32	0.3	6.25	0.19	0.18	5.26
	80	1.37	1.52	10.95	0.35	0.39	11.43	0.30	0.26	13.33	0.18	0.16	11.11
	100	1.17	1.40	19.66	0.27	0.32	18.52	0.29	0.24	17.24	0.16	0.13	18.75

综上可知，该恢复力模型曲线的倾斜程度由储能刚度所控制，曲线的饱满程度由损耗因子所控制。在小变形情况下模拟与试验结果基本吻合；在大变形条件下，当试验曲线由于黏弹性材料的硬化已经开始发生收缩变形时，模型曲线却不能考虑其影响，精度下降是必然的。等效刚度和等效阻尼模型概念清晰，在小变形范围内可以综合反映频率、应变幅值对黏弹性阻尼器性能指标的影响，模拟精度较好，因此应用较广，但在大变形情况下的模拟效果还有待改进。

3.2　小　　结

本章基于某国产高阻尼橡胶材料，研发了具有大变形能力的剪切型高阻尼黏弹性阻尼器，使其能够安装在结构变形较大的部位进行振动反应控制。设计了 3 个不同尺寸规格的阻尼器模型，对其进行了试验研究与数值分析，初步得出以下结论。

（1）在 0.1～0.5Hz 的加载频率下，高阻尼黏弹性阻尼器的力学性能指标变化较小，在一定值附近保持稳定，表明其力学性能受加载频率影响较小。

（2）高阻尼黏弹性阻尼器的力学性能指标与应变幅值相关性较明显，其损耗因子和等效黏滞阻尼比较大，滞回曲线比较饱满，具备良好的耗能性能。

（3）黏弹性阻尼器 A、B 和 C 的最大剪切应变分别达到 550%、600%和 500%而未发生破坏，表明其具有优良的变形能力。

（4）3 个黏弹性阻尼器在 30 圈循环加载后，各项力学性能指标均满足《建筑消能阻尼器》（JG/T 209—2012）对疲劳性能的要求。

（5）黏弹性阻尼器的剪切应变不大于 60%时，试验结果与计算结果吻合较好，表明等效刚度与等效阻尼模型在小变形范围内能够较好地反映黏弹性阻尼器的力学性能，但该模型在大应变情况下的应用还需进一步研究。

参 考 文 献

[1] 陈云，刘涛，蒋欢军，等．一种连梁抗风抗震装置：201610922957.0[P]．2019-07-19．

[2] 陈云，刘涛，蒋欢军，等．一种组合型抗风抗震连梁消能器：201610922958.5[P]．2019-03-22．

[3] 陈云，陈超，蒋欢军，等．O 型钢板-高阻尼黏弹性复合型消能器的力学性能试验与分析[J]．工程力学，2019，36（1）：119-128．

[4] CHEN Y, CHEN C, MA Q Q, et al. Study on mechanical properties of high damping viscoelastic dampers[J]. Advances in structural engineering, 2019, 22(14): 2925-2936.

[5] 万志威，陈云．高阻尼粘弹性阻尼器的有限元数值分析[J]．中国科技论文在线精品论文，2018，11（8）：785-790．

[6] 中华人民共和国住房和城乡建设部建筑制品与构配件产品标准化技术委员会．建筑消能阻尼器：JG/T 209—2012[S]．北京：中国标准出版社，2012．

[7] SOONG T T, DARGUSH G F. Passive energy dissipation systems in structural engineering[M]. New York: John Wiley & Sons, 1997.

第 4 章　转动摩擦阻尼器

本章主要介绍了陈云研发的一种单孔型转动摩擦阻尼器[1-2]和一种力臂放大型摩擦阻尼器[3]，对两种转动摩擦阻尼器开展了系统的理论分析和试验研究。

针对单孔型转动摩擦阻尼器开展的主要工作如下：单孔型转动摩擦阻尼器的研发→单孔型转动摩擦阻尼器的拟静力性能试验和结果分析→建立单孔型转动摩擦阻尼器的恢复力模型→提出单孔型转动摩擦阻尼器的相应研究结论。

针对力臂放大型摩擦阻尼器开展的主要工作如下：力臂放大型摩擦阻尼器的研发→力臂放大型摩擦阻尼器的拟静力性能试验和结果分析→给出力臂放大型摩擦阻尼器的相关研究结论。

4.1　单孔型转动摩擦阻尼器

4.1.1　研究目的和内容

传统钢框架设计一般遵循“强节点弱构件”的抗震设计思想，但仍可能无法避免节点在强震作用时产生应力集中和发生脆性破坏等问题，在 20 世纪 90 年代的 Northridge（北岭）地震和 Kobe（神户）地震中，大量钢结构的梁柱焊接节点出现了脆性破坏，促使广大学者研发抗震性能更优的梁柱连接节点。近年来随着消能减震技术的发展，部分研究人员通过在梁柱节点直接安装阻尼器或者将梁柱节点设计成耗能-承载一体化的节点，有效控制并减轻了梁柱节点在强震作用下的损伤与破坏。

为了进一步提高钢框架梁柱节点的抗震性能，陈云[1-2]研发了一种耗能-承载一体化的装配式梁柱转动摩擦耗能阻尼器，阐述了该阻尼器的构造形式与工作机理，对转动摩擦耗能阻尼器进行了低周反复加载试验，全面分析了该阻尼器的受力变形特点、滞回曲线、骨架曲线、强度退化、刚度退化和耗能性能，并提出了其恢复力模型，以期为该阻尼器早日实现工程应用提供初步的技术支撑。

4.1.2　装置构造形式及其工作机理

装配式梁柱转动摩擦阻尼器构造形式如图 4-1-1 所示，整根钢梁由两端的短梁段和中间的长梁段构成[4]。其连接方式为：短梁段焊接在钢柱翼缘上，两块摩擦板和两块连接板对称设置在长梁段和短梁段腹板的两侧，长梁段、摩擦板和连接板通过高强螺栓连接；短梁段、摩擦板、连接板预留有相同大小的螺孔，通过销轴和螺母连接并形成转动摩擦铰；长梁段和钢柱均设置加劲肋以保证其局部稳定性[4]。节点安装完成后通过扭矩扳手调节销轴处的摩擦板与短梁段腹板之间的法向接触力，进而改变转动摩擦力大小[4]。转动摩擦阻尼器的工作机理为：在较小的地震作用时，阻尼器不发生转动，此时节点的变形模式为阻尼器的弹性变形机制；在较强的地震作用时，摩擦耗能阻尼器发生转动，摩擦界面间形成转动摩擦力，耗散地震能量，而主体梁柱构件基本保持弹性[4]。转动摩擦力的力学本质为均匀环形分布在摩擦界面的剪力流，相对于转动点会产生转动摩擦力矩，能够为节点提供一定的抗弯承载力[4]。

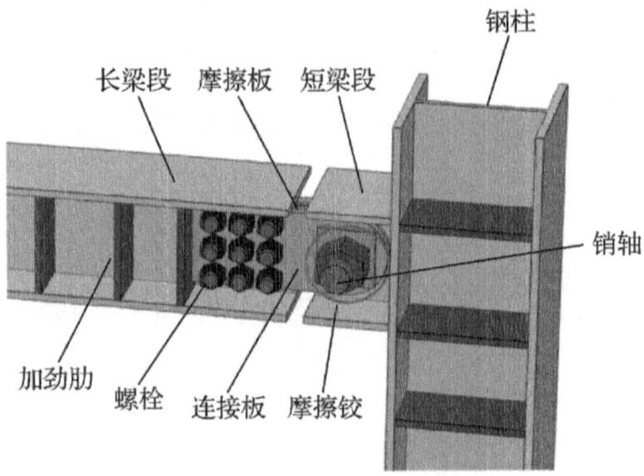

图 4-1-1　装配式梁柱转动摩擦阻尼器构造形式示意图[4-5]

4.1.3　抗震性能试验

1. 试件设计与安装

本次试验采用悬臂式的梁柱节点加载装置，如图 4-1-2 所示[4]。将钢梁竖直放置并与水平作动器通过箱型构件连接，钢柱水平放置并与两端刚性构件铰接连接，两端刚性构件通过高强螺栓与钢地梁连接，4 根地锚杆穿过钢地梁和实验室地面开有的螺孔固定整个加载装置[4]。

综合考虑试验场地要求与作动器出力等因素，本次试验采用 1/4 的缩尺模型，钢梁（HM，中翼缘 H 型钢）总长 1000mm，长梁段的尺寸为 HM180mm×180mm×10mm×12mm，长度为 850mm；短梁段的尺寸为 HM200mm×200mm×10mm×12mm，长度为 150mm；长梁段与短梁段之间的预留间隙为 30mm；作动器的加载中心至摩擦铰的销轴距离为 620mm；钢柱的尺寸为 HM240mm×240mm×12mm×14mm，长度为 590mm；所有铰接孔直径均为 30mm；转动摩擦铰的摩擦片采用 3mm 厚的黄铜板，在安装以前表面已经过喷砂处理[4]。

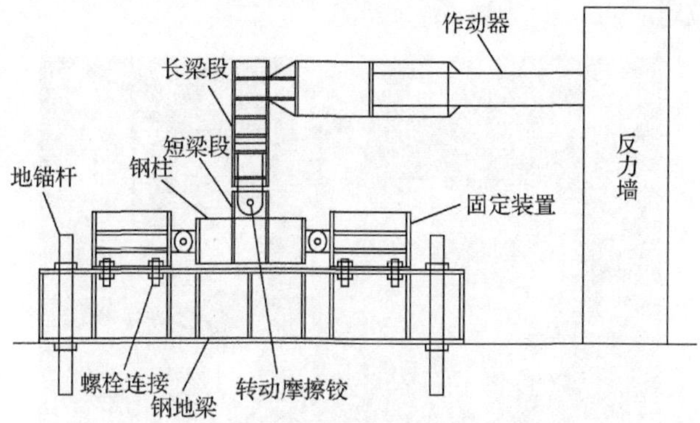

图 4-1-2　加载装置示意图[4-5]

2. 性能参数

钢柱、钢梁和加劲肋采用 Q345B 钢制作，钢地梁采用 Q235 钢制作，所有钢材的力学性能均通过万能试验机进行单调拉伸材料性能试验确定[4]。根据我国《金属材料　拉伸试验　第 1 部分：室温试验方法》（GB/T 228.1—2010）[6]规定，对每种厚度的钢构件均制作加工了 3 个标准拉伸试件，得到材料力学性能指标如表 4-1-1 所示[4]。

表 4-1-1　材料力学性能指标[4]

钢板厚度/mm	屈服强度/MPa	抗拉强度/MPa	弹性模量/（10^5MPa）	断后伸长率/%
10	378.21	487.54	2.12	19.33
12	364.52	473.47	2.06	21.42
20	362.14	468.33	2.03	23.51

3. 加载制度与量测内容

本次试验根据转动摩擦阻尼器的摩擦垫片初始预压力不同可分为 4 个工况，分别为 50kN、100kN、150kN 和 200kN[4]。每个工况采用位移控制加载，在加载位移 Δ 为 1～8mm 时，位移幅值增量为 1mm，每级位移幅值加载 1 圈；在加载位移为 8～16mm 时，位移幅值增量为 2mm，每级位移幅值加载 3 圈；在加载位移为 16～40mm 时，位移幅值增量为 4mm，每级位移幅值加载 3 圈[4]。试验加载装置如图 4-1-3 所示，加载制度如图 4-1-4 所示[4]。

试验中采集和量测了加载装置处的水平荷载、水平位移和关键部位的应变等。沿钢梁方向布置水平位移计，用于量测钢梁不同高度处的水平位移；在钢地梁沿着水平推力方向布置水平位移计，用于量测钢地梁可能产生的滑移；试件的应变片主要布置在梁柱节点、加载装置连接处对应的梁腹板以及短梁段的翼缘和腹板等关键受力部位[4]。

图 4-1-3　试验加载装置[4]

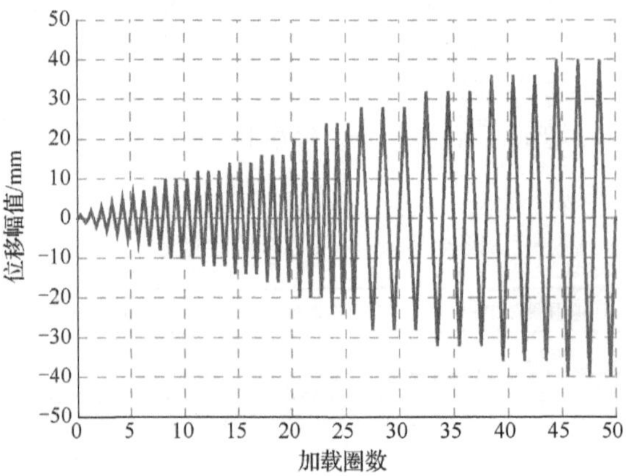

图 4-1-4　加载制度[4]

4. 试验研究与结果分析

1）试验现象及分析

由图 4-1-5（a）可知加载至最大位移时钢梁主要为刚体转动变形机制；由图 4-1-5（b）可知转动摩擦铰呈现为绕销轴的定轴转动变形模式，符合预期设计[4]。螺母与连接钢板之间设置碟形弹簧垫片，以减少其预压力损失[4]。图 4-1-6 为试件的 3 个关键受力部位的应变与时间的关系曲线，由图可知 3 个受力部位的应变均远小于钢材的屈服应变，证明梁柱节点在加载过程中保持为弹性，没有发生屈服[4]。

2）滞回曲线

阻尼器在低周反复荷载作用下的滞回曲线能够全面反映节点的抗震性能，同时也是阻尼器建立本构模型进行弹塑性分析的基础。在不同初始预压力的作用下，装配式梁柱转动摩擦阻尼器的滞回曲线如图 4-1-7 所示[4]。由图可知当初始预压力一定时，随着加载位移的不断增大，转动摩擦阻尼器的耗能性能不断增强，滞回曲线近似为饱满的平行四边形，表明其具有良好的耗能性能。在节点转动后，其承载力基本保持不变，表明其力学性能稳定。在每一级加载位移下，阻尼器的卸载刚度与初始刚度很接近。当加载位移一定时，随着初始预压力的增大，转动摩擦阻尼器的承载力逐渐增大，耗能性能也不断增强。

（a）最大位移时节点主视图

（b）最大位移时摩擦铰变形图[5]

图 4-1-5　试验现象[4]

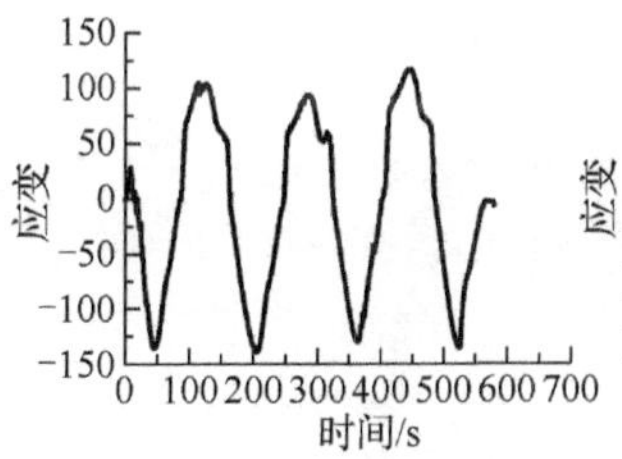

（a）梁柱节点应变

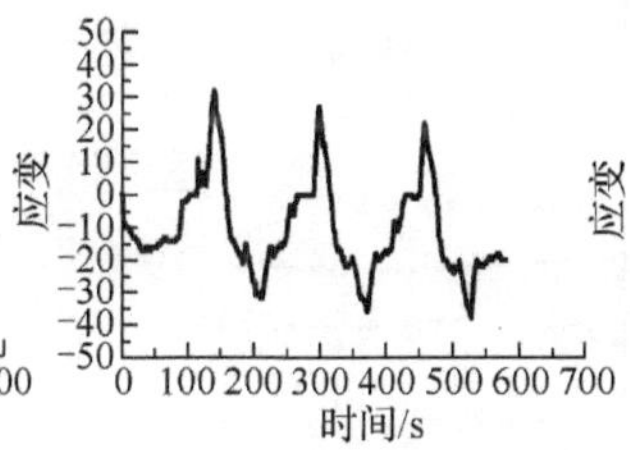

（b）短梁段右翼缘应变

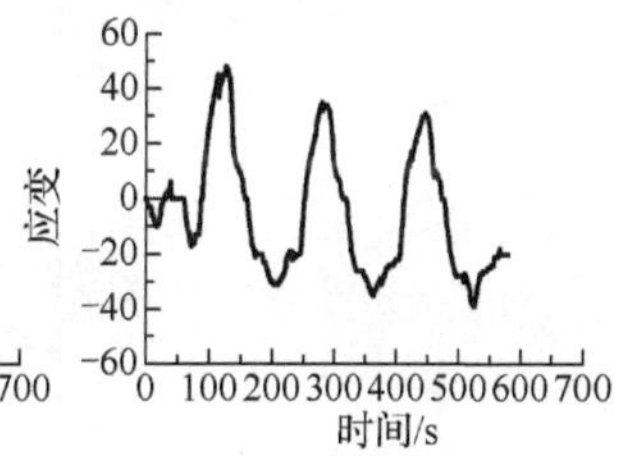

（c）加载连接处应变

图 4-1-6　试件应变图

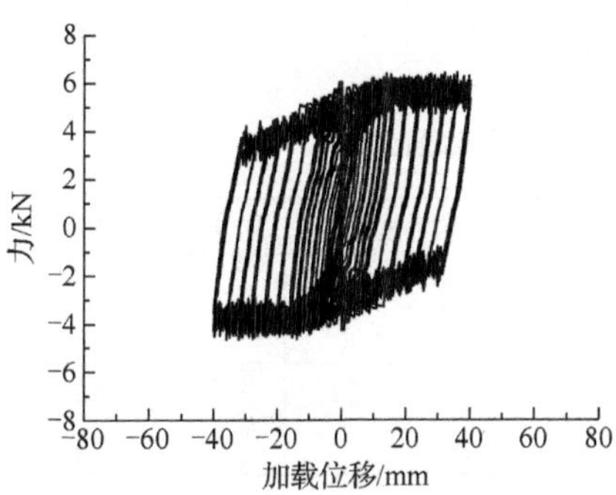

（a）预压力50kN

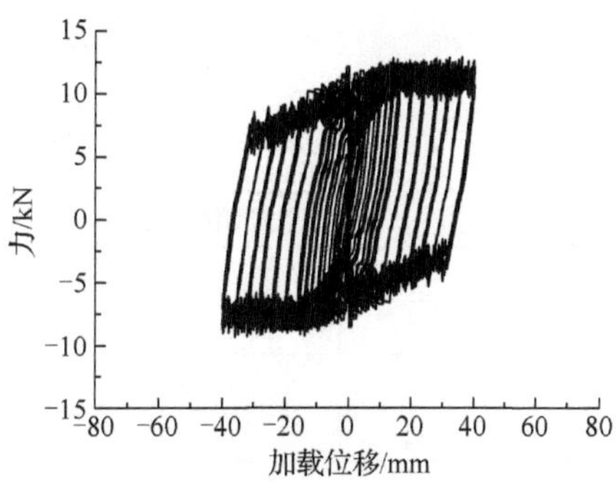

（b）预压力100kN

图 4-1-7　试验滞回曲线[4]

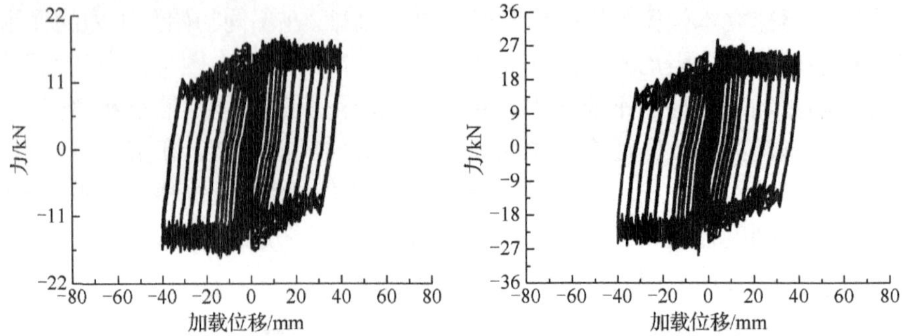

（c）预压力150kN　　（d）预压力200kN

图 4-1-7（续）

3）骨架曲线

阻尼器的骨架曲线能够直观反映阻尼器在低周反复荷载作用下初始刚度与承载力等力学性能指标的变化规律，是阻尼器抗震性能的重要表征[4]。在不同初始预压力的作用下，装配式梁柱转动摩擦阻尼器的骨架曲线如图 4-1-8 所示，其转动摩擦节点的力学性能指标如表 4-1-2 所示[4]。

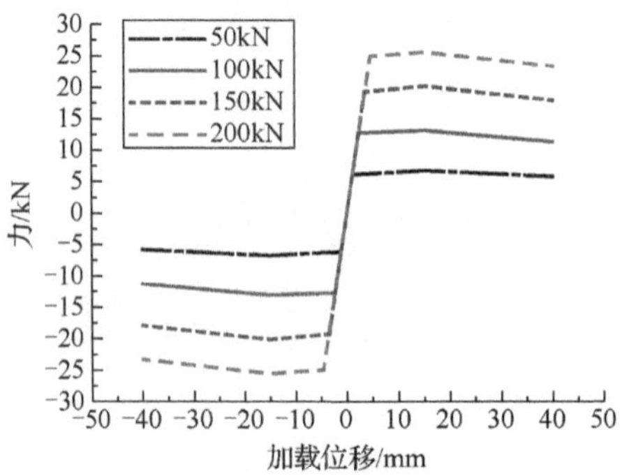

图 4-1-8　试验骨架曲线[4]

表 4-1-2　转动摩擦节点的力学性能指标[4]

工况	初始刚度/（kN/mm）	转动临界位移/mm	转动临界承载力/kN
50kN	5.51	1.11	6.12
100kN	5.49	2.32	12.74
150kN	5.64	3.41	19.26
200kN	5.47	4.56	24.94

由图 4-1-8 和表 4-1-2 所示，随着初始预压力的成倍增大，转动摩擦阻尼器的初始刚度数值相差不大，转动临界位移和转动临界承载力基本上成倍数增大[4]。

其原因是摩擦铰未发生转动前，阻尼器变形模式为节点的弹性变形机制，在梁柱尺寸确定的前提下其初始刚度是一致的[4]。随着初始预压力的增加，摩擦铰处的初始摩擦力矩增大，故转动临界位移和转动临界承载力不断增大[4]。

4）强度退化

阻尼器在同一加载幅值下循环多次后承载力会有所下降，抗震设计中将这一现象称为阻尼器的强度退化，反映了阻尼器在低周反复荷载作用下的累积损伤，是衡量阻尼器抗震性能的重要指标[4]。本书采用强度退化率λ来定义节点的强度退化程度，其值越接近 1 表明其强度退化越小[4]。具体表达式[4]如下：

$$\lambda = \frac{p_3}{p_1} \tag{4-1-1}$$

式中：p_3和p_1分别为阻尼器在同一加载幅值下循环第 3 圈和第 1 圈的峰值承载力[4]。鉴于本次试验中从 10mm 以后每级位移下开始循环 3 圈，故强度退化率从 10mm 开始计算，如图 4-1-9 所示[4]。由图可知在 10～40mm 的加载过程中转动摩擦阻尼器的强度退化率变化不大，都接近于 1，表明装配式梁柱转动摩擦阻尼器的强度退化小，力学性能较为稳定[4]。

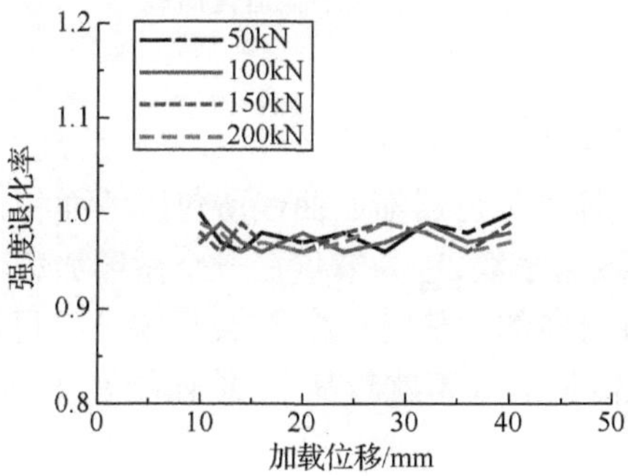

图 4-1-9　强度退化曲线[4]

5）刚度退化

通过阻尼器在每一级加载幅值下割线刚度K_i的变化情况来评价阻尼器在加载过程中的刚度退化规律[4]。割线刚度K_i的定义[4]为

$$K_i = \frac{|+F_i| + |-F_i|}{|+\Delta_i| + |-\Delta_i|} \tag{4-1-2}$$

式中：K_i为第 i 次加载时阻尼器的割线刚度；$+F_i$和$-F_i$分别为第 i 次加载时阻尼器正负两个方向的峰值承载力；$+\Delta_i$和$-\Delta_i$分别为第 i 次加载时阻尼器正负两个方向的峰值承载力所对应的水平加载位移[4]。

根据试验结果计算得到的转动摩擦阻尼器的刚度退化曲线如图 4-1-10所示[4]。

由图可知在不同工况下试件的刚度退化规律较为一致。总体来说，对于同一加载位移，随着初始预压力的增大，割线刚度也随着增大；在初始加载位移较小时，摩擦铰未发生转动，阻尼器以弹性变形机制为主，其割线刚度基本相同；在加载位移为 2～10mm 的过程中摩擦铰发生了转动，阻尼器的变形模式由弹性变形机制变为刚体转动变形机制，其受力变形机理发生了变化，故割线刚度迅速减小；在加载位移为 10～40mm 时，随着加载位移的增大，试件割线刚度减小的速率变缓，趋于稳定[4]。

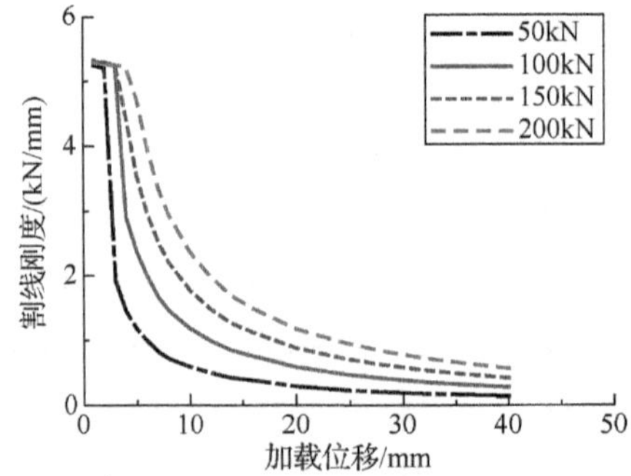

图 4-1-10 刚度退化曲线[4]

6）耗能性能

抗震设计中一般采用总耗能 E_{d} 和等效黏滞阻尼系数 ζ_{eq} 来表征节点的耗能性能[4]。总耗能 E_{d} 数值上等于阻尼器滞回曲线所包围的面积，表征了阻尼器的绝对耗能性能[4]。等效黏滞阻尼系数 ζ_{eq} 为节点在一个循环加载周期内能量耗散量与振幅最大处所具有的弹性势能的比值[4]。ζ_{eq} 综合反映了阻尼器的相对耗能性能，其数值越大，阻尼器耗散能量的效率就越高[4]。总耗能 E_{d} 和等效黏滞阻尼系数 ζ_{eq} 的定义[4]如下：

$$E_{\mathrm{d}} = S_{ABCD} \tag{4-1-3}$$

$$\zeta_{\mathrm{eq}} = \frac{1}{2\pi} \cdot \frac{S_{ABCD}}{S_{OBF} + S_{ODE}} \tag{4-1-4}$$

式中：S_{ABCD} 为滞回曲线包围的面积；S_{OBF} 和 S_{ODE} 为三角形包围的面积，如图 4-1-11 所示[4]。

根据试验结果计算得到的试件总耗能与等效黏滞阻尼系数分别如图 4-1-12 和图 4-1-13 所示。由图 4-1-12 可知，在加载初期摩擦节点几乎不耗散能量，因为这一阶段摩擦铰未发生转动[4]。当初始预压力一定时，随着加载位移 Δ 的增大，转动摩擦阻尼器的总耗能不断增大[4]。对于不同的工况，在相同的加载位移时，随着初始预压力的增大，转动摩擦阻尼器的总耗能也不断增大[4]。在整个加载过程中，随着初始预压力增大，总耗能的增加速率也随着增大[4]。由图 4-1-13 可知，不同工况下转动摩擦阻尼器的等效黏滞阻尼系数的变化规律较为一致。初期由于摩擦铰未发生转动而接近于 0，在加载位移为 4～12mm 时，随着加载位移的增大，等效黏滞阻尼系数迅速增大；在加载位移为 12～40mm 时，随着加载位移的增大，其等效黏滞阻尼系数增加速率变缓[4]。随着初始预压力的增大，等效黏滞阻尼系数也随着增大，最大值为 0.43，表明转动摩擦阻尼器的耗能性能较好[4]。

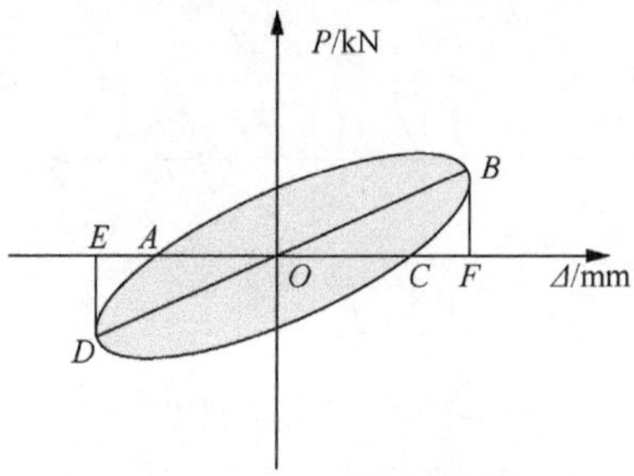

图 4-1-11　计算简图[4,7]

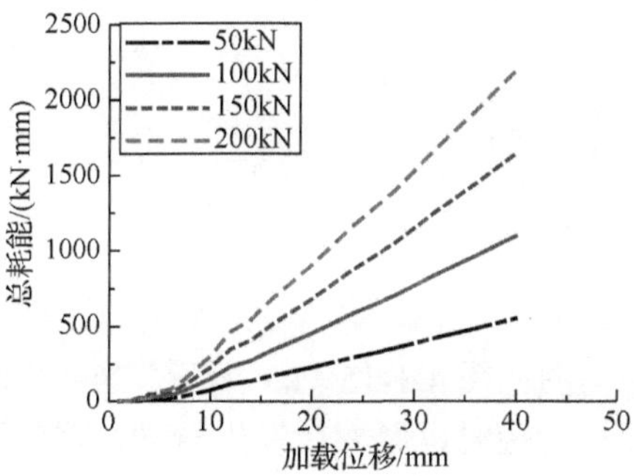

图 4-1-12　总耗能图[4]

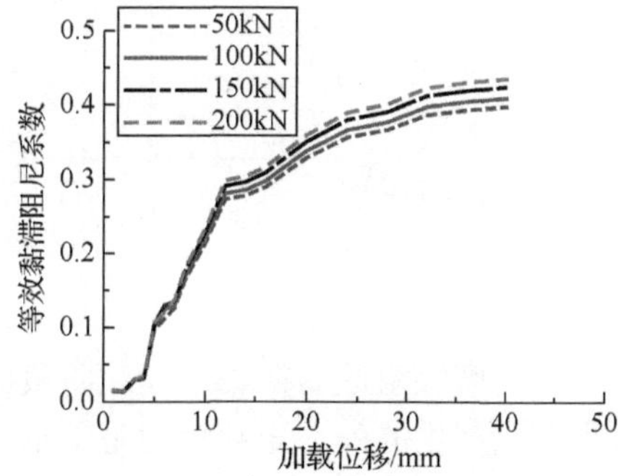

图 4-1-13　等效黏滞阻尼系数图[4]

4.1.4　恢复力模型

装配式梁柱转动摩擦阻尼器通过连接钢板与黄铜板之间的转动摩擦耗能，其阻尼器的受力特性可归结为节点转动摩擦力矩与阻尼器转角的关系[4]。根据阻尼器的滞回曲线形状，提出基于节点转动摩擦力矩与节点转角的恢复力模型，如图 4-1-14 所示[4]。转动摩擦阻尼器在转角未超过临界节点转角 θ_1 时，外力相对于转动点产生的外力矩没有超过阻尼器的转动摩擦力矩，摩擦铰未发生转动，可按阻尼器的弹性变形机制计算临界节点转角 θ_1[4]。在转角超过 θ_1 后摩擦节点发生了转动，并且梁端在转动过程中会受到摩擦界面的转动摩擦力作用[4]。每个摩擦界面的转动摩擦力为环形均匀分布在摩擦界面的剪力流，其相对于转动点 O 会产生转动摩擦力矩 M_{fr}，恢复力模型中的 M_f 为两个摩擦界面的 M_{fr} 之和[4]。θ_2 为设计的最大转角，摩擦节点加载至 θ_2 后开始卸载，卸载刚度等于初始转动刚度 k_{f1}[4]。

综上所述，装配式梁柱转动摩擦阻尼器的变形模式在整个加载过程中根据受力特点可以分为两个阶段，第一阶段为阻尼器的弹性变形机制，第二阶段为阻尼器的刚体转动变形机制，受力分析如图 4-1-15 所示[4]。

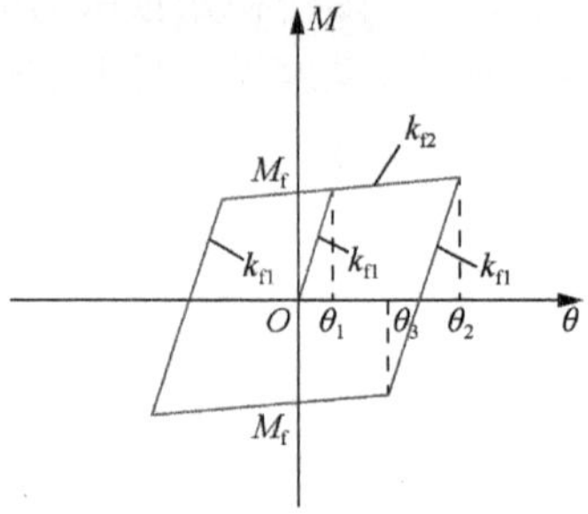

图 4-1-14　恢复力模型[4,5,8]

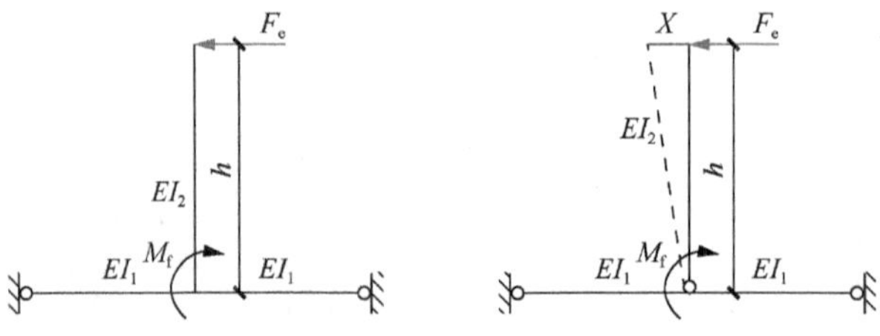

（a）阻尼器转动前　　（b）阻尼器转动后

图 4-1-15　受力分析简图[4,5]

转动摩擦阻尼器在第一加载阶段的受力简图如图 4-1-15（a）所示，当外力相对于节点产生的外力矩超过阻尼器的转动摩擦力矩时，摩擦铰发生转动，据此可计算临界推力 F_e [4]：

$$F_e = \frac{M_f}{h} \tag{4-1-5}$$

求临界转动水平侧移可简化为求解一个一次超静定问题的位移计算，作出外荷载作用下的弯矩图，对与其对应的任意一个静定结构在单位荷载作用下的弯矩图使用图乘法，可得 F_e 引起的水平弹性侧移 $\varDelta_1$ [4]为

$$\varDelta_1 = \frac{F_e h^3}{3EI_2} + \frac{F_e h^2 l}{12EI_1} \tag{4-1-6}$$

式中：l 为上下层柱子反弯点之间的距离。

临界节点转角 θ_1 可由下式确定[4]：

$$\theta_1 = \frac{\varDelta_1}{h} \tag{4-1-7}$$

根据图 4-1-16 可用微元法计算 M_{fr} 的数值大小，恢复力模型中的 M_f 为两个摩擦界面的 M_{fr} 之和[4]。取图中深色部分为计算微元，则微元的面积[4]为

$$ds = 2\pi r dr \tag{4-1-8}$$

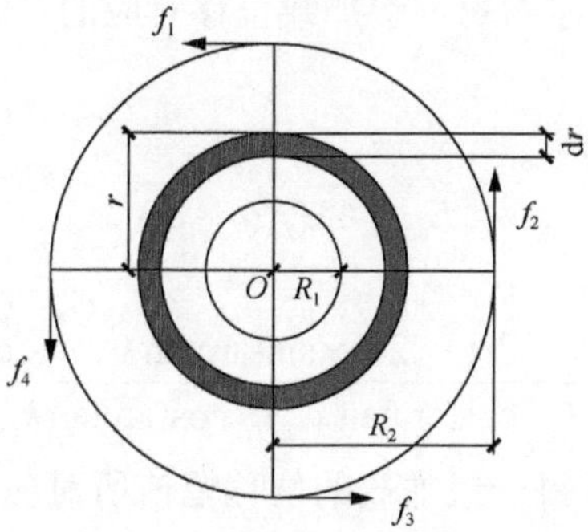

图 4-1-16　摩擦力矩计算简图[4,5,9]

设作用在摩擦面上的正压力为 F_N，则摩擦面的压强[4]为

$$p = \frac{F_N}{\pi(R_2^2 - R_1^2)} \tag{4-1-9}$$

设摩擦界面的动摩擦系数为μ，则微元部分受到的转动摩擦力和转动摩擦力矩[4]分别为

$$df = \mu p ds = \frac{2\mu F_N r dr}{R_2^2 - R_1^2} \tag{4-1-10}$$

$$dM = r df = \frac{2\mu F_N r^2 dr}{R_2^2 - R_1^2} \tag{4-1-11}$$

将微元部分受到的转动摩擦力矩分别从 R_1 到 R_2 积分，得到单个摩擦面所受的转动摩擦力矩 M_{fr} [4]：

$$M_{fr} = \int_{R_1}^{R_2} dM = \frac{2\mu F_N (R_1^2 + R_1 R_2 + R_2^2)}{3(R_1 + R_2)} \tag{4-1-12}$$

根据以上分析，恢复力模型中的 M_f 为两个摩擦界面的 M_{fr} 之和[4]，则

$$M_f = 2M_{fr} = \frac{4\mu F_N (R_1^2 + R_1 R_2 + R_2^2)}{3(R_1 + R_2)} \tag{4-1-13}$$

由图 4-1-14 恢复力模型的几何关系可求得初始刚度 k_{f1} [4]：

$$k_{f1} = \frac{M_f}{\theta_1} \tag{4-1-14}$$

转动后刚度 k_{f2} 可参考转动摩擦阻尼器力学模型取为 0，也可根据阻尼器试验结果确定一个合理的取值。

根据图 4-1-14 中恢复力模型的几何相似关系[4]可知：

$$\theta_3 = \theta_2 - 2\theta_1 \tag{4-1-15}$$

式中：θ_2 由抗震性能目标直接给定，负向加载的关键性能点确定方法和正向加载

一致。至此，恢复力模型所有关键参数均已确定[4]。

由上述恢复力模型可求得每一级加载位移对应的总耗能 E_{dt} 的理论预测公式，具体表达式[4]如下。

不考虑转动后刚度[4]：

$$E_{dt} = 4M_f(\theta_i - \theta_1) \tag{4-1-16}$$

考虑转动后刚度[4]：

$$E_{dt} = \frac{(2\theta_i - 2\theta_1) \times 2\theta_1 \times \sin(\arctan k_{f1} - \arctan k_{f2})}{\cos(\arctan k_{f2}) \times \cos(\arctan k_{f1})} \tag{4-1-17}$$

式中：θ_i 为摩擦铰转动后每一级加载的位移幅值所对应的节点转角[4]。将试验中的水平推力与水平位移关系曲线转化为阻尼器节点弯矩与阻尼器节点转角关系的滞回曲线，并与基于恢复力模型的计算结果进行对比（计算结果分为考虑和不考虑转动后刚度两种情况），结果如图 4-1-17 所示，限于篇幅，下面仅给出了预压力为 100kN 的工况对比结果[4]。基于式（4-1-16）和式（4-1-17）计算的节点总耗能与试验结果的对比如图 4-1-18 所示[4]。

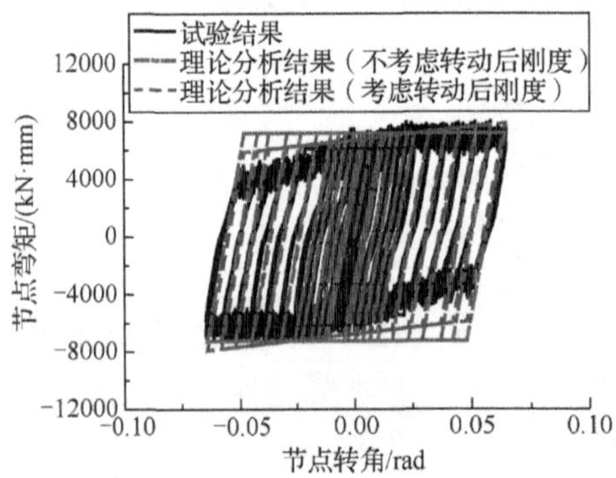

图 4-1-17　滞回曲线对比[4]

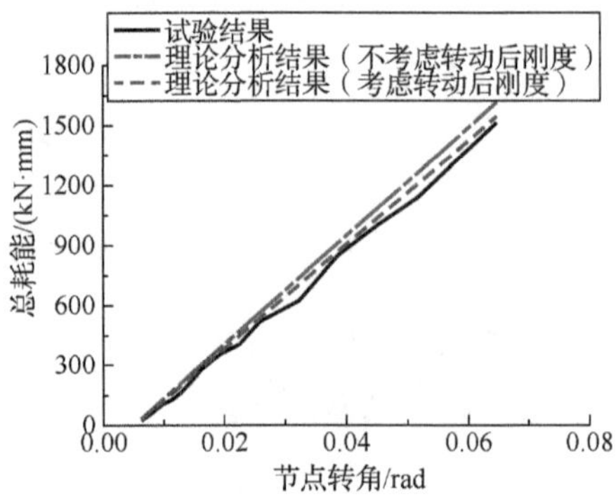

图 4-1-18　总耗能对比[4]

由图 4-1-17 可知，考虑转动后刚度的恢复力模型计算结果与不考虑转动后刚度的恢复力模型计算结果相比，前者与试验结果的总体吻合度更好一些，不考虑转动后刚度的恢复力模型计算结果在过渡段与试验结果有所差异。总体而言，提出的恢复力模型能够较好地反映装配式梁柱转动摩擦阻尼器在循环往复荷载作用下的滞回性能。由图 4-1-18 可知式（4-1-16）和式（4-1-17）能够较好预测转动摩擦阻尼器的耗能性能，但式（4-1-16）的预测结果总体略微偏大[4]。

4.1.5　研究结论

本节提出了一种耗能-承载一体化的装配式梁柱转动摩擦阻尼器，阐述了该阻尼器的构造形式与工作机理，设计加工了一缩尺比例为 1/4 的阻尼器试件。通过低周反复加载试验研究分析了转动摩擦阻尼器的受力变形特点、滞回曲线、骨架曲线、强度退化、刚度退化和耗能性能，提出了其恢复力模型并与试验结果进行了对比分析，初步得到以下结论。

（1）装配式梁柱转动摩擦阻尼器通过梁端的转动摩擦耗能有效控制了梁柱节点的累积损伤，在低周反复荷载作用下梁柱节点保持为弹性，能量耗散集中在转动摩擦铰处。

（2）装配式梁柱转动摩擦阻尼器的变形模式在整个加载过程中根据其受力特点可以分为两个阶段，第一阶段为阻尼器的弹性变形机制，第二阶段为阻尼器的刚体转动变形机制。

（3）装配式梁柱转动摩擦阻尼器利用钢板与黄铜板之间的转动摩擦耗能，其滞回曲线近似为饱满的平行四边形，表明转动摩擦阻尼器具有较好的耗能性能和稳定的承载力。

（4）基于建立的恢复力模型的计算结果与试验结果吻合较好，证明提出的恢复力模型能够较好地预测装配式梁柱转动摩擦阻尼器在循环往复荷载作用下的滞回性能，为装配式梁柱转动摩擦阻尼器的设计奠定了基础。

4.2　力放大型转动摩擦阻尼器

4.2.1　研究目的和内容

传统的摩擦阻尼器都是通过改变摩擦片的材料或增大预紧力来获得更大的摩擦力，在摩擦系数确定的情况下，为获得更大的摩擦力一般通过增大摩擦面的预压力来实现，但在实际操作时过大的预压力不仅难以施加，而且预压力过大对摩擦界面的性能也不利，这在一定程度上限制了摩擦阻尼器在需要提供较大阻尼力的工程中的应用。

陈云等[3]提出了一种新的转动摩擦阻尼器，通过增大摩擦力的力臂来增大阻尼力。设计加工了 1 个高 1000mm 的大尺寸试件和 2 个分别高 550mm 和 450mm 的较小尺寸试件并进行低周往复荷载下的试验探究，对不同预紧力和放大系数下摩擦阻尼器的耗能性能和摩擦力的稳定性进行了研究。

4.2.2　装置构造形式和工作机理

常见的摩擦阻尼器主要是在板间开长直孔滑槽，并在滑槽处使用高强螺栓施加一定的预紧力使各板与摩擦片之间产生摩擦力，利用滑动摩擦力做功来耗散能量[10]。这种构造形式有一些不可避免的缺点，如滑动摩擦力的滑动位移小于建筑物连接处受地震作用时的相对位移，在滑动位移不大的情况下常规的摩擦阻尼器难以有效发挥消能减震作用；常规的设计中摩擦阻尼器会因加工精度的问题而使各板与摩擦片间产生初缝隙，导致预紧力作用效果减小。针对以上问题，本节提出了一种力放大型转动摩擦阻尼器，其基本构造形式如图 4-2-1 所示[10]。

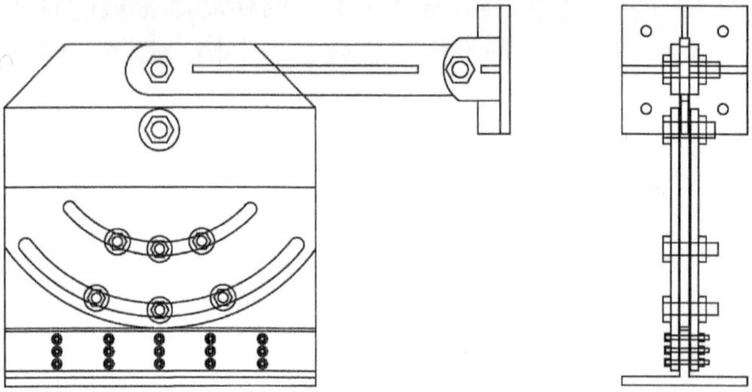

（a）主视图　　（b）侧视图

图 4-2-1　力放大型转动摩擦阻尼器基本构造形式示意图[10]

该型阻尼器主要由下板、外板、滑动板、传力板、连接板和摩擦片组成[10]。下板由一个下侧的连接板和一个中间板通过焊接而成，其横截面为倒 T 形的组合截面，并在中间板上开螺栓孔。外板、滑动板和摩擦片之间通过高强螺栓紧固在一起，最上方的螺栓为销轴，在外力的作用下滑动板将绕着销轴转动，下方的螺栓上可安放碟形弹簧，通过施加一定的扭矩提供产生摩擦力的预紧力。两侧外板的下方与中间板之间通过高强螺栓固定在一起后再三面围焊，从而使各板与摩擦片之间紧密接触，消除其因加工误差产生的初缝隙。传力板一端与滑动板上部通过螺栓连接，另一端焊接一个连接板。

本构件由固定系统、滑动转动系统和预紧力系统三部分组成。固定系统由下板和传力板组成，在试验中，下板通过螺栓固定连接在钢地梁上，传力板上的连接板通过高强螺栓与作动器的箱型连接件固定连接。滑动系统由外板、摩擦片、滑动板组成，滑动板上开设长弧孔和销轴螺栓孔，通过销轴与外板连接，外板和滑动板之间可以嵌入不同材料的摩擦片，在预压力下可拥有稳定的耗能能力。两侧外板与下板通过螺栓和焊接固定，紧紧夹住摩擦片和滑动板，之间不留间隙。预紧力系统由碟形弹簧、扭剪型高强螺杆和垫片等组成。高强螺杆穿过外板、摩擦片和滑动板的预留孔，在螺杆上安放有叠合形式的碟形弹簧，通过扭矩扳手对螺杆施加一定的扭矩，为碟形弹簧施加预压力。

具体工作机理为：通过扭矩扳手对碟形弹簧施加预压力，使滑动板与摩擦片之间产生初始的预紧力[10]。当阻尼器通过传力板承受来自地震等引起的水平作用力时，滑动板将绕着销轴做往复的圆周运动，从而使滑动板和摩擦片之间发生相对位移，摩擦力做功从而消耗地震作用于建筑物上的能量。由于外部施加力的点距离销轴的力臂小于摩擦力距离销轴的力臂，实质上增大了外部阻尼力的大小，实现了放大阻尼力的效果。

在实际中，外板和滑动板开孔的孔径并不能保证与螺栓的直径完全一致，特别是销轴处孔径的误差会对转动方式产生一定影响。图 4-2-2（a）为开有销轴孔的板插入高强螺杆后的初始位置图，当滑动板受到水平荷载时由于下侧所受的摩擦力大于销轴处滑动板的摩擦力，滑动板将以下侧某处为支点发生转动直至销轴处的螺栓碰到了销轴孔壁，此时螺栓与销轴孔壁的位置如图 4-2-2（b）所示。在考虑销轴处孔径精度问题后，本转动摩擦阻尼器滑动板的运动模式将变为：运动初始时销轴处的螺栓在销轴孔的中间位置，四周都有一定的空隙，当滑动板上部受到传力板传递的水平荷载时，滑动板首先绕着下侧的某一支点发生转动直至销轴处的螺栓碰到了销轴孔壁，此后滑动板的转动支点变为销轴处直至滑动板运动到最大位置。当滑动板从一侧最大水平位移处反向转动时，滑动板将绕下侧的支点依次转动至销轴初始位置，然后触碰到另一侧销轴孔壁，此后滑动板将绕着销轴转动至另一侧的最大水平位移处。

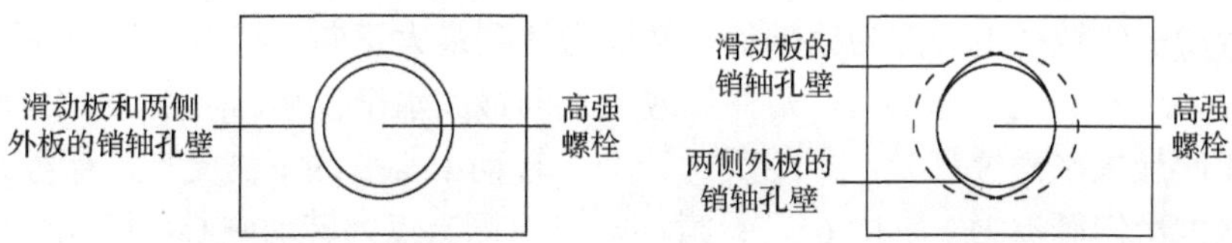

（a）螺栓与销轴孔壁的初始位置　　（b）螺栓与销轴孔壁触碰时的位置

图 4-2-2　螺栓与销轴孔壁位置

考虑销轴孔径精度影响时理想状态下的荷载-位移曲线如图 4-2-3 所示，其理想状态下的力学特征点如表 4-2-1 所示。

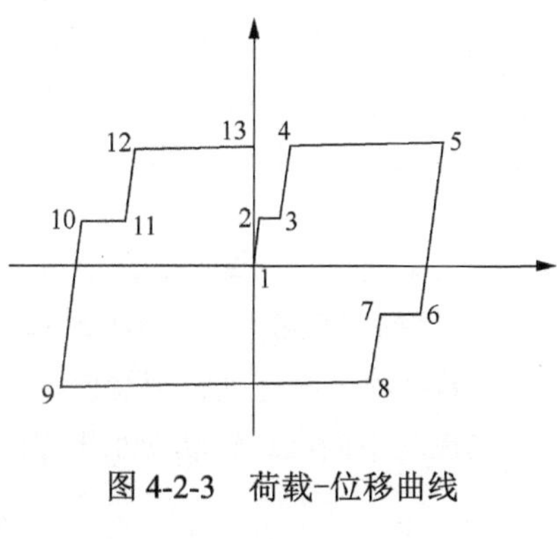

图 4-2-3　荷载-位移曲线

表 4-2-1　力学特征点

编号	力学状态
1	加载开始，销轴位于孔中心位置
2	滑动板绕下侧支点转动，达到正向初始最大静摩擦力
3	销轴与孔壁触碰，转动点变为销轴处
4	滑动板绕销轴转动，达到正向最大静摩擦力
5	加载至正向最大水平位移点，转动点变为下侧支点
6	反向摩擦力达到初始最大静摩擦力
7	销轴与另一侧孔壁触碰，转动点变为销轴处
8	滑动板绕销轴转动，达到反向最大静摩擦力
9	加载至反向最大水平位移点，转动点变为下侧支点
10	滑动板绕下侧支点转动，达到正向初始最大静摩擦力
11	销轴与孔壁触碰，转动点变为销轴处
12	滑动板绕销轴转动，达到正向最大静摩擦力
13	加载结束

阶段 1—2：销轴位于孔径中心，与孔壁无接触，滑动板的转动中心为下侧支点，摩擦力达到初始最大正向摩擦力。阶段 2—3：滑动板以下侧支点为转动中心，以此时的最大静摩擦力转动至销轴与孔壁接触。阶段 3—4：销轴与孔壁的一侧接触，滑动板的转动中心变为销轴处，摩擦力达到最大正向摩擦力。阶段 4—5：正向摩擦力达到最大静摩擦力，构件加载至正向最大水平位移。阶段 5—6：滑动板处在正向最大水平位移处，开始反向转动，转动中心变为下侧支点，摩擦力达到初始最大反向摩擦力。阶段 6—7：滑动板以下侧支点为转动中心，以此时的最大静摩擦力转动至销轴与孔壁的另一侧接触。阶段 7—8：销轴与孔壁的另一侧接触，滑动板的转动中心变为销轴处，摩擦力达到反向最大静摩擦力。阶段 8—9：反向摩擦力达到最大静摩擦力，构件加载至反向最大水平位移。阶段 9—10：滑动板处在反向最大水平位移处，开始正向转动，转动中心变为下侧支点，摩擦力达到初始最大正向摩擦力。阶段 10—11：滑动板以下侧支点为转动中心，以此时的最大静摩擦力转动至销轴与孔壁接触状态。阶段 11—12：销轴与孔壁的一侧接触，滑动板的转动中心变为销轴处，摩擦力达到最大正向摩擦力。阶段 12—13：正向摩擦力达到最大静摩擦力，构件加载至水平位移为 0 的位置，此时销轴与孔壁触碰，加载结束。

螺栓初始位置如图 4-2-4（a）所示。当滑动板受到水平荷载时会绕着下侧支点转动，直至滑动板的销轴孔壁触碰到螺栓，如图 4-2-4（b）所示。当滑动板的销轴孔壁触碰到螺栓后，将带着螺栓一起运动直至螺栓触碰到两侧外板的销轴孔壁，如图 4-2-4（c）所示，此时滑动板绕下侧支点转动的水平方向位移为 2Δ。图 4-2-4（d）

为滑动板绕下侧支点转动至最大正向位置和最大负向位置的对比图，图中黑色粗圆圈为两侧外板的销轴孔，在转动过程中可以认为位置不变，两个黑色圆圈为滑动板绕下侧支点转动至最大正向位置时滑动板的销轴孔和螺栓的位置，两个灰色圆圈为滑动板绕下侧支点转动至最大负向位置时，滑动板的销轴孔和螺栓的位置。由图可知，滑动板绕下侧支点转动至最大正向位置和最大负向位置的水平距离为 4Δ。由以上分析可得，阶段 1—3 总的水平位移量为 2Δ，阶段 6—7 和阶段 10—11 总的水平位移量为 4Δ，如图 4-2-5 所示。

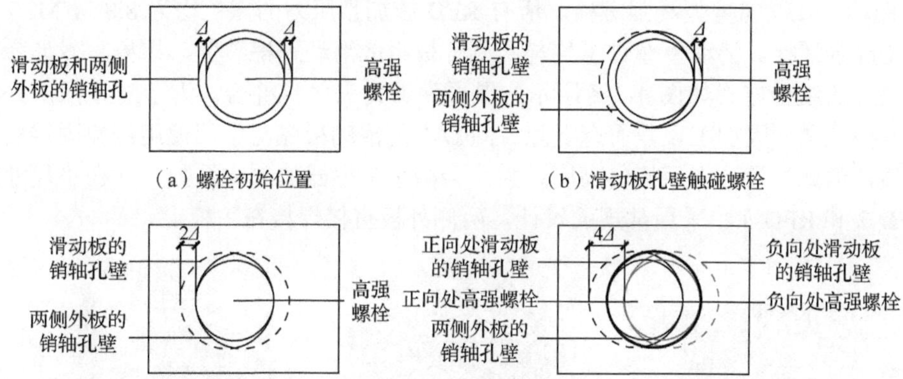

（a）螺栓初始位置　（b）滑动板孔壁触碰螺栓

（c）两侧外板孔壁触碰螺栓　（d）最大正向位置和最大负向位置处螺栓位置对比

图 4-2-4　滑动板转动时螺栓与销轴孔壁的位置图

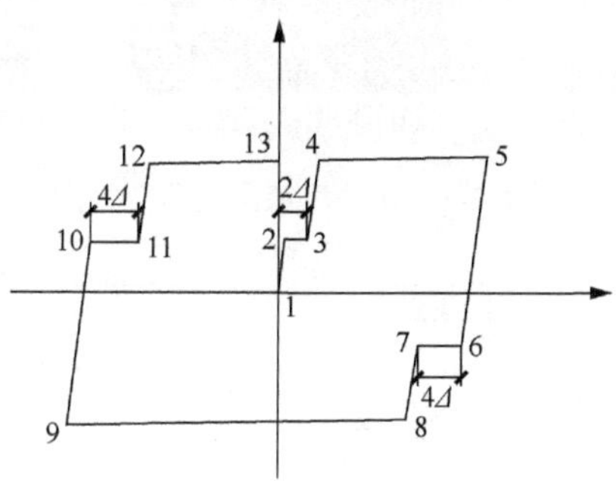

图 4-2-5　滑动板绕下侧支点转动时各阶段水平位移量示意图

4.2.3　抗震性能试验

1．试件的设计与制作安装

本次摩擦阻尼器的性能试验在海南大学结构实验室完成。本次试验设计了 3 个试件，分别为 RFD-1、RFD-2、RFD-3，并进行了往复荷载作用下的试验，研究阻尼器的尺寸、放大系数和施加的预压力大小对其耗能性能的影响。RFD-1 为大尺寸构件，主要是为了更清楚地研究阻尼器的变形和运动模式的特点；RFD-2 和

RFD-3 为小尺寸构件，主要是为了对比尺寸改变引起的性能变化。RFD-2 和 RFD-3 构造形式一致，仅高度不同。各构件的实物图和尺寸示意图，分别如图 4-2-6 和图 4-2-7 所示。试件具体参数如表 4-2-2 所示。通过 3 个试件之间的相互对比来研究放大系数和构件尺寸等对转动摩擦阻尼器（rotational friction damper，RFD）的耗能性能的影响。考虑到销轴处剪切和挤压力过大，RFD-1 的销轴处螺栓采用 8.8 级 M48 扭剪型高强螺栓，传力板和滑动板也采用 8.8 级 M48 扭剪型高强螺栓。RFD-2 和 RFD-3 的销轴处螺栓采用 8.8 级 M39 型高强螺栓，传力板和滑动板也采用 8.8 级 M39 扭剪型高强螺栓。所有 RFD 施加预压力的螺栓均为 8.8 级 M36 扭剪型高强螺栓。滑动板通过螺栓与两侧外板组成滑动摩擦装置，螺栓、碟形弹簧和垫片的组合方式如图 4-2-8 所示，碟形弹簧为三单片叠合。为了防止两侧外板与摩擦片之间因加工误差而有缝隙，RFD-1 的滑动板先与中间板用螺栓固定后再焊接，但此种设计占用构件高度过大，会减小阻尼器的放大系数，故在小尺寸的 RFD-2 和 RFD-3 中采用常规的设计，两侧外板直接焊接在下板上。

（a）RFD-1 实物图[10]　（b）RFD-2 实物图　（c）RFD-3 实物图

图 4-2-6　转动摩擦阻尼器实物图

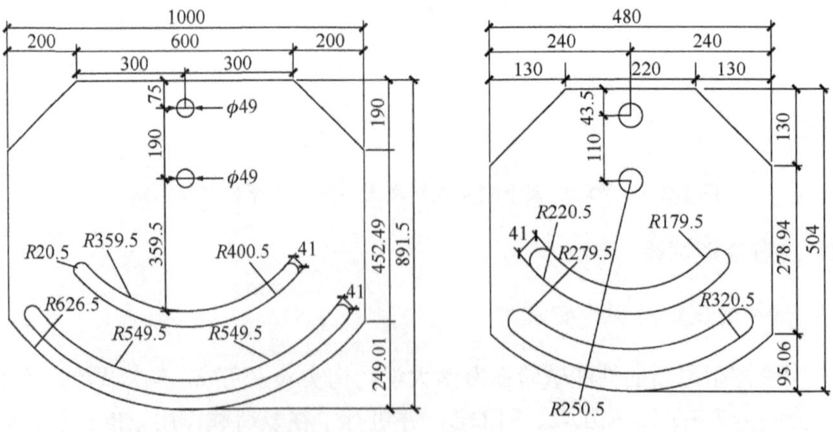

（a）RFD-1滑动板尺寸图　（b）RFD-2滑动板尺寸图

图 4-2-7　各构件尺寸示意图

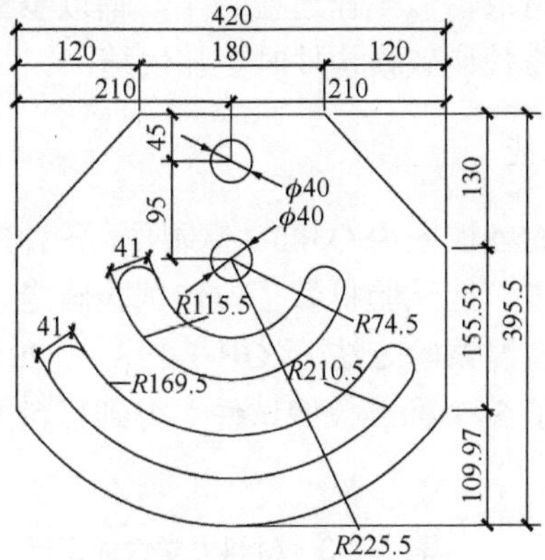

（c）RFD-3滑动板尺寸图

图4-2-7（续）

图4-2-8　螺栓、碟形弹簧和垫片的组合方式

表4-2-2　试件参数

试件名称	放大系数	构件总高度/mm	极限位移/mm
RFD-1	3	1000	50
RFD-2	2.5	550	40
RFD-3	2	450	40

构件安装时，各板都可提前在工厂加工制作，然后运输至现场拼装。两侧外板、摩擦片和滑动板的连接方式为螺栓连接，RFD-1需8根高强螺杆及相配套的螺母，RFD-2和RFD-3需6根高强螺杆及相配套的螺母进行安装。在实际工程应用时，如果预埋件之间的距离比较大，可采用RFD-1的连接方式，两侧外板下侧与中间板通过螺栓固定后再三面焊接，以减小加工误差引起的板与板之间的间隙。

在现场施工过程中，阻尼器以螺栓连接为主，辅以少量的焊接工作，可有效提高安装效率，在震后检修替换破损构件时更加快捷。

2. 材料的力学性能

转动摩擦阻尼器的各板采用 Q345B 钢制作，各种厚度钢材的力学性能均在海南大学结构实验室通过万能试验机做了拉伸试验确定。根据我国《金属材料 拉伸试验 第 1 部分：室温试验方法》（GB/T 228.1—2010）[6]的规定，对每种厚度的钢构件均制作加工了 3 个标准拉伸试件，得到材料力学性能指标试验结果取平均值如表 4-2-3 所示。

表 4-2-3 材料力学性能指标

钢板厚度/mm	屈服强度/MPa	抗拉强度/MPa	弹性模量/（10^5MPa）	断后伸长率/%
3	347.6	470.2	2.13	20.0
12	353.1	473.8	2.10	21.7
15	359.9	474.9	2.08	22.1
20	363.7	475.3	2.07	24.5
25	370.8	477.1	2.04	25.8
30	373.1	478.5	2.06	26.7

3. 加载制度

低周期反复加载试验装置主要由水平加载装置组成，如图 4-2-9 所示。水平荷载通过作动器进行施加，作动器中心与阻尼器预设计的连接板通过螺栓连接，加载点到基础顶面距离为 1000mm。水平作动器最大水平位移行程为 250mm，最大拉力为 450kN，最大推力为 650kN。钢地梁在水平推力方向安装手动液压千斤顶以确保整个试验过程中不发生滑移。

图 4-2-9 试验装置图

本试验设计的碟形弹簧组合形式为三对合形式。加载时先用扭矩扳手对碟形弹簧施加初始预紧力，使摩擦片与滑动板之间产生预压力；然后用双螺母固定防止螺母松弛，并在试验过程中保持不变；最后通过水平作动器进行水平加载。水平加载采用位移控制，为了能够全面研究转动摩擦阻尼器的力学性能，将水平位移加载制度按照构件大小和探究的目的不同分为两大类。

第一类应用于大尺寸的 RFD-1，细分为加载制度一和加载制度二。加载制度一的位移增量为 10mm，逐渐增加至设计极限位移 50mm，每级循环加载 3 圈。加载制度二的位移只有极限设计位移 50mm，循环加载 3 圈。第二类应用于小尺寸的 RFD-2 和 RFD-3，细分为加载制度三和加载制度四。加载制度三的位移增量为 10mm，逐渐增加至设计极限位移 40mm，每级循环加载 3 圈。加载制度四的位移只有极限设计位移 40mm，循环加载 3 圈。具体加载制度如图 4-2-10 所示。加载制度一和加载制度三主要探究 RFD 所受预压力和水平荷载的关系，加载制度二和加载制度四主要探究 RFD 的放大系数和所受预压力、水平荷载的关系。试验加载时，施加给 RFD-1 的叠合的碟形弹簧的初始扭矩分别为 100N·m、200N·m、300N·m、400N·m、500N·m，施加给 RFD-2 和 RFD-3 的扭矩分别为 150N·m、300N·m、450N·m、600N·m、750N·m，具体荷载工况和加载制度如表 4-2-4 所示。

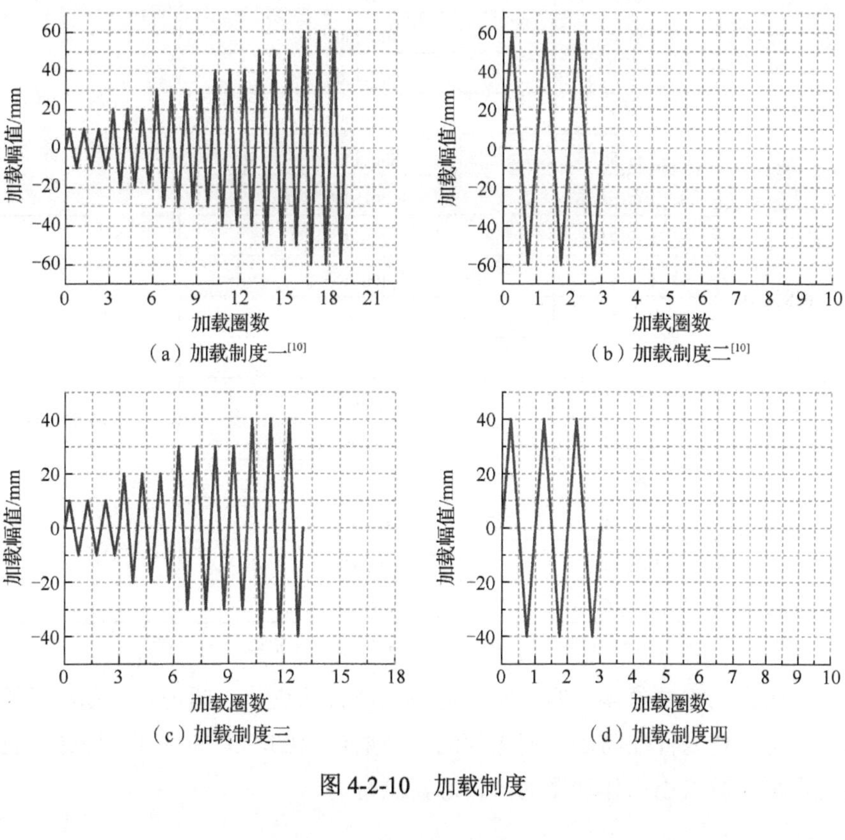

（a）加载制度一[10]　（b）加载制度二[10]
（c）加载制度三　（d）加载制度四

图 4-2-10 加载制度

表 4-2-4　荷载工况和加载制度

试件名称	工况	碟形弹簧初始扭矩/（N·m）*	加载制度
RFD-1	工况 1	0-0	加载制度一
	工况 2	100-100	
	工况 3	200-200	
	工况 4	300-300	
	工况 5	400-400	
	工况 6	100-0	加载制度二
	工况 7	200-0	
	工况 8	300-0	
	工况 9	400-0	
	工况 10	0-100	
	工况 11	0-200	
	工况 12	0-300	
	工况 13	0-400	
RFD-2 和 RFD-3	工况 1	0-0	加载制度三
	工况 2	200-200	
	工况 3	400-400	
	工况 4	600-600	
	工况 5	800-800	
	工况 6	1000-1000	
	工况 7	200-0	加载制度四
	工况 8	400-0	
	工况 9	600-0	
	工况 10	800-0	
	工况 11	1000-0	
	工况 12	0-200	
	工况 13	0-400	
	工况 14	0-600	
	工况 15	0-800	
	工况 16	0-1000	

*左、右两侧数据分别为碟形弹簧施加在上滑槽处、下滑槽处的初始扭矩。

本次研究的主要量测内容为水平荷载和位移的变化，阻尼器滑动板的滑动位移通过固定在传力杆端与固定端之间的一个量程±100mm 的位移计测定，推动滑动板的水平荷载大小由作动器的力传感器测得。

4. 试验结果和现象

1）试验现象及分析

在预加载过程中发现难以精确调整销轴处螺栓位置至中间位置，故每次试验前都把螺栓调放至与销轴孔壁碰触，使滑动板初始运动时就绕着销轴转动。在预加载过程中，销轴处孔径误差较大，滑动板绕下侧支点转动的水平位移过大，影响了阻尼器的耗能效果，故在加工厂订制了专用规格的螺栓。更换销轴处的螺栓后，滑动板绕下侧支点转动的水平位移显著减小。在更换完新规格螺栓后，接着进行工况 6 试验。

转动摩擦阻尼器的运动机制在整个加载过程中符合预期的理念，当滑动板以下侧支点转动至销轴与孔壁接触时，滑动板下侧位置无明显变化，上侧沿着加载方向从两侧外板突出，此时滑动板的位置如图 4-2-11（a）所示[10]。销轴与孔壁触碰后，滑动板的转动中心从下侧支点变为销轴处，直至转动到最大水平位置处，此时滑动板的位置如图 4-2-11（b）所示[10]。当滑动板运动到正向最大水平位移处后，将向反方向转动，此时会观察到滑动板短暂的静止，主要是由于传力板与滑动板连接处的孔径与螺栓存在精度的误差，反向运动的位移首先要抵消螺栓和孔壁的空隙[10]。此后，滑动板首先绕着下侧支点反向转动，销轴触碰到另一侧的孔壁，滑动板的转动中心变为销轴处，直至运动到反向最大水平位移处[10]。当滑动板运动到反向最大位移处后，将向正方向转动，此时滑动板依然会有短暂的静止，此后滑动板首先绕着下侧支点正向转动，销轴触碰到另一侧的孔壁，滑动板的转动中心变为销轴处，直至运动到水平位移的原点处，加载结束时滑动板的位置如图 4-2-11（c）所示[10]。从图中可以看出，与原始位置相比，滑动板整体向正向平移了一小段位置，这是由于转动结束后，销轴不是处于原始的中间位置，而是在与中间板孔壁接触的位置，因此这个位置依然是理论上的状态。

（a）销轴触碰孔壁时滑动板的位置　（b）最大水平位移时滑动板的位置　（c）加载结束时滑动板的位置

图 4-2-11　加载过程中滑动板的位置图[10]

2）滞回曲线

在试验前调试 RFD-1 时，发现螺栓孔径加工误差过大导致滑动板绕下侧支点转动的水平位移过大，故更换了新尺寸的螺栓，图 4-2-12（a）和图 4-2-12（b）分别为更换螺栓前后不施加预压力时 RFD-1 的滞回曲线图。从图中可看出，更换尺寸更合适的螺栓后，滑动板绕下侧支点转动的水平位移显著减小。图 4-2-13 为销轴孔因受力过大而发生塑性变形时，滞回曲线的变化图，其最大的水平荷载约为 425kN。图中可以明显看出在水平位移为 30mm 的第 3 圈，滑动板从负向 30mm 处绕着销轴正向转动时，水平荷载中途急剧减小后又恢复原状，但滑动板从正向 30mm 处绕着下侧支点负向转动时，转动的水平位移急剧增大。

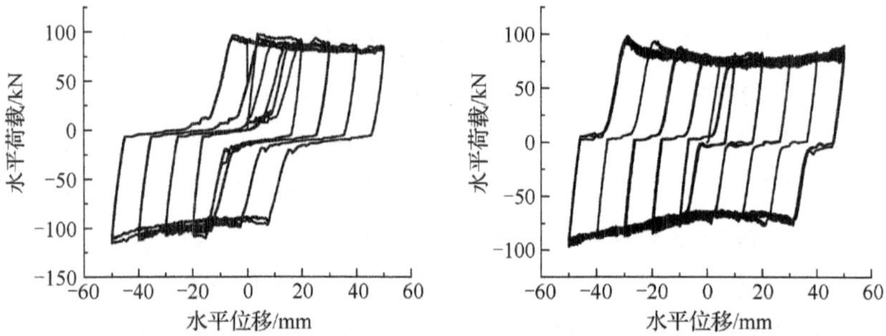

（a）更换螺栓前的滞回曲线　　（b）更换螺栓后的滞回曲线

图 4-2-12　更换螺栓前后不施加预压力时 RFD-1 的滞回曲线图

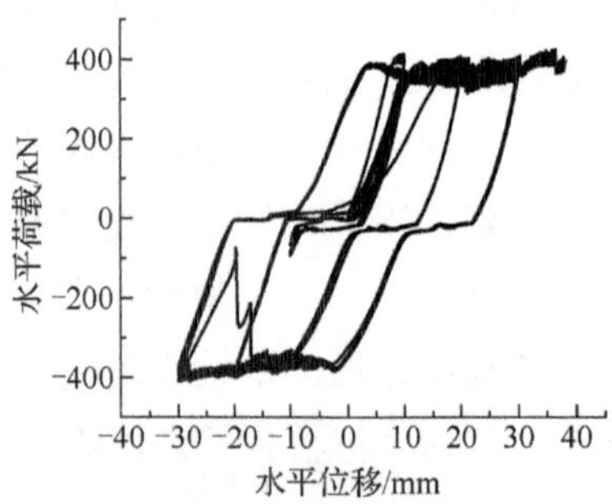

图 4-2-13　销轴孔变形时滞回曲线变化图

在不同碟形弹簧初始预压力作用下，转动摩擦阻尼器的滞回曲线如图 4-2-14 和图 4-2-15 所示。从图 4-2-14 可以看出，RFD-1 在工况 1，即碟形弹簧没有施加初始预压力时，阻尼器就有很大的摩擦力，推动此摩擦力所需的最大水平荷载约为 99kN，原因是为了防止加工误差引起摩擦片与各板间的间隙，先用螺栓使两侧外板和中间板连接后再三面焊接。由于第一次试验时没考虑到螺栓的预紧力对外板的挤压影响以及焊接后的应力问题，使两侧外板所受的初始预紧力过大，导致阻尼器初始的摩擦力较大。

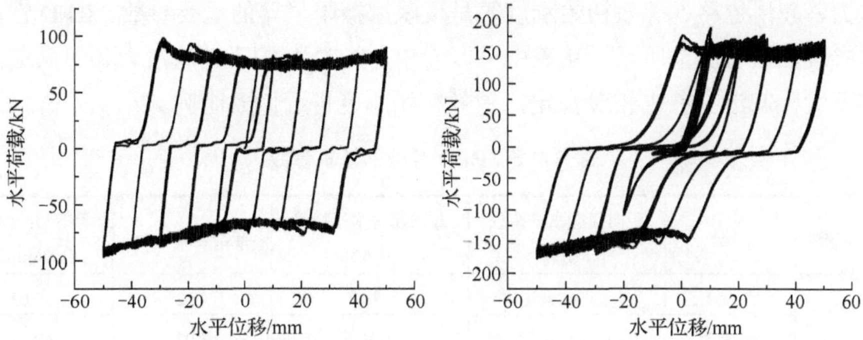

（a）工况1　（b）工况2

图 4-2-14　RFD-1 的滞回曲线图

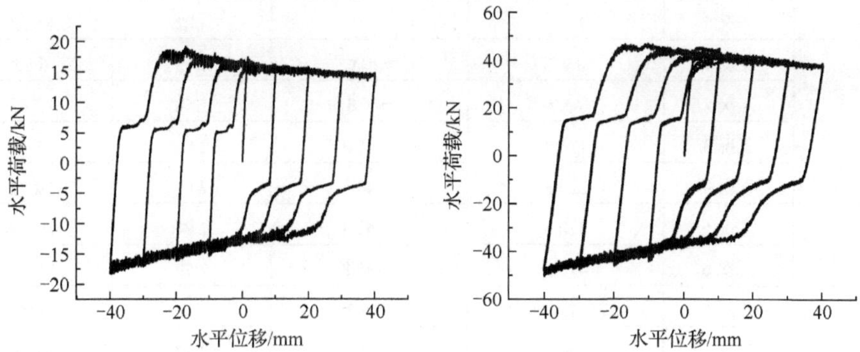

（a）工况1　（b）工况2

图 4-2-15　RFD-2 的滞回曲线图

从大尺寸 RFD-1 工况 1 的滞回曲线图中可以看出，随着水平荷载越来越大，加载的圈数越来越多，滑动板绕下侧支点转动的水平位移也越来越大。这是由于在最初设计时，没考虑到销轴处所受荷载过大，销轴孔没有经过特殊的硬化处理，导致钢材较“软”，销轴孔沿着水平方向变形。销轴孔由圆形变成椭圆形，使滑动板绕下侧支点转动的水平位移也越来越大。

从图 4-2-14 和图 4-2-15 可以看出，在滑动板绕销轴转动时滞回曲线有波动现象，这是由于预压力分布不均，摩擦力大小发生变化，波动的上限值和下限值相差不超过 4%。由各滞回曲线图可以看出，该转动摩擦阻尼器加载过程中滞回曲线的变化规律与理论上的滞回曲线图一致，其力学特征点也一样。滞回曲线呈现近似平行四边形，表明其具有较好的耗能能力。

3）RFD 的参数

本次试验主要分析预紧力和放大系数等因素对 RFD 的性能影响，各工况下的起滑力、起滑位移、等效初始刚度等是反映摩擦阻尼器的重要参数。RFD 性能的基本参数如表 4-2-5 所示。从表中可以看出，RFD-1 的正向起滑力和负向起滑力相差不大，起滑位移也相对稳定，等效初始刚度也近似成比例。

表 4-2-5 RFD 性能的基本参数

试件名称	工况	正向起滑水平荷载 F^{+}/kN	负向起滑水平荷载 F^{-}/kN	起滑位移/mm	等效初始刚度/（kN/mm）
RFD-1	工况 1	99.5	−98.3	4.32	23.03
	工况 2	192.3	−180.7	3.92	49.06
	工况 3	263.2	−269.4	4.27	61.64
	工况 4	360.4	−357.9	4.63	77.84
	工况 5	426.7	−438.6	4.82	88.53
RFD-2	工况 1	18.7	−19.6	2.75	6.80
	工况 2	45.7	−46.8	2.68	17.05
	工况 3	136.7	−146.9	2.89	47.30
	工况 4	229.8	−248.7	2.92	78.70
	工况 5	328.6	−342.8	2.84	115.70
	工况 6	415.5	−435.8	2.79	148.92
RFD-3	工况 1	7.4	−10.2	2.4	3.08
	工况 2	26.3	−28.4	2.37	11.10
	工况 3	109.8	−117.5	2.57	42.72
	工况 4	185.6	−203.5	2.61	71.11
	工况 5	290.4	−300.1	2.84	102.25
	工况 6	380.2	−395.8	2.95	128.88

RFD-2 和 RFD-3 在工况 1 和工况 2 时，两个起滑水平荷载均较小，这是因为小尺寸阻尼器 RFD-2 和 RFD-3 设计上采用传统的焊接方式，在施加预紧力时，预紧力的一部分首先抵消板与板之间的空隙，因此起滑水平荷载在预紧力较小时数值也小，当预紧力增大到使两侧外板弯曲后再施加更大的预紧力，起滑水平荷载恢复正常。

4）稳定性分析

本试验主要考虑对碟形弹簧施加不同预压力下对转动摩擦阻尼器工作性能的影响，转动摩擦力的稳定性是评价摩擦阻尼器性能的重要指标。保证转动摩擦力大小的稳定可以使摩擦阻尼器在地震作用下为结构提供稳定的附加阻尼和耗能能力。稳定性参数如表 4-2-6 所示。

表 4-2-6　稳定性参数

试件名称	工况	F^{+}/kN	F^{-}/kN	ζ	$(C.V)^{+}$/%	$(C.V)^{-}$/%
RFD-1	工况 1	99.5	−98.3	1.01	4.63	3.52
	工况 2	192.3	−180.7	1.06	7.23	6.34
	工况 3	263.2	−269.4	0.98	6.52	6.31
	工况 4	360.4	−357.9	1.00	7.05	5.68
	工况 5	426.7	−438.6	0.97	7.84	4.78
RFD-2	工况 1	18.7	−19.6	0.95	4.85	4.62
	工况 2	45.7	−46.8	0.98	3.58	4.05
	工况 3	136.7	−146.9	0.93	3.28	3.12
	工况 4	229.8	−248.7	0.92	4.02	3.25
	工况 5	328.6	−342.8	0.96	3.25	3.54
	工况 6	415.5	−435.8	0.95	3.18	4.25
RFD-3	工况 1	7.4	−8.2	0.90	3.52	3.46
	工况 2	26.3	−28.4	0.93	2.98	3.20
	工况 3	109.8	−117.5	0.93	3.52	2.84
	工况 4	185.6	−203.5	0.91	2.92	2.99
	工况 5	290.4	−300.1	0.97	3.29	3.15
	工况 6	380.2	−395.8	0.96	3.27	3.08

注：ζ为不对称系数；$(C.V)^{+}$为正向水平荷载的变异系数；$(C.V)^{-}$为负向水平荷载的变异系数。

由表 4-2-6 可知，不对称系数最大为 1.06，最小为 0.90，变异系数最大为 7.84%，最小为 2.84%。RFD-1 的变异系数相对较大，主要是由于销轴孔没有经过硬化处理，容易变形，从而影响摩擦力的稳定。RFD-2 和 RFD-3 的销轴孔经硬化处理后变异系数明显减小，但由于两侧外板和下板采用常规的焊接方式，导致板与板的间隙分布不均，正向的间隙大于负向的间隙，故导致小尺寸的阻尼器正向的力小于负向的力。各工况下该转动摩擦阻尼器的不对称系数和正负向的变异系数均特别小，说明黄铜板的存在有效控制了摩擦力的离散程度，为阻尼器提供了稳定的摩擦力，本阻尼器摩擦性能较为稳定。

5）放大系数对水平荷载的影响

大尺寸阻尼器 RFD-1 的工况 5～工况 13，小尺寸阻尼器 RFD-2 和 RFD-3 的工况 7～工况 16 主要是探究放大系数对水平荷载的影响，各阻尼器不同滑槽处的放大系数如表 4-2-7 所示。图 4-2-16 为只在上侧或下侧滑槽施加扭矩时水平荷载的对比图。RFD-1 在单个滑槽施加相同扭矩时，其水平荷载提升明显；RFD-2 和 RFD-3 在扭矩较小时，水平荷载相差不大，这是因为板与板之间因加工误差而有一定的间隙，施加的扭矩会先抵消缝隙再对板施加预紧力，当扭矩逐渐增大后，水平荷载差值趋于规律。从图中可以看出只在下滑槽施加扭矩比只在上滑槽施加相同扭矩的水平荷载更大。

表 4-2-7　阻尼器不同滑槽处的放大系数

试件名称	上滑槽处放大系数	下滑槽处放大系数
RFD-1	2	3
RFD-2	1.8	2.5
RFD-3	1.4	2

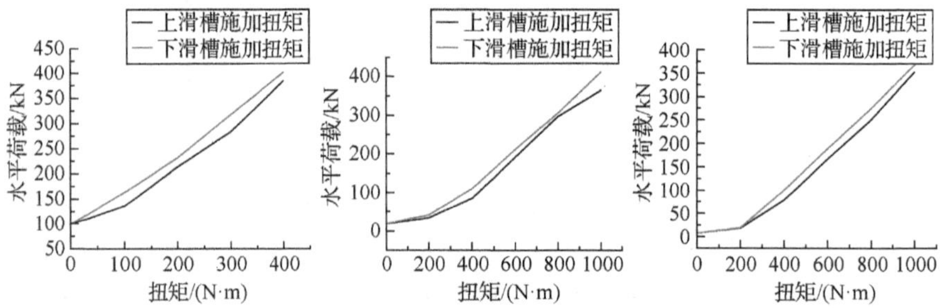

（a）RFD-1水平荷载对比图　（b）RFD-2水平荷载对比图　（c）RFD-3水平荷载对比图

图 4-2-16　转动摩擦阻尼器水平荷载对比图

6）加工质量的影响

为了进一步分析试件加工精度和质量对该摩擦阻尼器抗震性能的影响，又专门委托工厂精心加工了一批精度较高的阻尼器试件，如图 4-2-17 所示，对其进行了力学性能测试，对摩擦阻尼器试件施加的扭矩为 600N · m，试验结果如图 4-2-18 所示，可知设计的摩擦阻尼器通过精心加工以后，滞回曲线为较为饱满的平行四边形，具有稳定优越的耗能性能，基本达到了预期的设计目标。其工程应用如图 4-2-19 所示。

图 4-2-17　高精度加工的摩擦阻尼器

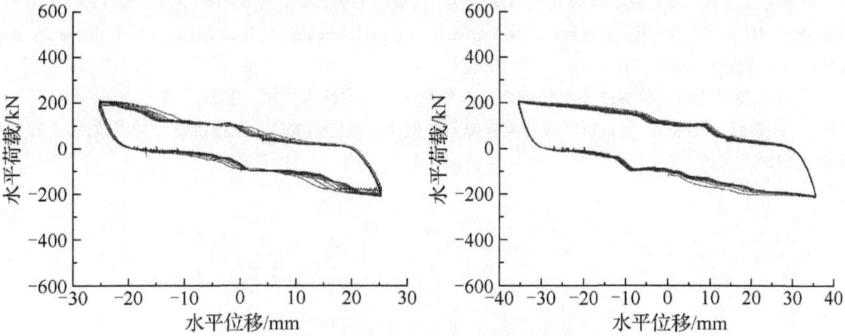

图 4-2-18　试验曲线

图 4-2-19　力放大型摩擦阻尼器在某工程的应用

4.2.4　研究结论

（1）该力放大型摩擦阻尼器通过增大摩擦力臂实现了增大摩擦阻尼力的效果，提升了摩擦阻尼器的耗能性能，实现了预期的设计目标。

（2）试件的荷载-位移滞回曲线较为饱满，具有良好的耗能能力。

（3）通过不均匀系数和变异系数分析，表明该摩擦阻尼器具有良好的稳定性；随着扭矩和放大系数的增大，推动滑动板转动的水平荷载也增大，阻尼力得到了有效放大，耗能能力得到了提升。

参 考 文 献

[1] 陈云，陈超．一种自复位梁柱摩擦耗能节点结构及其构建方法：201910129972.3[P]．2021-04-06.

[2] 陈云，陈超．自复位摇摆钢框架结构及其构建方法：201910130005.9[P]．2021-06-04.

[3] 陈云，张琦俊．一种消能减震增强型施工结构和摩擦阻尼器：202011422417.9[P]．2020-12-08.

[4] 陈云，陈超，徐子凡，等．装配式梁柱转动摩擦耗能节点抗震性能试验研究[J]．振动工程学报，2022，35（1）：45-54.

[5] CHEN Y, CHEN C, CHEN C. Study on seismic performance of prefabricated self-centering beam to column rotation friction energy dissipation connection[J]. Engineering structures, 2021, 241: 112136.

[6] 全国钢标准化技术委员会．金属材料　拉伸试验　第 1 部分：室温试验方法：GB/T 228.1—2010[S]．北京：中国标准出版社，2010.

[7] 陈云，陈超，徐子凡，等. 装配式自复位摇摆钢框架抗震性能研究[J]. 建筑结构学报，2021，42（12）：23-34.
[8] CHEN Y, CHEN C. Study on seismic performance of prefabricated self-centering steel frame[J]. Journal of constructional steel research, 2021, 182(4-6): 106684.
[9] 陈云，陈超. 装配式自复位摇摆钢框架的恢复力模型[J]. 建筑结构学报，2021，42（7）：144-153.
[10] 王保平，张奉超，张海亮，等. 新型转动型摩擦阻尼器抗震性能研究[J]. 工程抗震与加固改造，2022，44（4）：76-81，68.

第 5 章　分级屈服阻尼器

为了有效增强阻尼器应对地震作用强度不确定性的能力，陈云等研发了系列分级屈服阻尼器，提升了阻尼器的被动自适应能力。目前已针对 5 种分级屈服阻尼器进行了系统的抗震性能研究，包括套环型金属分级屈服阻尼器[1]、金属-黏弹复合型阻尼器[2-3]、圆钢管灌铅分级屈服阻尼器、双钢腹板灌铅分级屈服阻尼器和预留间隙型金属分级屈服阻尼器[4-5]，对 5 种分级屈服阻尼器开展了系统的理论分析、试验研究和有限元模拟，建立了相应的设计方法，为工程应用奠定了坚实的基础。

针对套环型金属分级屈服阻尼器开展的主要工作如下：套环型金属分级屈服阻尼器的研发→套环型金属分级屈服阻尼器的拟静力性能试验和结果分析→建立套环型金属分级屈服阻尼器的数值模拟方法→提出套环型金属分级屈服阻尼器的恢复力模型→提出套环型金属分级屈服阻尼器的设计方法。

针对金属-黏弹复合型阻尼器开展的主要工作如下：金属-黏弹复合型阻尼器的研发→金属-黏弹复合型阻尼器的拟静力性能试验和结果分析→建立金属-黏弹复合型阻尼器的恢复力模型→总结金属-黏弹复合型阻尼器的相应研究结论。

针对圆钢管灌铅分级屈服阻尼器开展的主要工作如下：圆钢管灌铅分级屈服阻尼器的研发→圆钢管灌铅分级屈服阻尼器的拟静力性能试验和结果分析→建立圆钢管灌铅分级屈服阻尼器的数值模拟方法→总结圆钢管灌铅分级屈服阻尼器的相应研究结论。

针对双钢腹板灌铅分级屈服阻尼器开展的主要工作如下：双钢腹板灌铅分级屈服阻尼器的研发→双钢腹板灌铅分级屈服阻尼器的拟静力性能试验和结果分析→建立双钢腹板灌铅分级屈服阻尼器的数值模拟方法→总结双钢腹板灌铅分级屈服阻尼器的相应研究结论。

针对预留间隙型金属分级屈服阻尼器开展的主要工作如下：预留间隙型金属分级屈服阻尼器的研发→预留间隙型金属分级屈服阻尼器的拟静力性能试验和结果分析→建立预留间隙型金属分级屈服阻尼器的数值模拟方法→提出预留间隙型金属分级屈服阻尼器的恢复力模型→提出预留间隙型金属分级屈服阻尼器的相应设计方法。

5.1　套环型金属分级屈服阻尼器

5.1.1　研究目的和内容

目前金属阻尼器在研究和应用中还存在以下问题亟待解决：①目前大多数金属阻尼器仅有一个屈服点，不能有效应对地震作用强度的不确定性；②目前金属阻尼器大量采用高性能低屈服点钢材制作，相较于传统的Q235或Q345钢材成本大幅上升，不利于阻尼器的推广应用；③金属分级屈服阻尼器的变形能力还需进一步提高，以确保阻尼器在小震或中震屈服的部分不致因变形过大而破坏，在大震时仍然能够有效发挥耗能作用。

针对上述问题，课题组开发了一种套环型金属分级屈服阻尼器[1]，其由同轴内、外套设的两个大小不同的环形金属阻尼器构成，通过调整内、外阻尼器的尺寸参数来达到分级屈服耗能的目标。本节首先对两个金属分级屈服阻尼器足尺试件进行低周往复加载试验，揭示了其分阶段耗能机理与破坏模式，研究其滞回性能、强度和刚度退化性能、等效黏滞阻尼系数和疲劳性能，然后通过ABAQUS数值模拟参数化分析得到环形金属阻尼器的初始刚度修正系数，提出金属分级屈服阻尼器三线性骨架曲线性能点的计算公式和恢复力模型，为该分级屈服阻尼器的设计奠定了基础。

5.1.2　构造形式及其工作机理

套环型金属分级屈服阻尼器的构造示意图如图5-1-1所示，主要由同轴内、外套设的两个大小不同的环形金属阻尼器（以下简称内环和外环）构成，内、外环之间具有间隔并设有连接垫板[6-7]。通过调整内、外环的尺寸参数使其具有不同的屈服位移，从而实现小震作用下内环屈服（外环保持弹性状态），中震或大震作用下外环屈服（和内环一起耗能），从而实现分级屈服耗能的设计目标；也可选择，小震时内、外环都处于弹性状态，中震作用下内环屈服（外环保持弹性状态），大震作用下外环屈服（和内环一起耗能）[6]。

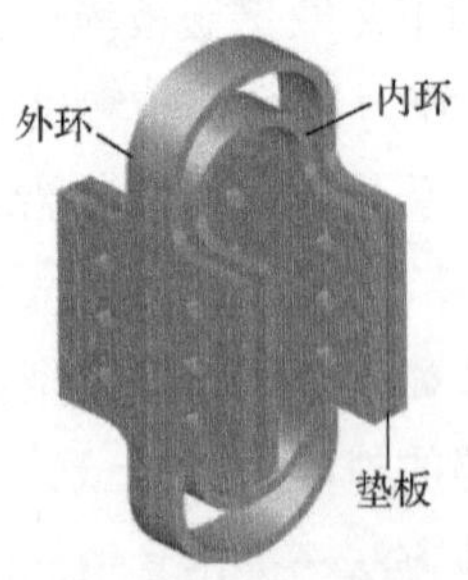

图5-1-1　套环型金属分级屈服阻尼器构造示意图[6-7]

套环型金属分级屈服阻尼器也可由三环套设而

成，小震内环屈服耗能，中震中环屈服耗能，大震外环屈服耗能，实现小、中、大三级消能功能。

本次试验设计了两个套环型金属分级屈服阻尼器试件，分别为试件 A 和试件 B，三视图如图 5-1-2 所示，其具体尺寸如表 5-1-1 所示[6]。

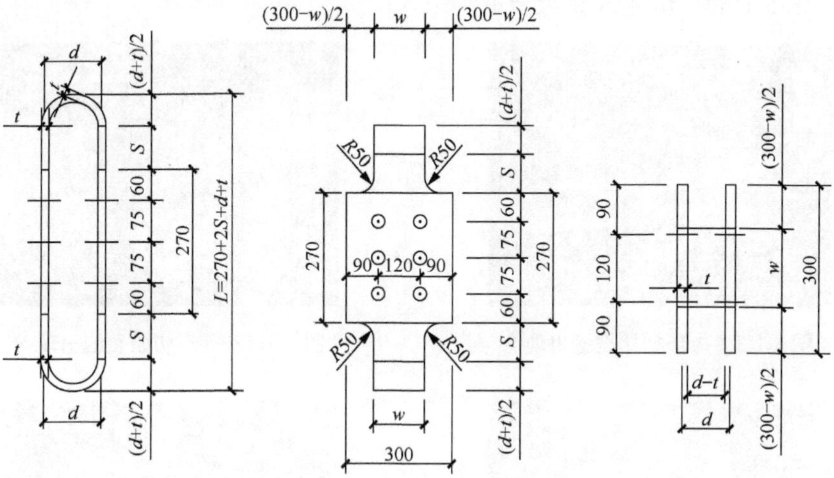

（a）主视图　　（b）侧视图　　（c）俯视图

图 5-1-2　套环型金属阻尼器三视图[6-8]

表 5-1-1　试件编号及尺寸[6]　　（单位：mm）

试件编号	位置	t	w	d	S	L	备注
A	A-外环	22	130	278	140	850	270mm×300mm×48mm 两块垫板
	A-内环	18	130	142	100	630	
B	B-外环	20	120	260	120	790	270mm×300mm×40mm 两块垫板
	B-内环	18	120	142	80	590	

注：t 为钢板厚度；w 为圆弧段宽度；d 为圆弧段直径；S 为平直段长度；L 为阻尼器总长度。

5.1.3　抗震性能试验

1. 试验现象

1）试件 A

当试件 A 加载位移达到 12mm 时，测试系统的计算机屏幕上出现了明显的滞回环，表明内环已开始屈服耗能[6]；当加载至 48mm 时，内环正面右下方过渡段出现第一条细微裂缝①（图 5-1-3）；当在 66mm 位移完成 30 周疲劳测试之后，内环在下部 4 个过渡段均出现裂缝（编号分别为①、②、③、④），但滞回环仍稳定饱满；当位移加载至 96mm 时，内环裂缝①、②、③、④沿厚度方向已贯通，外环正面右下方过渡段开始出现细微裂缝 1-1（图 5-1-4）；当位移加载至 120mm，内环所有过渡段均出现裂缝，且左上方过渡段附近的新裂缝⑤急剧发展（图 5-1-5），外环下部其余 3 个过渡段也出现裂缝（编号分别为 1-2、1-3、1-4），滞回环依旧饱满，承载力也没有明显下降；加载至 132mm 时内环左上方过渡段的裂缝⑤贯穿撕裂（图 5-1-6），试件 A 试验结束。

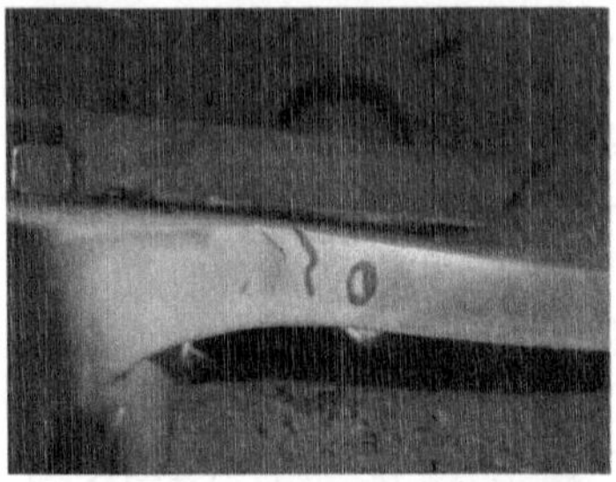

图 5-1-3　内环初始裂缝出现[9]

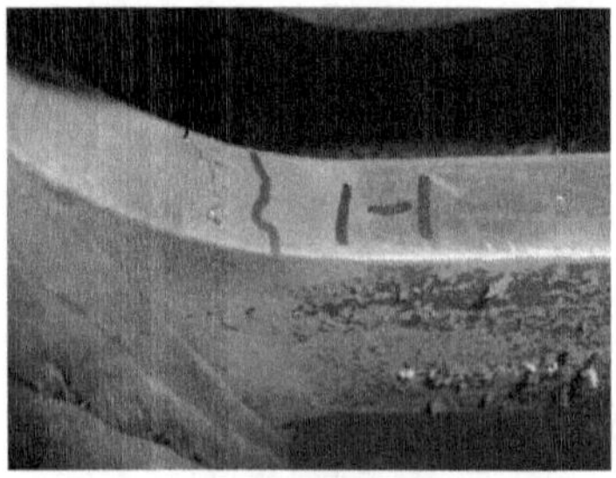

图 5-1-4　外环初始裂缝出现[6,9]

图 5-1-5　裂缝⑤急剧发展[9]

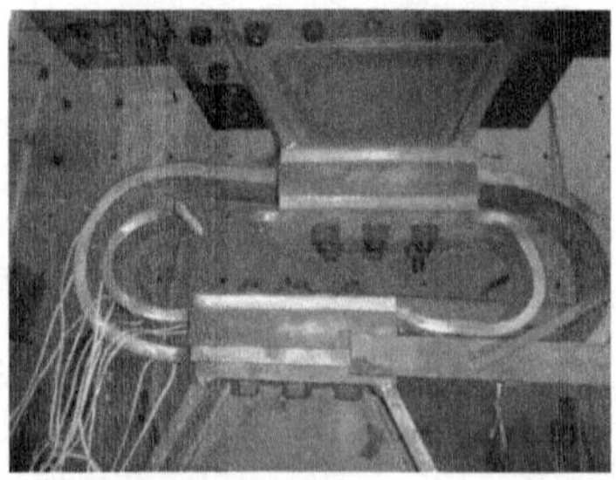

图 5-1-6　试件 A 的破坏模式[6,9]

2）试件 B

当试件 B 加载位移达到 12mm 时，测试系统的计算机屏幕上出现了明显的滞回环，表明内环已开始屈服耗能；当 48mm 加载位移完成之后，内环正面右上方过渡段出现细微裂缝 4-1（图 5-1-7）；当在 66mm 位移幅值下完成 30 周疲劳测试之后，内环左上方过渡段前后面又新添 2 条裂缝（编号分别为 4-2 和 4-3），外环开始出现裂缝 3-1（图 5-1-8），但滞回环仍稳定饱满；当位移加载至 84mm 时，内环右上方过渡段内壁出现细长裂缝 4-4（图 5-1-9）；当位移加载至 96mm，以前所有裂缝继续扩展，其中裂缝 4-4 发展迅猛，最后试件 A 沿裂缝 4-4 撕裂（图 5-1-10），试件 B 试验结束。

通过对金属分级屈服阻尼器试件 A 和试件 B 的试验现象研究发现：两个试件裂缝都是从内环开始，随后外环开裂，实现分级屈服的目标；试件破坏的位移幅值分别为 132mm 和 96mm，远远超过《建筑抗震设计规范（2016 年版）》（GB 50011—2010）限值 66mm 的规定（钢筋混凝土框架的弹塑性层间位移角限值为

1/50，取层高 3300mm）[10]，说明在罕遇地震下该阻尼器具备良好的耗能功能；阻尼器在破坏前承载力没有明显下降，表现出强大的变形能力和稳定的承载力保持能力。

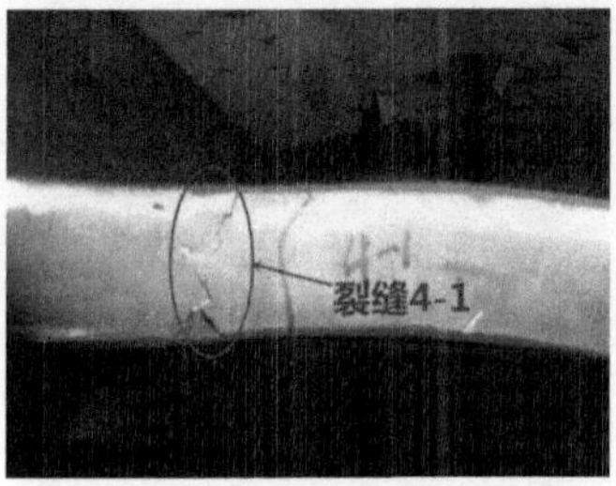

图 5-1-7　内环初始裂缝出现

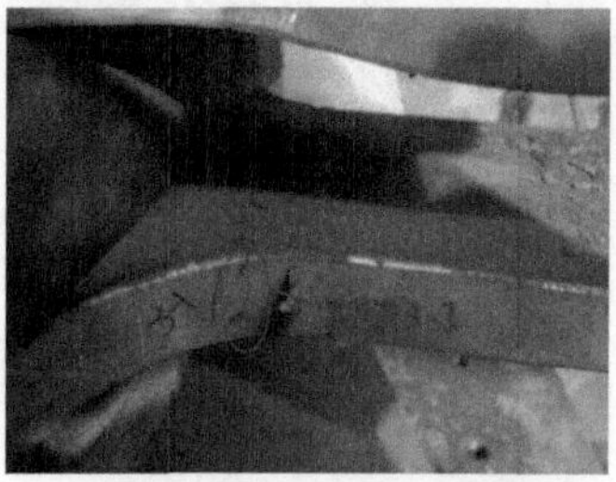

图 5-1-8　外环初始裂缝出现

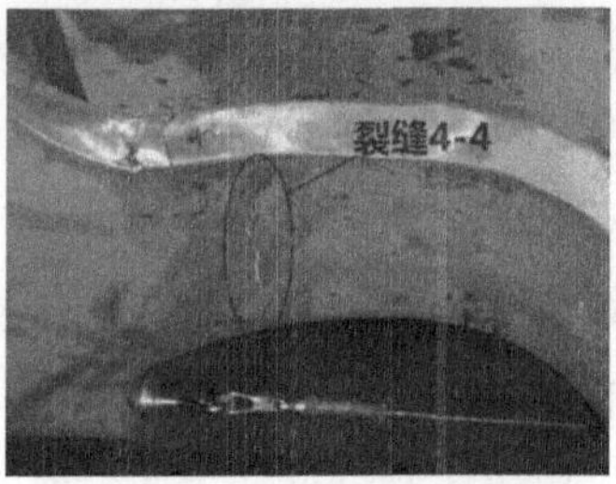

图 5-1-9　裂缝 4-4 急剧发展

图 5-1-10　试件 B 的破坏模式

图 5-1-11～图 5-1-14 分别给出了试件 A 和试件 B 的滞回曲线和骨架曲线[6,9]，两个试件的滞回曲线均呈饱满的纺锤体状，在内环破坏之前，承载力几乎没有下降，滞回环始终稳定饱满，表明分级屈服阻尼器的耗能性能和变形性能优越。试件 A 和试件 B 破坏时的位移幅值分别为 132mm 和 96mm，这是因为试件 A 内环的平直段较长，使得试件 A 的变形能力优于试件 B[6,9]。试件 B 滞回曲线在荷载为 0 处发生了微小位移漂移，因为试验装置存在多处连接（如作动器与加载横梁的连接、试件与上下垫梁的连接等），试验过程中发生了微小的滑移[6,9]。

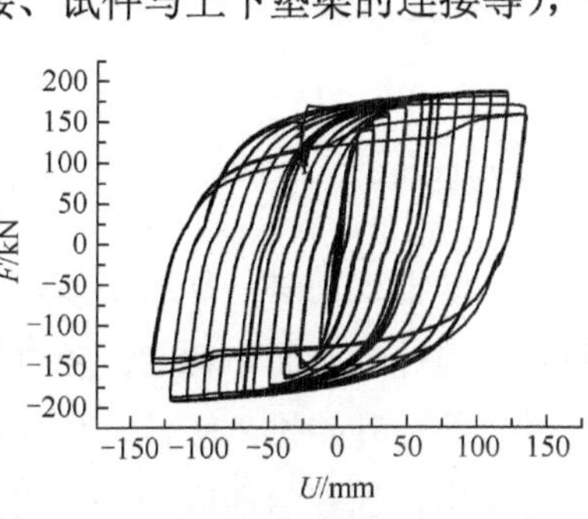

图 5-1-11　试件 A 的滞回曲线[6,9]

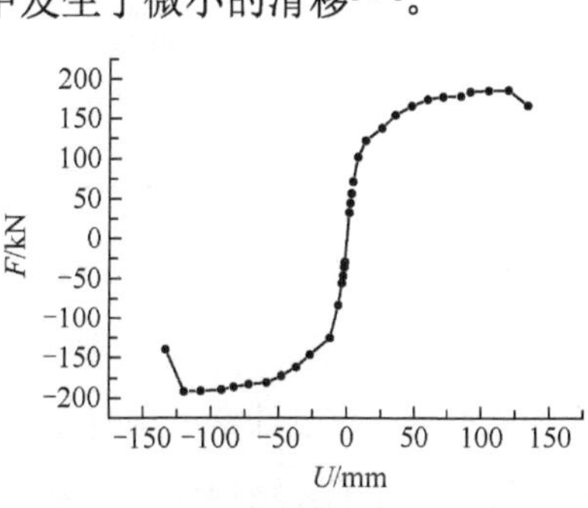

图 5-1-12　试件 A 的骨架曲线[6,9]

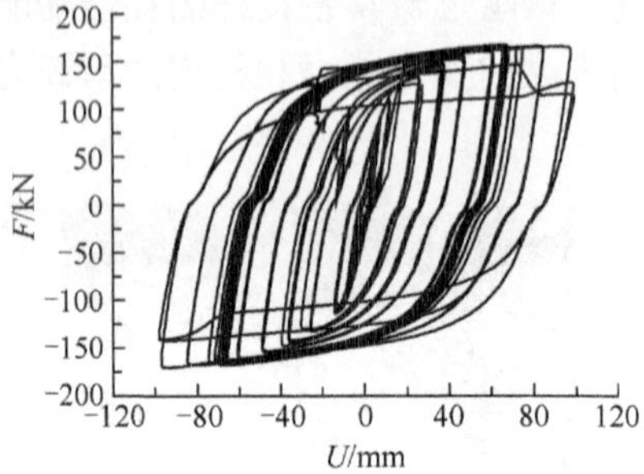

图 5-1-13　试件 B 的滞回曲线[6,9]

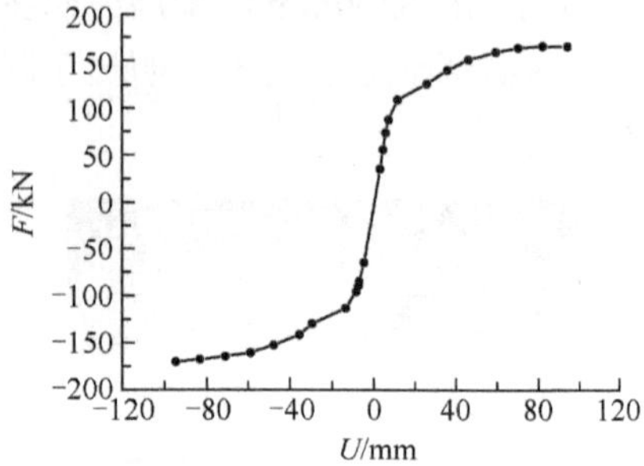

图 5-1-14　试件 B 的骨架曲线[6,9]

2. 试验结果

本节提出的金属分级屈服阻尼器通过设计使内、外环具有不同的屈服位移。材料性能试验结果表明，阻尼器试件采用的 Q235 钢材的屈服应变约为 2115×10^{-6}。图 5-1-15 给出了试件 A 和试件 B 应变计测得的应变随时间的发展曲线。限于篇幅，这里只给出了应变计编号为 1 和 7 的应变发展曲线，其中编号 1 为内环应变计编号，编号 7 为外环应变计编号。表 5-1-2 中给出了试件 A 和 B 的屈服位移和屈服荷载，这里内、外环的屈服位移采用的是应变片初次达到钢材屈服应变时对应的作动器的加载位移。

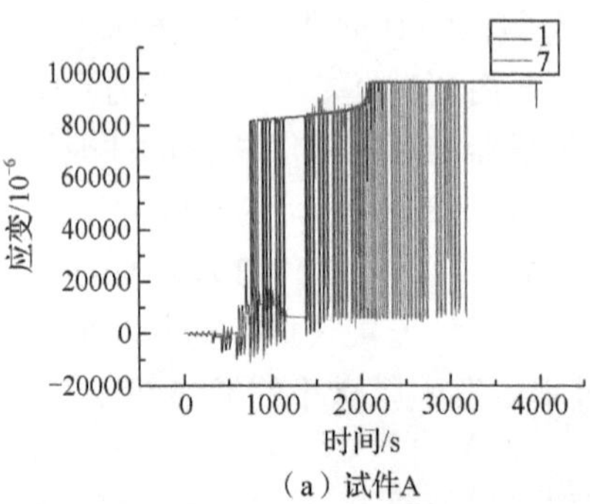

（a）试件A

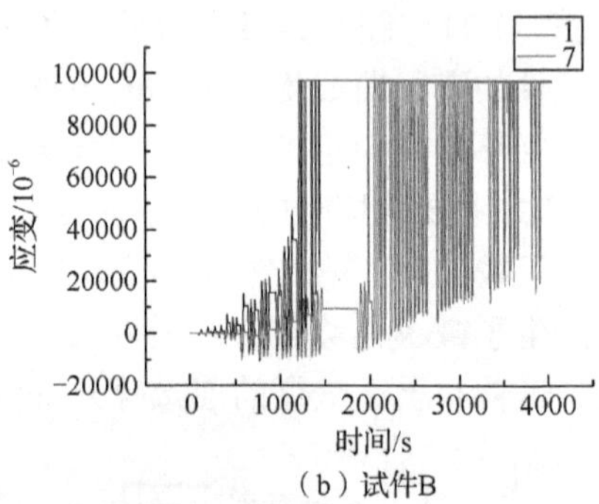

（b）试件B

图 5-1-15　试件 A 和 B 的应变发展曲线

从图 5-1-15 可以看出，应变计的数据随时间呈波浪式前进。加载初期，位移幅值较小时应变计 1 率先达到屈服应变，说明此时内环开始屈服耗能；随着加载幅值的加大，应变计 7 也开始达到屈服应变，说明外环开始进入塑性，与内环一起耗能，实现了分级屈服的目标。从图 5-1-15 可看出，加载后期应变片 1 的数据呈水平状，分析其原因是应变片超过其量程或者应变片损坏。

表 5-1-2　屈服位移和屈服荷载

试件编号	位置	屈服位移 U_e/mm	屈服应变/10^{-6}	屈服荷载/kN	内、外环屈服位移比值/%
A	A-内环	5.63	2207.31	96.11	36.68
	A-外环	15.35	2273.96	134.84	
B	B-内环	5.16	2136.50	83.42	45.10
	B-外环	11.44	2356.41	108.74	

从表 5-1-2 可知，试件 A 和试件 B 的内环和外环的屈服位移相差明显，有效实现了内环在较小的位移下屈服，外环在较大的位移下屈服，进一步证明了内、外环能够在不同强度地震下分级屈服耗能的目标。

5.1.4　数值模拟

建模时，不考虑试件焊接等带来的加工缺陷，金属分级屈服阻尼器中垫板与内、外环通过 Tie 命令进行绑定，如图 5-1-16 和图 5-1-17 所示。

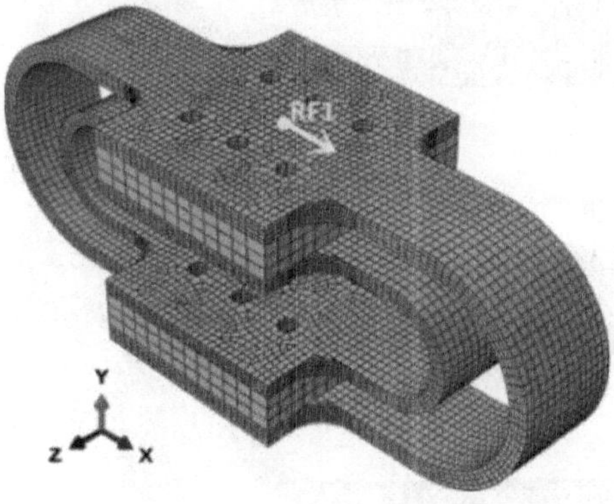

图 5-1-16　试件有限元模型[6,9]

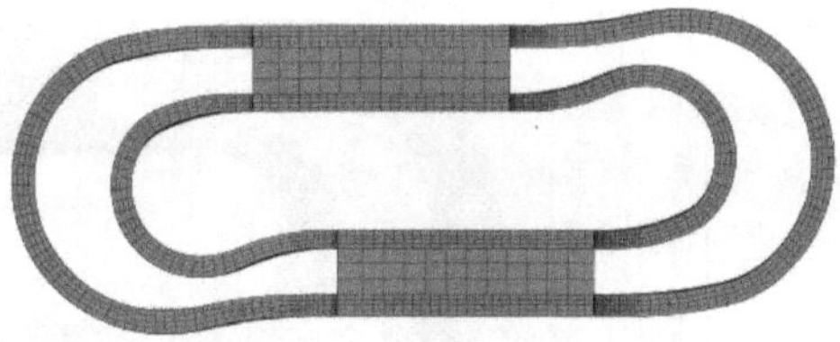

图 5-1-17　试件的模拟变形图

从图 5-1-18 可知：试件 A 在 3.03mm 位移幅值时内环屈服，屈服位置主要集中在过渡段附近，而此时外环保持弹性［图 5-1-18（a)］，作为较大位移下的能量储备；在 10.03mm 时外环屈服，内环屈服位置扩展至平直段和圆弧段［图 5-1-18（b)］；试验在 48mm 位移幅值加载完成后内环出现细微裂缝，且裂缝出现在内环过渡段，与模拟现象吻合［图 5-1-18（c)，48mm 位移幅值下内环过渡段的塑性应变最大］；内环断裂时加载结束，此时内环与外环都出现大面积屈服，真正实现多截面屈服耗能[6]。其中等效塑性应变最大的位置在过渡段，这与试件 A 在试验中的破坏位置相同，平直段和圆弧段产生了明显的累积塑性变形。试验时，试件 A 也是内环先屈服，且内环破坏时外环只出现细微裂缝，这也与模拟现象基本一致[6]。

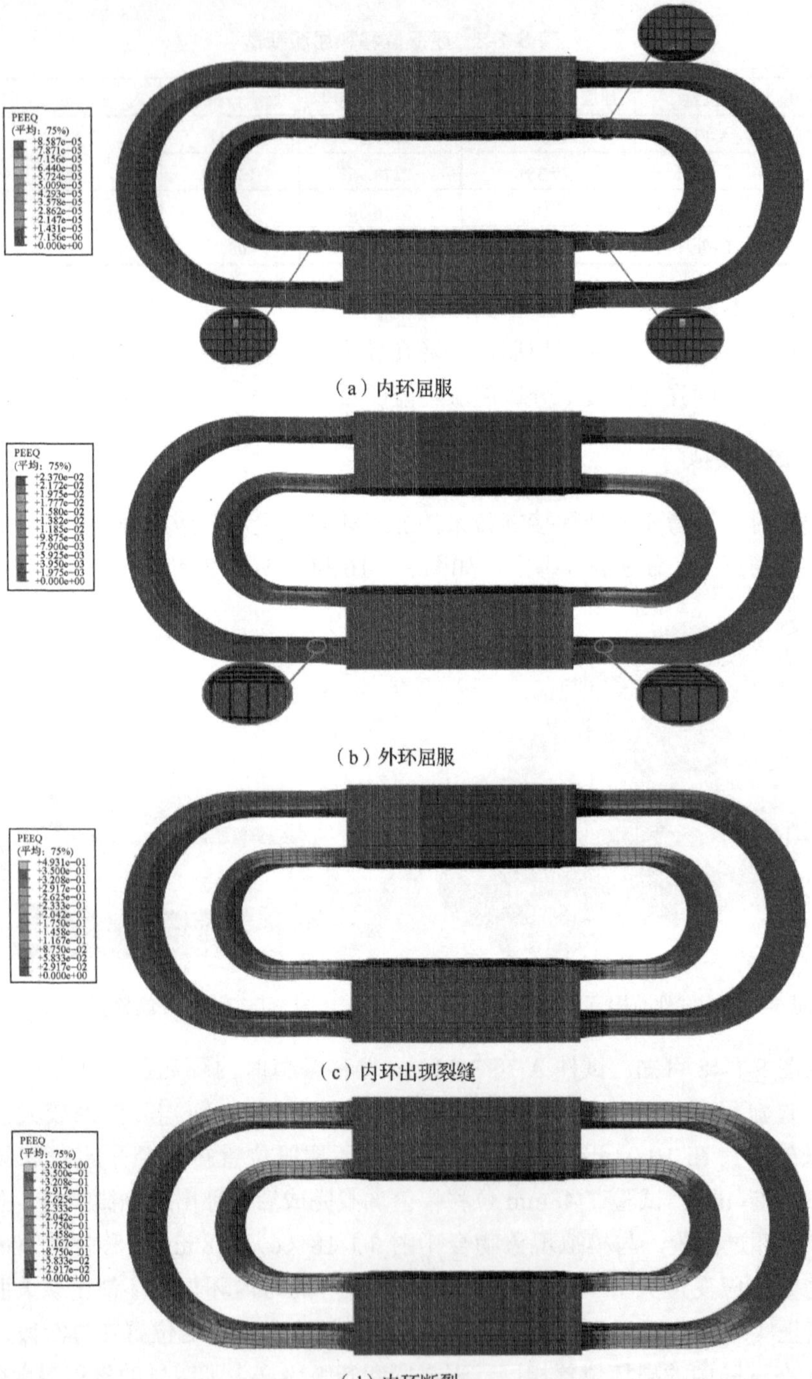

（a）内环屈服

（b）外环屈服

（c）内环出现裂缝

（d）内环断裂

图 5-1-18　试件 A 的等效塑性应变发展过程[6]

5.1.5　恢复力模型

1. 三折线随动强化恢复力模型

为了能更好地表征分级屈服阻尼器的耗能原理，采用三折线随动强化模型作为金属分级屈服阻尼器的恢复力模型。由于金属分级屈服阻尼器的内环嵌套在外环里面，故两者在变形时位移相同，内、外环分别采用双折线随动强化模型，金属分级屈服阻尼器的力学性能是内、外环力学性能的线性叠加，其关键力学性能指标计算原理如图 5-1-19 所示，三折线随动强化恢复力模型（以下简称三折线模型）如图 5-1-20 所示。从图 5-1-19 和图 5-1-20 可以看出，其骨架曲线呈三折线，有 2 个屈服点，随着位移的增加强度会增大，滞回曲线关于坐标原点中心对称，卸载刚度与初始刚度相同，三折线模型考虑了钢材的包辛格效应[6]。

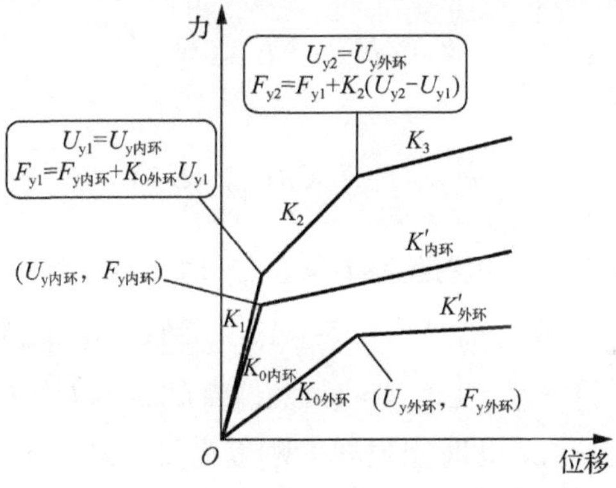

图 5-1-19　关键力学性能指标计算原理图[6,7,9]

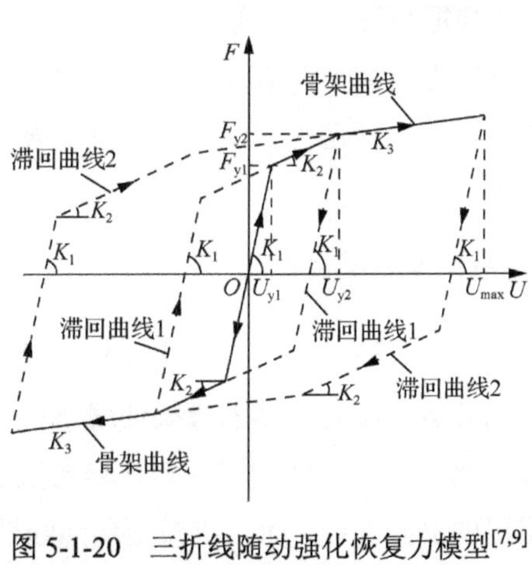

图 5-1-20　三折线随动强化恢复力模型[7,9]

第一刚度 K_1：

$$K_1 = K_{0内环} + K_{0外环} \tag{5-1-1}$$

第二刚度 K_2：

$$K_2 = K'_{内环} + K_{0外环} \tag{5-1-2}$$

第三刚度 K_3：

$$K_3 = K'_{内环} + K'_{外环} \tag{5-1-3}$$

第一屈服位移 U_{y1}：

$$U_{y1} = U_{y内环} \tag{5-1-4}$$

第二屈服位移 U_{y2}：

$$U_{y2} = U_{y外环} \tag{5-1-5}$$

第一屈服荷载 F_{y1}：

$$F_{y1} = F_{y内环} + K_{0外环}U_{y1} \tag{5-1-6}$$

第二屈服荷载 F_{y2}：

$$F_{y2} = F_{y1} + K_2(U_{y2} - U_{y1}) \tag{5-1-7}$$

当阻尼器上下连接板的相对位移 $U < U_{y内环}$ 时，内、外环都处于弹性阶段，此时阻尼器的刚度为第一刚度 K_1［式（5-1-1）］；当 $U = U_{y内环}$ 时，内环达到屈服，阻尼器达到第一屈服位移 U_{y1}［式（5-1-4）］；当 $U_{y内环} < U < U_{y外环}$ 时，内环开始屈服而外环仍处于弹性阶段，此时阻尼器的刚度为第二刚度 K_2［式（5-1-2）］，此时阻尼器的滞回曲线呈双折线（图 5-1-20 中滞回曲线 1）；当 $U = U_{y外环}$ 时，外环开始屈服，阻尼器达到第二屈服位移 U_{y2}［式（5-1-5）］；当 $U > U_{y外环}$ 时，内、外环都进入屈服状态，此时阻尼器的刚度为第三刚度 K_3［式（5-1-3）］，此时阻尼器的滞回曲线呈三折线（图 5-1-20 中滞回曲线 2）；当上下连接板的相对位移 $U > U_{max}$ 时，内环破坏失去作用[6]。

2. 三折线随动强化模型与试验对比

根据式（5-1-1）～式（5-1-7），并结合前述环形阻尼器的相关公式，利用上述三折线模型绘制出金属分级屈服阻尼器的骨架曲线、滞回曲线和耗能变化曲线，并与试验相应曲线进行对比（图 5-1-21）[6,9]。对比结果表明，三折线模型可以较好地表征环形金属阻尼器的滞回性能，而且该模型均为线性直线，参数少且简单，方便设计。

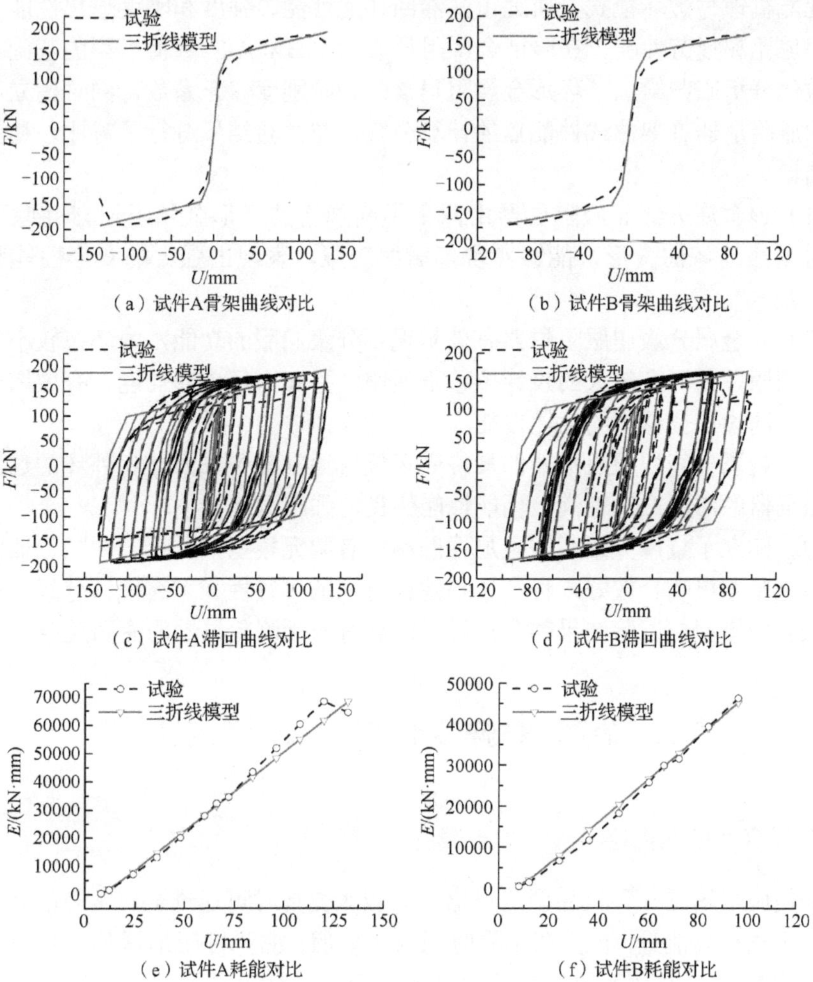

（a）试件A骨架曲线对比　（b）试件B骨架曲线对比
（c）试件A滞回曲线对比　（d）试件B滞回曲线对比
（e）试件A耗能对比　（f）试件B耗能对比

图 5-1-21　三折线随动强化模型曲线与试验曲线对比[6,9]

从图 5-1-21 可以看出，三折线模型的骨架曲线和滞回曲线与试验结果除了在过渡段有所差异外，其余各项力学性能指标都吻合良好，譬如初始刚度、峰值承载力等；在 72mm 位移幅值之前，三折线模型的耗能大于试验结果，随着位移幅值继续加大，试验的耗能逐渐大于三折线模型的耗能，但整体相差很小，能够满足工程需要。

5.1.6　研究结论

本节提出了一种套环型金属分级屈服阻尼器，通过低周往复加载试验对 2 个不同尺寸参数的金属分级屈服阻尼器进行了力学性能试验研究，揭示了其分阶段屈服耗能机理与破坏模式，研究了其滞回耗能性能、强度和刚度退化性能、等效黏滞阻尼比和疲劳性能。在验证金属阻尼器的 ABAQUS 数值模型的基础上，通过参数化分析回归给出了环形金属阻尼器的初始刚度修正系数，同时建立了金属分级屈服阻尼器骨架曲线性能点的计算公式，与试验结果进行了对比，初步得出如下结论。

（1）该金属分级屈服阻尼器由两个不同规格的环形金属阻尼器并联而成，变形时呈滚动弯曲变形，能够实现多截面屈服，表现出强大的变形性能和疲劳性能。

（2）该金属分级屈服阻尼器有效实现了分级屈服的功能，内环在较小的设计位移下屈服，外环在较大的设计位移下屈服，并和内环一起耗能，有效增强了阻尼器在不同设计位移下的耗能性能。

（3）金属分级屈服阻尼器的最终破坏位置通常集中在内环和外环的过渡段附近，阻尼器的滞回曲线饱满，耗能性能优良，强度退化很小。

（4）建立了金属分级屈服阻尼器的精细有限元模型，分析表明阻尼器的模拟结果与试验结果吻合较好，证实了该建模方法的可行性和可靠性；分级屈服阻尼器的恢复力模型与试验结果吻合良好，能够有效预测阻尼器的滞回反应。

5.2 金属-黏弹复合型分级屈服阻尼器

5.2.1 研究目的和内容

金属阻尼器是一种位移型阻尼器，在较大变形时可通过金属本身的弹塑性变形耗散大量地震能量，但其在小震时通常不屈服；黏弹性阻尼器是一种速度型阻尼器，在较小的振动下便可以耗散能量，但黏弹性阻尼器的力学性能可能受温度、加载频率的影响。陈云等[2-3]自主研发了一种由 O 型钢板金属阻尼器与高阻尼黏弹性阻尼器并联而成的金属-黏弹复合型分级屈服阻尼器，简称复合型阻尼器。这种复合型阻尼器兼具位移型阻尼器与速度型阻尼器各自的减震优点，小变形时，黏弹性阻尼器主要发挥耗能作用，而 O 型钢板金属阻尼器可以为结构提供较大的附加刚度；大变形时，二者共同耗能，使两种不同材料的阻尼器在工作时各尽其能，有效控制结构的风荷载和地震反应。

在本次试验研究中，对复合型阻尼器进行了低周反复加载试验，研究加载频率与加载位移对复合型阻尼器的力学性能的影响，对比分析了 O 型钢板金属阻尼器、高阻尼黏弹性阻尼器和复合型阻尼器在不同加载位移下的力学性能指标，揭示了复合型阻尼器的耗能机理，最后采用 Bouc-Wen（布斯温）模型模拟了复合型阻尼器在不同加载位移阶段的滞回特性。

5.2.2　装置构造形式及其工作机理

复合型阻尼器构造如图 5-2-1 所示[11-12]。

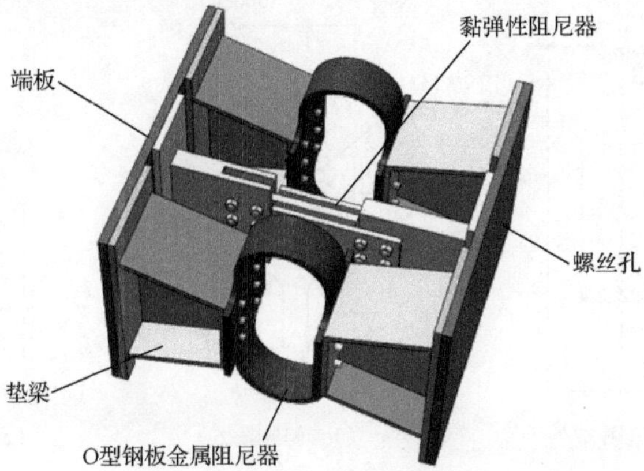

图 5-2-1　复合型阻尼器构造[11-12]

可将该复合型阻尼器安装在图 5-2-2 所示的框架结构或剪力墙结构连梁中部，进行结构振动反应控制。在风荷载或地震作用下，框架结构的相邻楼层将发生层间相对位移，剪力墙结构的连梁中部将发生上下剪切错动位移，从而使安装在图 5-2-2 中的复合型阻尼器的两侧端板发生相对位移，带动其中的 O 型钢板金属阻尼器发生弯曲变形和高阻尼黏弹性阻尼器发生剪切变形，耗散由风荷载或地震作用输入到结构中的能量，避免重要的结构构件发生严重损伤，实现有效保护主体结构的目的。

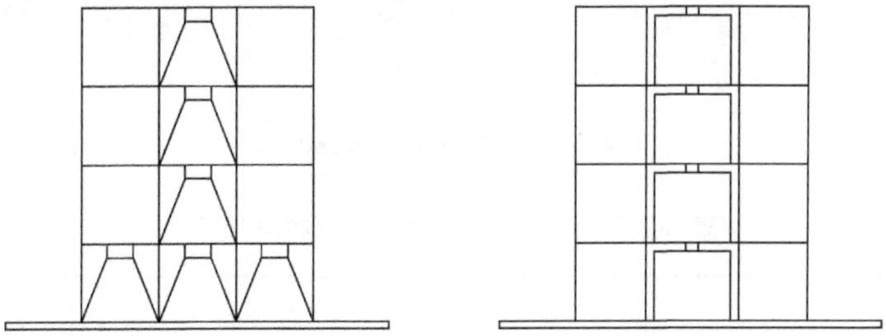

（a）人字形支撑　（b）连梁式支撑

图 5-2-2　复合型阻尼器安装位置示意图

5.2.3　抗震性能试验

1. 试件参数

复合型阻尼器中，O 型钢板金属阻尼器构造与尺寸如图 5-2-3 与表 5-2-1 所示；

橡胶材料层的尺寸确定为 200mm×200mm，厚度为 16mm；黏弹性阻尼器的具体构造如图 5-2-4 所示。

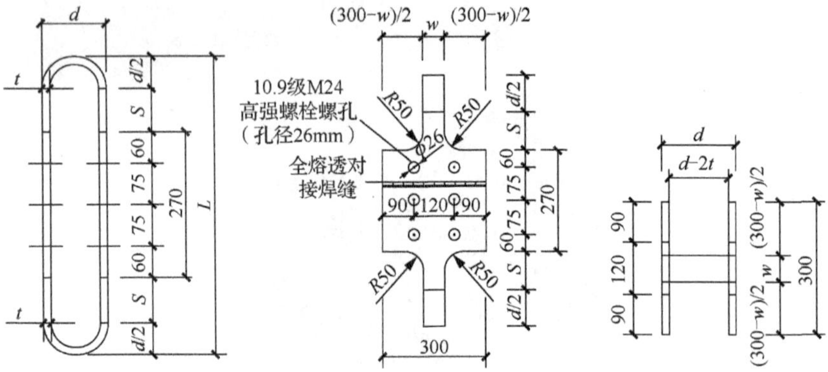

（a）主视图　　　　（b）侧视图　　　　（c）俯视图

图 5-2-3　O 型钢板金属阻尼器[11]

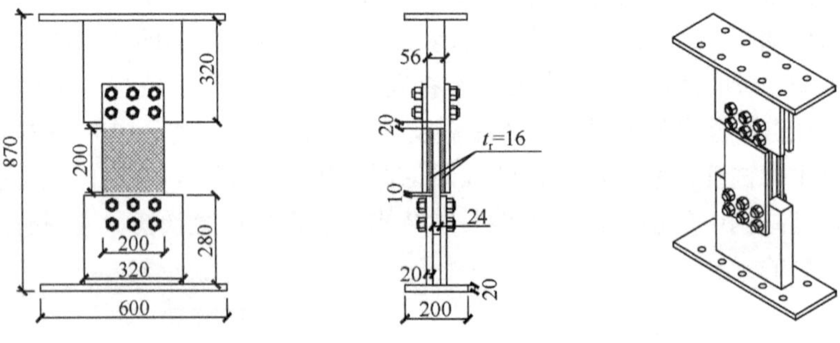

注：t_r为填料厚度。

图 5-2-4　黏弹性阻尼器[11,13]

表 5-2-1　O 型钢板金属阻尼器构件尺寸[11]　　　　（单位：mm）

t	w	d	S	L
20	115	300	120	810

复合型阻尼器中，高阻尼橡胶的主要性能参数同 3.1.3 节。

2. 加载方法

试验采用的加载装置为铰接四连杆机构，MTS 液压伺服加载系统施加水平推拉荷载，加载装置如图 5-2-5 所示[11]。

图 5-2-5　加载装置[11]

本次试验中，对复合型阻尼器进行两组试验加载，分别为频率组和幅值组，试验工况由加载频率和位移幅值作为控制指标[11]。试验过程中采用热鼓风机进行温度控制，利用温度计定时测定黏弹性阻尼器橡胶层的表面温度，使橡胶层表面温度保持在 21～25℃。输入正弦波为 $u = u_0\sin(wt)$，试验加载循环 5 圈，测量每一级加载工况下阻尼器的阻尼力与实际位移，根据《建筑消能阻尼器》（JG/T 209—2012）[14]的数据采集要求，所有试验数据均取第 3 圈加载循环的实测结果[11]。频率组与幅值组具体工况如表 5-2-2 与表 5-2-3 所示[11]。

表 5-2-2　频率组试验工况[11]

试验工况	试验序号	加载位移/mm	加载频率/Hz	试验循环圈数
工况 1	1	6	0.1	5
	2		0.2	
	3		0.3	
	4		0.4	
	5		0.5	
工况 2	1	16	0.1	5
	2		0.2	
	3		0.3	
	4		0.4	
	5		0.5	

表 5-2-3　幅值组试验工况[11]

加载频率/Hz	0.1
试验循环圈数	5
加载位移/mm	4、8、12、16、24、32、40、48、56、64、72、80、88、96、104

本次试验所用的O型钢板金属阻尼器与高阻尼黏弹性阻尼器另外进行了30圈的疲劳性能加载试验。O型钢板金属阻尼器在设计位移幅值下往复循环30圈后，屈服承载力、屈服位移和最大承载力变化率不超过5%，30圈的滞回曲线形状几乎重合；黏弹性阻尼器在30圈循环加载后，最大阻尼力、表观剪切模量、损耗因子均有一定程度的下降，下降变化率都不超过13%，30圈的滞回曲线饱满，没有出现明显的强度退化[11]。这都表明O型钢板金属阻尼器和高阻尼黏弹性阻尼器完全满足《建筑消能阻尼器》（JG/T 209—2012）[14]的疲劳测试要求[11]。

3. 试验结果分析

1）试验现象分析

复合型阻尼器在加载位移为4～32mm的加载过程中，高阻尼橡胶层基本无撕裂和破坏，也无明显残余变形，高阻尼橡胶层与约束钢板粘结基本完好。在位移加载至40mm时，高阻尼橡胶层端部出现部分撕裂与残余变形，高阻尼橡胶层局部与约束钢板出现轻微剥离。在位移加载至80mm时，高阻尼橡胶层明显撕裂并与约束钢板出现剥离现象，高阻尼黏弹性阻尼器发生较大破坏。在位移加载至104mm时，高阻尼橡胶层大部分撕裂并与约束钢板部分剥离，黏弹性阻尼器完全破坏，停止加载[11]。O型钢板金属阻尼器在整个加载过程呈滚动弯曲变形，未产生任何裂缝，表现出优良的变形性能和耗能能力[11]。图5-2-6和图5-2-7为组成复合型阻尼器的高阻尼黏弹性阻尼器和O型钢板金属阻尼器在加载过程中的试验现象[11]。

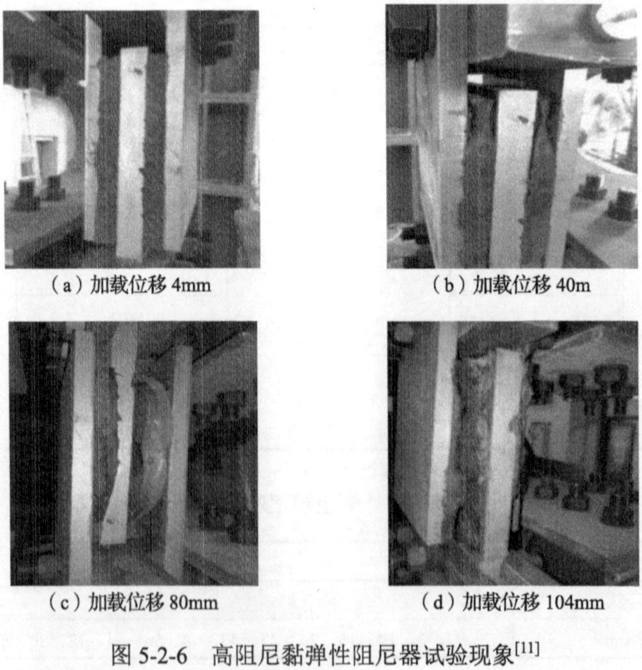

（a）加载位移4mm　（b）加载位移40m

（c）加载位移80mm　（d）加载位移104mm

图5-2-6　高阻尼黏弹性阻尼器试验现象[11]

（a）加载位移 4mm　　（b）加载位移 104mm

图 5-2-7　O 型钢板金属阻尼器试验现象[11]

2）加载频率对复合型阻尼器力学性能的影响

（1）加载频率对复合型阻尼器滞回性能的影响。

图 5-2-8（a）和（b）分别为单独的高阻尼黏弹性阻尼器在 9.6mm 和 12.8mm 两个位移幅值工况下的频率组试验曲线[11]。由图可知，高阻尼黏弹性阻尼器力学性能稳定，受加载频率影响小，这与一般的黏弹性阻尼器不同，可能是由橡胶材料的力学性能不同导致的[11]。

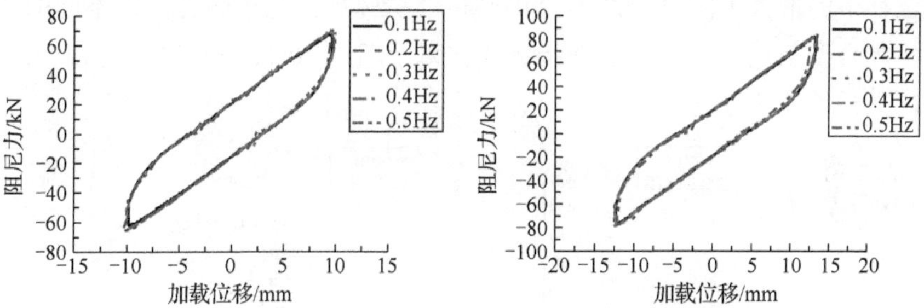

（a）位移幅值9.6mm　　（b）位移幅值12.8mm

图 5-2-8　高阻尼黏弹性阻尼器的滞回曲线与加载频率相关性[11]

图 5-2-9（a）和（b）分别为 6mm 和 16mm 两个位移幅值工况下复合型阻尼器的滞回曲线（频率组）[11]。由图可知在 6mm 和 16mm 加载位移下，在 0.1～0.5Hz 时 5 个不同加载频率得到的 5 条滞回曲线基本重合且均光滑饱满，表明复合型阻尼器的滞回性能受加载频率影响很小，同时具备良好稳定的耗能性能[11]。其原因是：组成复合型阻尼器的高阻尼黏弹性阻尼器自身的力学性能受加载频率影响小，而 O 型钢板金属阻尼器是一种位移型阻尼器，其力学性能基本不受加载频率影响，故两种阻尼器并联而成的复合型阻尼器的力学性能受加载频率影响小[11]。因此，在同一类型的复合型阻尼器的设计中，频率影响可以不作为重点考虑的因素[11]。

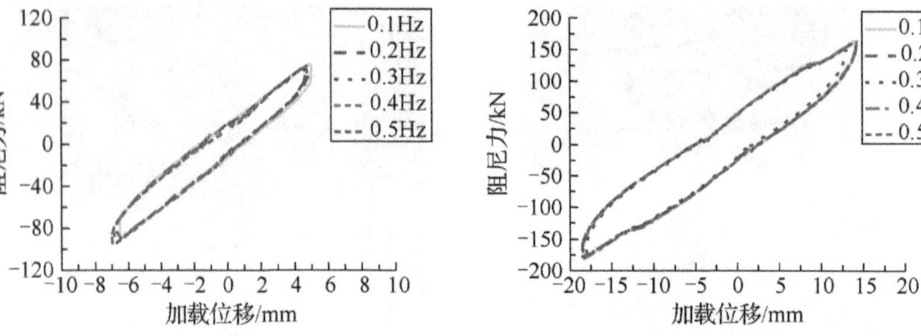

（a）位移幅值6mm　　（b）位移幅值16mm

图 5-2-9　复合型阻尼器的滞回曲线与加载频率相关性[11]

（2）加载频率对复合型阻尼器最大阻尼力、耗能和等效黏滞阻尼比的影响。

由图 5-2-10（a）～（c）分析可知，在 0.1～0.5Hz 的频段范围内，同一级加载位移下复合型阻尼器的最大阻尼力随着频率的增大而平缓增大，最大阻尼力在 6mm 和 16mm 加载位移下的最大上升率分别为 4.43%和 1.16%；第 3 圈耗能和等效黏滞阻尼比随着加载频率的增大而略有减小，第 3 圈耗能在 6mm 和 16mm 加载位移下的最大下降率分别为 3.57%和 8.48%；等效黏滞阻尼比在 6mm 和 16mm 加载位移下的最大下降率分别为 2.07%和 2.62%[11]。总体而言，在不同的加载频率下，复合型阻尼器的力学性能指标变化率不超过 10%，表明其受加载频率影响较小，力学性能比较稳定[11]。

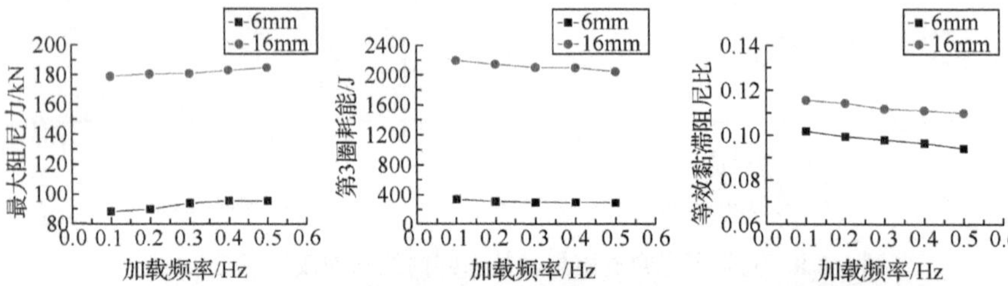

（a）最大阻尼力　　（b）第3圈耗能　　（c）等效黏滞阻尼比

图 5-2-10　复合型阻尼器的力学性能与加载频率相关性[11]

3）加载位移对复合型阻尼器滞回性能的影响

图 5-2-11（a）为不同加载位移幅值下复合型阻尼器的滞回曲线（加载频率为 0.1Hz，试验数据采用第 3 圈加载循环的结果）[11]。在加载位移不大于 24mm 时，曲线形状呈中部略微捏拢的椭圆形，滞回曲线表现出比较典型的高阻尼黏弹性阻尼器的耗能特性，因为这一阶段 O 型钢板金属阻尼器滞回环较小，即耗散能量较少，其主要为复合型阻尼器提供附加刚度。在 24～80mm 的加载位移范围内，由于大应变条件下黏弹性材料产生硬化，滞回曲线中部开始捏拢，图形呈现出反 S

形，这一阶段为 O 型钢板金属阻尼器和高阻尼黏弹性阻尼器协同耗能阶段[11]。在 88～104mm 的加载位移范围内，由于高阻尼黏弹性阻尼器大部撕裂，故这一阶段 O 型钢板金属阻尼器起主导作用，曲线形状呈近似的平行四边形，表现出典型的 O 型钢板金属阻尼器的耗能特性[11]。

总体而言，复合型阻尼器的滞回环形状受加载位移影响较明显，在不同的加载位移阶段表现出不同形状的滞回环，说明复合型阻尼器在不同的加载位移阶段具有不同的耗能特性，也反映出在加载过程中组成复合型阻尼器的高阻尼黏弹性阻尼器与 O 型钢板金属阻尼器耗散能量的相对比重。同时，其滞回环光滑饱满，表现出良好的耗能能力[11]。

图 5-2-11（b）～（d）为 3 个典型的反映复合型阻尼器在不同加载阶段耗能特征的滞回曲线，位移幅值分别为 4mm、64mm 和 104mm，图中每个位移幅值下的滞回曲线均包含了试验采集得到的 5 圈循环加载的数据。由图可知复合型阻尼器在每个位移幅值下的 5 圈循环加载过程中力学性能稳定[11]。

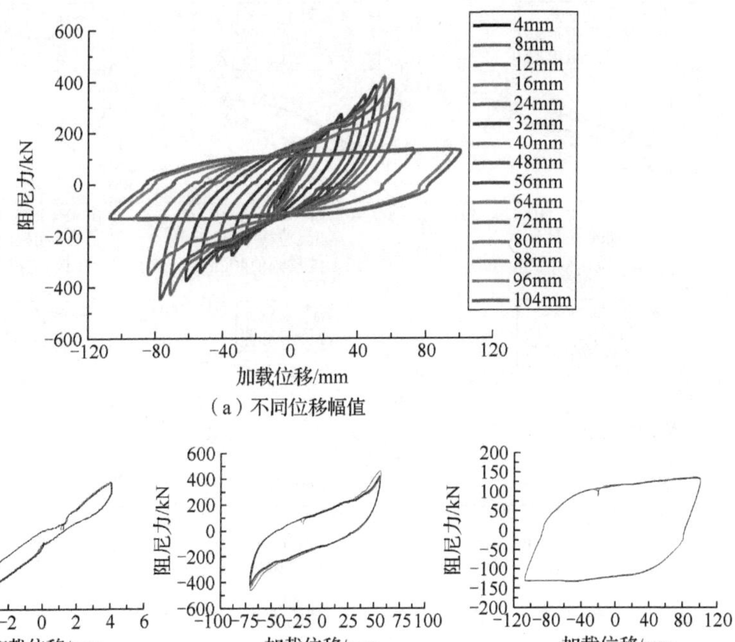

（a）不同位移幅值

（b）位移幅值4mm　（c）位移幅值64mm　（d）位移幅值104mm

图 5-2-11　复合型阻尼器的滞回曲线[11]

4. 3 种阻尼器的力学性能比较

本次试验中，分别对 O 型钢板金属阻尼器（2 个并联）、高阻尼黏弹性阻尼器

（1 个）和复合型阻尼器（1 个）进行了低周反复加载试验，分析复合型阻尼器各个组成部分对其力学性能的影响[11]。图 5-2-12 为 3 种阻尼器在不同位移幅值下的滞回曲线（限于篇幅，只列出了部分典型加载工况下的滞回曲线）[11]。由图 5-2-12 可知在位移幅值不大于 16mm 时，O 型钢板金属阻尼器耗能能力有限，主要作用是为复合型阻尼器提供附加刚度，复合型阻尼器主要通过高阻尼黏弹性阻尼器的剪切滞回变形耗能[11]。

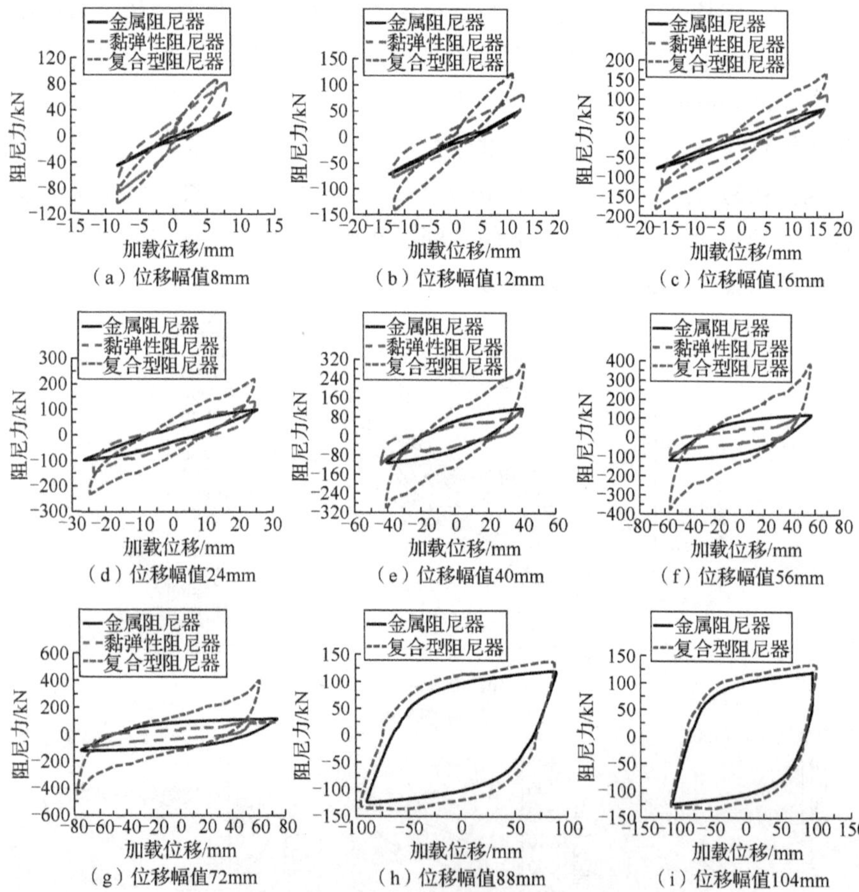

（a）位移幅值8mm　（b）位移幅值12mm　（c）位移幅值16mm

（d）位移幅值24mm　（e）位移幅值40mm　（f）位移幅值56mm

（g）位移幅值72mm　（h）位移幅值88mm　（i）位移幅值104mm

图 5-2-12　3 种阻尼器的滞回曲线[11]

在 24～72mm 的加载过程中，随着 O 型钢板金属阻尼器变形的增大，其滞回曲线开始变得趋于饱满，耗能能力显著增强。高阻尼黏弹性阻尼器的黏弹性材料也开始发生硬化，其滞回曲线为反 S 形，从而导致复合型阻尼器的滞回曲线主要呈现反 S 形[11]。在 88～104mm 的加载过程中，由于高阻尼黏弹性阻尼器已经大部分撕裂，复合型阻尼器主要通过 O 型钢板金属阻尼器的塑性变形耗能，故两者的曲线均呈近似的平行四边形，符合金属阻尼器滞回曲线的形状特点[11]。

根据试验所得的滞回曲线，提取每圈滞回环的峰值阻尼力，可获得 3 种阻尼器的骨架曲线，如图 5-2-13 所示[11]。本复合型阻尼器中，金属阻尼器对复合型阻尼器的承载力和刚度贡献相对较小，但其屈服后承载力和切线刚度退化很小，变形能力较强，具备稳定可靠的耗能性能[11]。

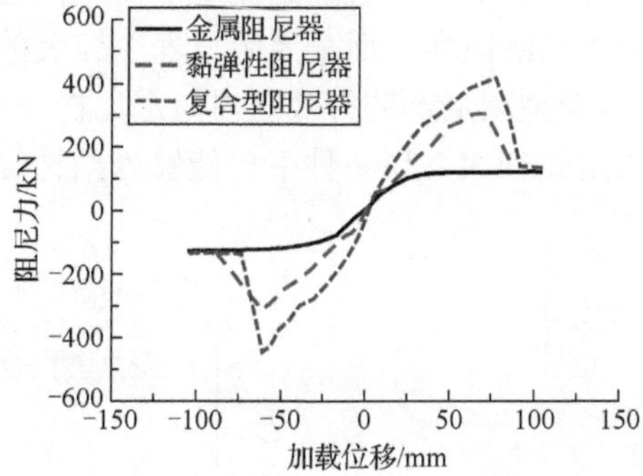

图 5-2-13　3 种阻尼器的骨架曲线[11]

图 5-2-14 为 3 种阻尼器的力学性能指标的比较[11]。由图 5-2-14（a）分析可知，在 4～72mm 的加载范围内，复合型阻尼器的最大阻尼力随着加载位移的增大而增大，在 72mm 时达到最大值。在 72～80mm 的加载过程中，由于高阻尼黏弹性阻尼器开始发生撕裂破坏，最大阻尼力开始保持平缓[11]。在 88～104mm 的过程中，阻尼力完全由 O 型钢板金属阻尼器提供，最大阻尼力在 130kN 附近保持稳定[11]。建议在设计复合型阻尼器时，通过适当增加橡胶层的厚度，有效提高黏弹性阻尼器的极限剪切变形能力，保证在大震作用下黏弹性阻尼器仍然能够发挥耗能作用[11]。

由图 5-2-14（b）分析可知，复合型阻尼器的割线刚度在 4～80mm 的加载范围内随着加载位移的增大而减小，在 80～88mm 的范围内随着加载位移的增大而急剧减小（黏弹性阻尼器破坏，其刚度贡献能力丧失），在 88～104mm 的加载范围内随着加载位移的增大而保持平缓（金属阻尼器提供大部分刚度）[11]。

由图 5-2-14（c）分析可知，复合型阻尼器的耗能在 4～80mm 的加载范围内随着加载位移的增大而增大，在 80～88mm 的范围内随着加载位移的增大而减小（黏弹性阻尼器破坏），在 88～104mm 的加载范围内随着加载位移的增大而进一步增大（金属阻尼器发挥全部耗能作用）[11]。单个耗能机制的阻尼器在发生破坏后耗能能力会大幅度减小，而复合型阻尼器利用不同耗能机制的多个耗能元件协同耗能，在其中某一个耗能元件发生破坏后，其他耗能元件仍能继续工作，耗能在小幅度减小后又迅速提高，具有较高的耗能安全储备[11]。

由图 5-2-14（d）分析可知，复合型阻尼器的等效黏滞阻尼比在 4～40mm 的加载范围内随着加载位移的增大而平稳增大，在 40～80mm 的过程中随着加载位移的增大而保持稳定，在 80～104mm 的过程中急剧增大[11]。其中，在 4～40mm 的加载范围内，主要由高阻尼黏弹性阻尼器发挥耗能作用；在 40～80mm 的过程中，高阻尼黏弹性阻尼器提供的附加阻尼占比下降，而金属阻尼器提供的附加阻尼占比增大，因此这一阶段等效黏滞阻尼比保持平稳[11]；在 80～104mm 的过程中，高阻尼黏弹性阻尼器已经破坏，而金属阻尼器在较大的塑性变形下能够提供较大的附加阻尼，因此复合型阻尼器的等效黏滞阻尼比在 80～104mm 的过程中急剧增大[11]。该复合型阻尼器在大变形条件下仍能够为结构提供较大的附加阻尼，具有较高的安全储备[11]。

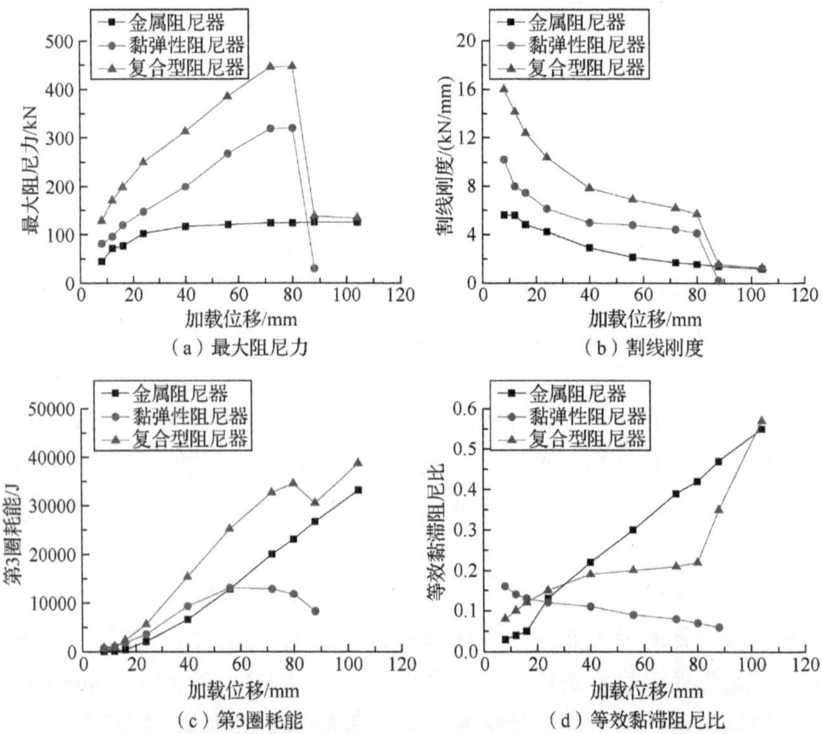

图 5-2-14　3 种阻尼器的力学性能比较[11]

O 型钢板金属阻尼器尽管提供的最大阻尼力较小，但其变形能力强且屈服后承载力退化很小；黏弹性阻尼器的阻尼力大，但阻尼器变形达到 72mm 时其会产生破坏[11]。因此，设计时，可适当提高金属阻尼器的承载力，即提高其在复合型阻尼器中的承载力比重[11]。在加载位移达到 60mm 时，黏弹性阻尼器已有部分损伤，金属阻尼器逐步起到主要耗能作用，因此阻尼器用于大变形时，应进一步提高金属阻尼器的耗能比重[11]。

总体而言，复合型阻尼器兼有 O 型钢板金属阻尼器和高阻尼黏弹性阻尼器的耗能优点，通过二者的并联式组合，复合型阻尼器的最大阻尼力、割线刚度和耗能分别等于两种并联阻尼器的对应力学指标的数值之和，相比单个耗能机制的阻尼器，有效提高了其综合抗震性能和安全可靠度[11]。

5.2.4　恢复力模型

Bouc-Wen 模型能够较好地体现阻尼器的非线性滞回特性与时域特性，并且将阻尼器的恢复力和变形与一个具有不确定参数的非线性微分方程联系起来，通过试验数据合理地对非线性微分方程中的参数进行识别，可以得到大量的具有软式或硬式振动响应特性的滞回曲线，用来模拟不同条件和不同类型阻尼器的力学特性[11]。

Bouc-Wen 模型的关系式[11]为

$$P(x,z)=\alpha K_{\mathrm{u}}x+(1-\alpha)K_{\mathrm{u}}z$$
$$\dot{z}=A\dot{x}-\beta|\dot{x}|z|z|^{n-1}-\gamma\dot{x}|z|^{n}$$

式中：$P(x,z)$ 为阻尼器的总恢复力；α 为阻尼器屈服前后刚度比；K_{u} 为阻尼器的初始刚度；x 为实际加载位移；z 为表征阻尼器非线性滞回特性的中间变量；A、β、γ、n 分别为滞回曲线的形状控制参数[11]。

根据前述的试验结果，通过 MATLAB 编制程序对 Bouc-Wen 模型进行参数辨识，得到以下 3 组参数辨识结果[11]。

（1）当加载位移 4mm≤d<24mm，滞回曲线呈现出中部捏拢的椭圆形，参数辨识结果[11]为

$$A=1,\quad \beta=0.5,\quad \gamma=0.2,\quad n=1$$

（2）当加载位移 24mm≤d<88mm，滞回曲线呈现出反 S 形，参数辨识结果[11]为

$$A=1,\quad \beta=3,\quad \gamma=-5,\quad n=1$$

（3）当加载位移 $88\mathrm{mm}\leqslant d\leqslant 104\mathrm{mm}$，滞回曲线呈现出平行四边形，参数辨识结果[11]为

$$A=1,\quad \beta=5,\quad \gamma=4,\quad n=1$$

由图 5-2-15 可知 Bouc-Wen 模型能够较好地模拟复合型阻尼器的滞回曲线，较好地反映复合型阻尼器在不同位移加载阶段的滞回环的主要特征[11]。

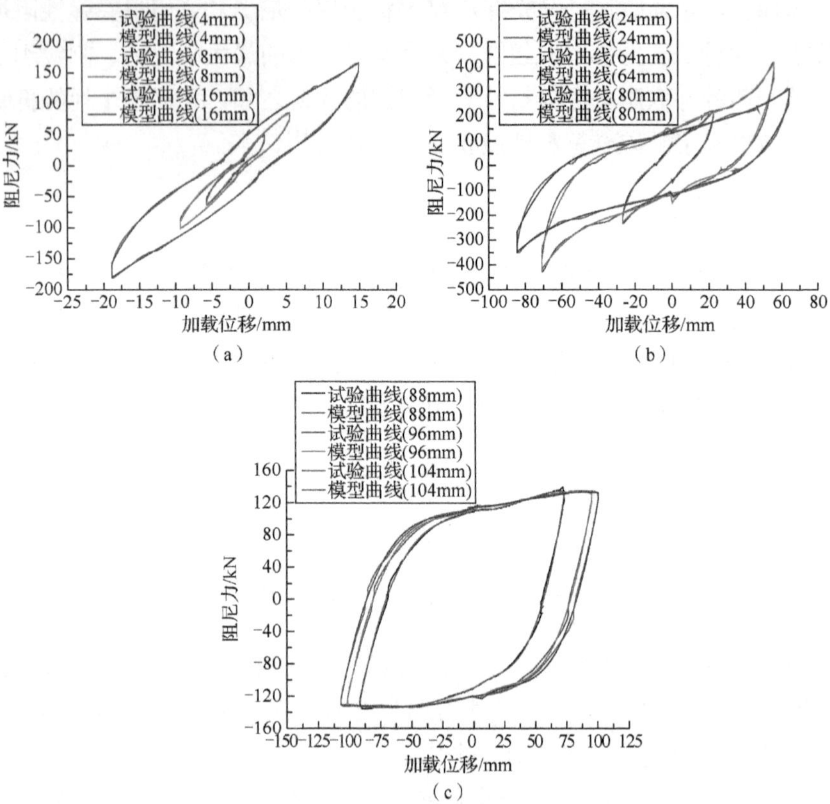

图 5-2-15　滞回曲线对比[11]

5.2.5　研究结论

本节基于某国产高阻尼橡胶材料和普通 Q235 钢材，研发了具有较大变形能力的金属-黏弹复合型阻尼器。设计了足尺复合型阻尼器模型，对其进行了低周反复加载试验研究与恢复力模型参数辨识分析，初步得出以下结论。

（1）组成复合型阻尼器的金属阻尼器在加载过程中未产生任何裂缝，其承载力和刚度几乎没有退化，黏弹性阻尼器的剪切应变达到 450%时仍然可以正常工作，表明复合型阻尼器具有大变形的能力；复合型阻尼器的滞回曲线光滑饱满，表明其具有良好的耗能能力。

（2）在 0.1～0.5Hz 的加载频率范围内，复合型阻尼器的力学性能指标变化很小，表明其力学性能稳定，受加载频率影响较小。

（3）复合型阻尼器兼具位移型阻尼器与速度型阻尼器的减震优点，小变形时，黏弹性阻尼器发挥主要的耗能作用，O 型钢板金属阻尼器为结构提供较大的附加刚度；大变形时，二者协同工作，共同耗能，在某一个耗能元件发生破坏后，其他耗能元件仍能继续工作，具备较高的安全储备。

（4）在设计复合型阻尼器时，通过适当增大橡胶层的厚度，能够有效提高黏弹性阻尼器的极限剪切变形能力和耗能性能。

（5）根据试验滞回曲线的形状特点，应用 Bouc-Wen 模型进行分段参数辨识，其计算结果与试验结果吻合较好。

5.3　双钢腹板灌铅和圆钢管灌铅分级屈服阻尼器

5.3.1　研究目的和内容

连梁阻尼器因其安装方便，不影响建筑结构的使用功能，能够解决连梁的超筋问题并为结构提供一定的附加阻尼，在工程中获得了广泛应用[15]。连梁阻尼器除了应当具备较强的耗能能力之外，还应具有足够的强度、刚度和耐久性。连梁阻尼器的刚度主要是满足连梁在小震作用下为结构贡献足够的抗侧刚度，阻尼器的强度决定了连梁对墙肢提供的约束弯矩大小[16-19]。阻尼器的强度越大，连梁对墙肢提供的约束弯矩越大，但阻尼器的强度一定要合理，确保阻尼器应先于墙肢纵筋屈服，如此方为合理的屈服顺序，并可以保护墙肢的安全。

连梁阻尼器还应具有造价低廉、连接方便、设计概念清晰的特点。连梁阻尼器除了耗能的作用外，其受力状态比较复杂，要承受弯矩、剪力和轴力的作用，起着对墙肢提供约束弯矩的重要作用。金属阻尼器因其价格低廉，强度和刚度的大小设计较易控制，经过合理设计后耗能性能优越，在目前的结构振动控制中得到了广泛的应用。

5.3.2　装置构造形式及其工作机理

本节基于金属阻尼器，提出了两种钢铅复合分级屈服连梁阻尼器，如图 5-3-1 所示。

（1）双层腹板的工字型钢，腹板和翼缘组成的箱型截面内部灌铅，称为双钢腹板灌铅分级屈服阻尼器，简称双钢腹板灌铅阻尼器，如图 5-3-1（a）所示[15]。这种阻尼器类似于由工字型钢和铅剪切耗能器复合而成的构件。双层腹板和翼缘组成的空腔内灌铅有两个目的，其一是铅的剪切变形能够耗散一定能量，铅能够在一定程度上阻止腹板的屈曲；其二是实现分级屈服，钢腹板和铅芯在较小位移屈服，翼缘在较大位移弯曲屈服，这类阻尼器属于弯剪屈服耗能构件[15]。

（2）两根平行钢管，每根钢管内部灌铅，称为圆钢管灌铅分级屈服阻尼器，简称圆钢管灌铅阻尼器，如图 5-3-1（b）所示[15]。两根平行设置的钢管之间没有腹杆连接，因此两根钢管分别抵抗相同的弯矩和剪力。通过钢管和铅的屈服耗能。铅的作用除了耗能外，还能起到一定阻止钢管屈曲的作用[15]。

（a）双钢腹板灌铅分级屈服阻尼器

（b）圆钢管灌铅分级屈服阻尼器

图 5-3-1　两种阻尼器的示意图[15]

由于双钢腹板灌铅阻尼器和圆钢管灌铅阻尼器的加载制度与前述腹板开菱形孔的剪切屈服型金属阻尼器的加载制度相同，此处不再列出，下面只给出试验结果。

5.3.3　抗震性能试验

1. 试验现象

双钢腹板灌铅阻尼器的主要试验现象如表 5-3-1 所示。为了便于描述试验现象，假定阻尼器的腹板加劲肋把腹板分成三个部分，分别称为上区格、中区格和下区格[15]。双钢腹板灌铅阻尼器的腹板初始开裂状态和最终的腹板破坏状态分别如图 5-3-2 和图 5-3-3 所示[15]。

表 5-3-1　双钢腹板灌铅阻尼器的试验现象[15]

剪切位移角/%	试验现象
2.85	下区格轻微屈曲
3.33	中间区格内腹板与加劲肋的焊缝位置处腹板轻微开裂
3.85	中间区格屈曲较严重
4.30	上、中、下区格屈曲较严重，下区格在腹板加劲肋处撕裂
4.73	腹板严重屈曲翘起
5.63	腹板已完全撕裂，翘曲严重，中间区格腹板脱离铅芯
8.25	上、中、下区格的铅芯已可从外边观察到

图 5-3-2　双钢腹板灌铅阻尼器的腹板初始开裂[15]

图 5-3-3　双钢腹板灌铅阻尼器的腹板破坏[15]

圆钢管灌铅阻尼器的主要试验现象如表 5-3-2 所示，其根部初始开裂状态和最终的根部断裂破坏状态分别如图 5-3-4 和图 5-3-5 所示[15]。

表 5-3-2　圆钢管灌铅阻尼器的试验现象[15]

剪切位移角/%	试验现象
4.95	钢管根部开裂
6.65	钢管根部大部分断裂，并且有外鼓现象
7.28	钢管完全断裂，铅芯外露，彻底破坏

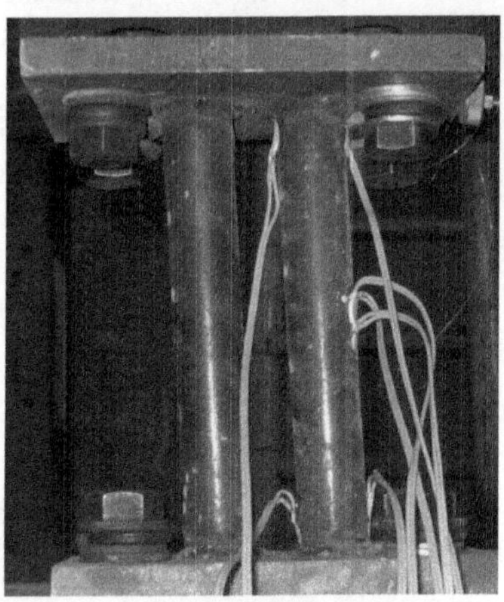

图 5-3-4　圆钢管灌铅阻尼器的根部初始开裂[15]

图 5-3-5　圆钢管灌铅阻尼器的根部断裂破坏[15]

从试验现象分析，双钢腹板灌铅阻尼器屈曲较早，原因是双钢腹板灌铅阻尼器的腹板厚度较薄，较早发生屈服[15]。圆钢管灌铅阻尼器的裂缝产生得较晚，但圆钢管灌铅阻尼器的裂缝发展速度较快，裂缝产生后很快就发生破坏[15]。因此，从裂缝发展速度来看，双钢腹板灌铅阻尼器的裂缝发展速度较慢，圆钢管灌铅阻尼器的裂缝发展速度较快[15]。

从裂缝产生的原因分析，双钢腹板灌铅阻尼器的裂缝最先在腹板与加劲肋的焊缝处产生，原因是腹板自身较薄，仅有 2mm 厚，而且受焊接残余应力影响较大，导致裂缝基本都产生在腹板与加劲肋的焊缝处。圆钢管灌铅阻尼器的裂缝最先在根部产生，原因是根部的弯矩最大，应力最大，而且根部受焊接残余应力的影响也最大，因此裂缝最先在根部产生[15]。若要避免裂缝较早产生，可以针对不同阻尼器采用相应的措施[15]。双钢腹板灌铅阻尼器可以增大腹板的厚度，本次试验由于是缩尺试验，厚度不能很大，通过精心焊接，包括精心设计焊接顺序和焊接方法，可以推迟焊缝处腹板的开裂时间；圆钢管灌铅阻尼器可以在根部进行一些加强措施，并减小焊缝处的应力集中[15]。

2. 滞回曲线和骨架曲线

双钢腹板灌铅阻尼器的滞回曲线［图 5-3-6（a）］非常稳定饱满，其屈服平台很长，下降段的斜率也很平缓[15]。滞回曲线的形状发展变化平缓，承载力下降缓慢。在剪切角为 1.28%时达到屈服；剪切角为 5.98%时达到了峰值剪力；剪切角为 7.82%时承载力下降到了峰值剪力的 85%，因此荷载下降段非常平缓；最终剪切角达到 9.37%时，承载力下降到了 64%。如图 5-3-6（b）所示，在阻尼器的屈服平台上有一个小凹坑，原因是剪切角达到 3.86%附近时，由于腹板中间区格屈曲比较严重，降低了承载力，但很快随着屈曲后腹板强度的增大，剪切角为 5.98%时阻尼器才达到了峰值剪力[15]。

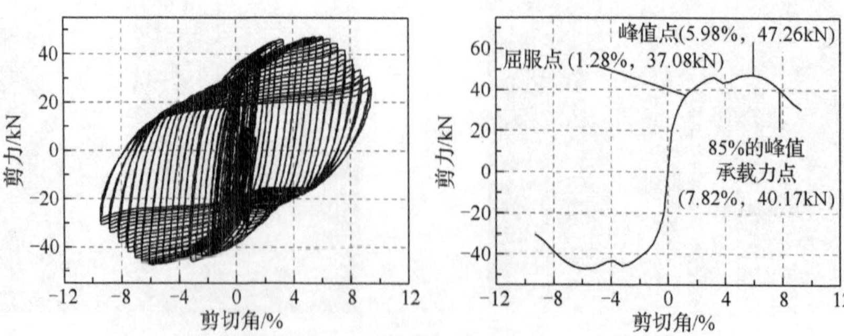

（a）滞回曲线　　（b）骨架曲线

图 5-3-6　双钢腹板灌铅阻尼器的剪力-剪切角曲线[15]

圆钢管灌铅阻尼器的滞回曲线［图 5-3-7（a）］形状始终类似于一个水平放置的平行四边形，滞回曲线很饱满稳定[15]。其骨架曲线［图 5-3-7（b）］为典型的二折线型，在骨架曲线上有一个非常明显的屈服点，屈服之前的骨架曲线类似于直线。在剪切角为 0.73%时达到屈服，屈服平台较长，剪切角为 4.35%时达到峰值荷载，但在剪切角达到 4.9%时就发生了破坏[15]。

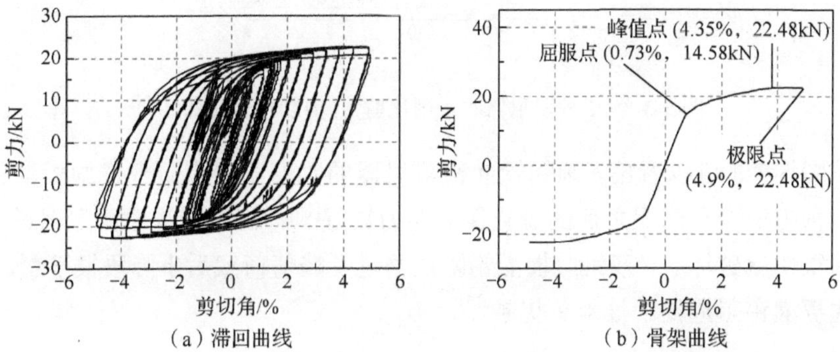

图 5-3-7　圆钢管灌铅阻尼器的剪力-剪切角曲线[15]

2 种阻尼器的试验结果总结如表 5-3-3 所示，延性系数一般取极限位移与屈服位移之比，在这里因为 2 种阻尼器的长度相同，延性系数取极限剪切角与屈服剪切角之比[15]。

表 5-3-3　2 种阻尼器的试验结果总结[15]

阻尼器类别	屈服剪切角/%	屈服剪力/kN	峰值剪切角/%	峰值剪力/kN	极限剪切角/%	极限剪力/kN	延性系数
双钢腹板灌铅阻尼器	1.28	37.08	5.98	47.26	7.82	40.17	6.11
圆钢管灌铅阻尼器	0.73	14.58	4.35	22.48	4.90	22.48	6.71

结合 2 种阻尼器的滞回曲线和表 5-3-3 总结的结果可知，圆钢管灌铅阻尼器屈服较早，峰值剪力较低，甚至不到双钢腹板灌铅阻尼器的一半，但其延性较好[15]。但是需要指出的是，其延性系数较大的原因是屈服剪切角很小造成的。综合来看，双钢腹板灌铅阻尼器的峰值剪力较高，峰值剪切角也较大，极限剪切角也较大，延性系数较高[15]。

为了进一步评估 2 种阻尼器的抗震性能，作出 2 种阻尼器的正则化剪力-剪切角骨架曲线如图 5-3-8 所示[15]。纵坐标轴为每种阻尼器的剪力 V 除以其屈服剪力 V_y，横坐标轴为剪切角 γ 除以屈服剪切角 γ_y[15]。

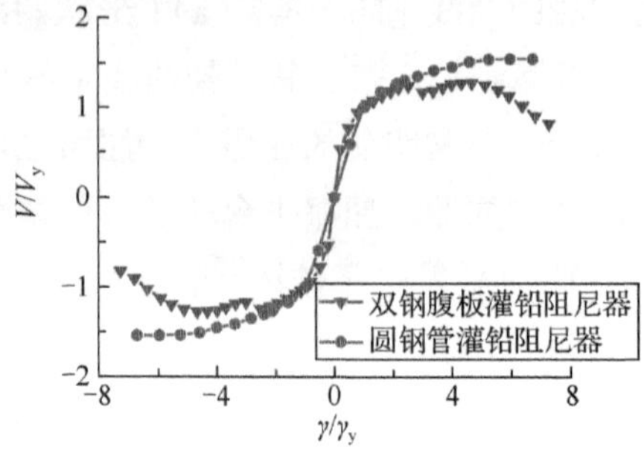

图 5-3-8　2 种阻尼器的正则化剪力-剪切角骨架曲线[15]

从图 5-3-8 可以看出，圆钢管灌铅阻尼器的刚度明显小于双钢腹板灌铅阻尼器，两种阻尼器在屈服之后的荷载保持能力较好[15]；圆钢管灌铅阻尼器过了峰值荷载后很快就破坏了，双钢腹板灌铅阻尼器过了峰值荷载后下降段很平缓。因此，双钢腹板灌铅阻尼器的性能更优越[15]。

3. 强度退化及刚度退化

本次试验，每级加载循环 3 次，为了充分考察阻尼器的荷载保持能力，取每级位移第 3 次循环的峰值荷载 V_{peak3} 与第 1 次循环的峰值荷载 V_{peak1} 之比来计算强度退化率[15]。在反复荷载作用下，随着侧向荷载的增加，试件的刚度也在不断退化，这里试件的刚度采用等效割线刚度 K[15]。2 种阻尼器的强度退化曲线和刚度退化曲线分别如图 5-3-9 和图 5-3-10 所示[15]。

从图 5-3-9 可知，在剪切角小于 2.8%时，2 种阻尼器的强度退化都很小，荷载保持能力都很好，尽管双钢腹板灌铅阻尼器在剪切角为 1.0%左右时强度有所退化（可能是由于加载装置有间隙等原因造成的非正常情况），但在剪切位移角为 1.0%～2.8%阶段，强度退化都很小，退化率仅为 1.0%左右[15]。双钢腹板灌铅阻尼器在剪切角为 3.3%时，强度退化了 4.4%，原因是此时阻尼器中间区格内腹板与加劲肋的焊缝位置处腹板轻微开裂导致强度略有退化[15]。但此后随着腹板的屈曲强化，双钢腹板灌铅阻尼器的强度退化反而减小，直到剪切角达到 7.3%时，强度退化率才超过了 5.0%，说明双钢腹板灌铅阻尼器的荷载保持能力强[15]。圆钢管灌铅阻尼器在剪切角小于 4.9%时，强度退化都非常小，但当剪切角大于 4.9%以后，钢管根部开裂，随后其强度退化严重，最终退化了 8%[15]。总体而言，双钢腹板灌铅阻尼器的强度退化较慢，荷载保持能力较强[15]。从图 5-3-10 可知，两种阻尼器的刚度都是开始退化较快，后期逐渐变缓，曲线比较光滑，没有大的刚度突变[15]。

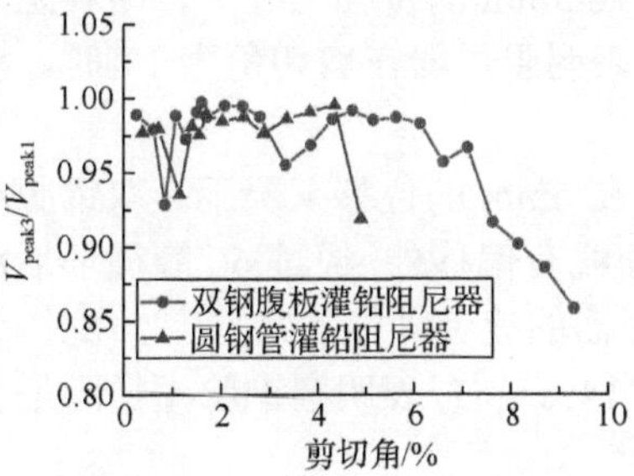

图 5-3-9　强度退化曲线[15]

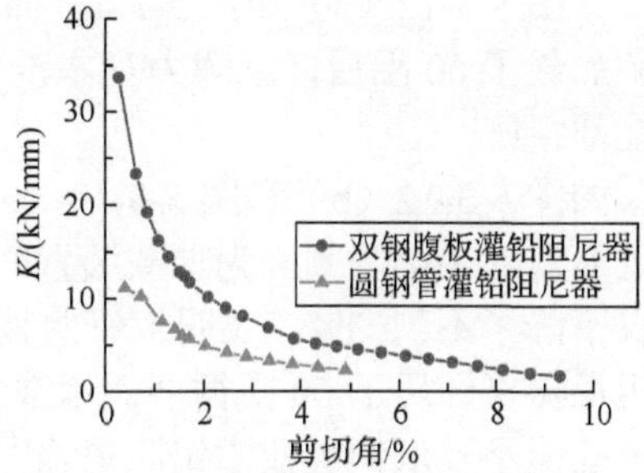

图 5-3-10　刚度退化曲线[15]

4. 耗能性能

等效黏滞阻尼系数 ζ_{eq} 经常被用来评价结构的耗能性能，计算的黏滞阻尼系数如图 5-3-11 所示[15]。

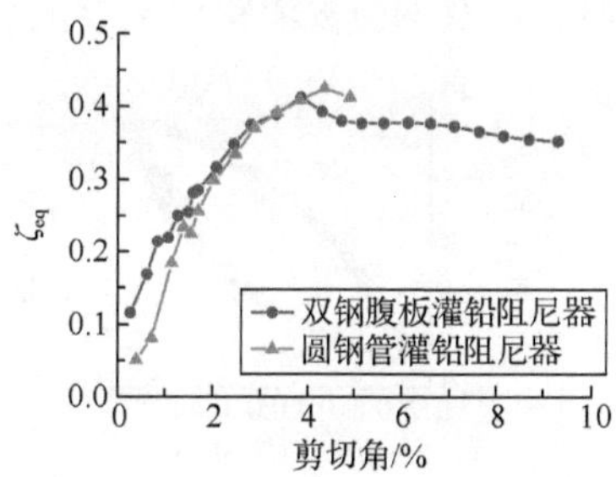

图 5-3-11　等效黏滞阻尼系数比较[15]

等效黏滞阻尼系数当剪切角小于 3.5%时，双钢腹板灌铅阻尼器较大，圆钢管灌铅阻尼器较小[15]。双钢腹板灌铅阻尼器在剪切角达到 3.9%时，等效黏滞阻尼系数开始下降，因为此时阻尼器中间区格的腹板屈曲已经比较严重，但下降速率缓慢，最终等效黏滞阻尼系数维持在 0.35 左右[15]。圆钢管灌铅阻尼器的等效黏滞阻尼系数虽然开始阶段较小，但当剪切角达到 3.5%时，圆钢管灌铅阻尼器的等效黏滞阻尼系数还在继续增大，并逐渐超过了双钢腹板灌铅阻尼器[15]。在剪切角为 4.3%时最大等效黏滞阻尼系数达到了 0.43，但此后由于根部破坏较快，很快就丧失了耗能能力。总体来看，双钢腹板灌铅阻尼器的耗能能力较稳定，圆钢管灌铅阻尼器虽然最大等效黏滞阻尼系数较大，但其过了峰值荷载后破坏较快，较早丧失了耗能能力[15]。

5. 疲劳性能

鉴于阻尼器在地震作用下要经历多次反复变形，因此需要考察阻尼器的疲劳性能[15]。每种阻尼器包括 3 个，分别进行 3mm 位移幅值工况、6mm 位移幅值工况和 9mm 位移幅值工况的疲劳试验[15]。3mm、6mm 和 9mm 分别表示作动器的位移幅值，实际阻尼器的相对位移比作动器的位移要小。3 种位移工况下，阻尼器的剪切角分别达到 1.0%、2.0%和 3.5%左右[15]。加载停止的条件是循环次数大于 60 次后阻尼器承载力基本没有下降或者承载力下降到了最大承载力的 85%[15]。

如图 5-3-12（a）和图 5-3-13（a）所示，在 3mm 的位移工况下，两种阻尼器循环加载了 60 圈后，承载力基本没有下滑，表明阻尼器在剪切角为 1%时，疲劳性能都很好[15]。

如图 5-3-12（b）和图 5-3-13（b）所示，在 6mm 的位移工况下，双钢腹板灌铅阻尼器除了第一圈因为加载装置间隙引起曲线有偏移外，经过 60 圈循环后承载力仅下降了不到 3%，表明双钢腹板灌铅阻尼器的疲劳性能非常好[15]。圆钢管灌铅阻尼器在经历了 60 圈循环后承载力下降了 14%左右，表明圆钢管灌铅阻尼器的疲劳性能不及双钢腹板灌铅阻尼器[15]。

如图 5-3-12（c）和图 5-3-13（c）所示，双钢腹板灌铅阻尼器在经历了 60 次循环后承载力才下降了不到 15%；对圆钢管灌铅阻尼器而言，9mm 的位移幅值工况下，阻尼器的剪切角已达到了 4.2%，与峰值点较为接近，因此承载力退化很快，在经历了 20 次循环后承载力便降到了峰值承载力的 85%[15]。总之，就疲劳性能而言，双钢腹板灌铅阻尼器的表现较好，圆钢管灌铅阻尼器则差一些[15]。

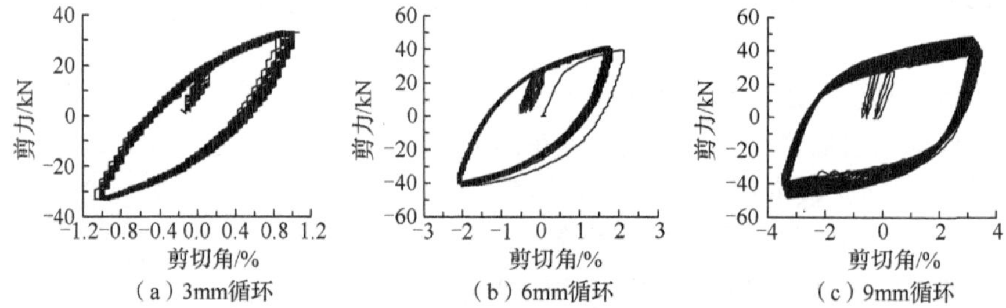

图 5-3-12　双钢腹板灌铅阻尼器在不同位移幅值工况下的疲劳曲线[15]

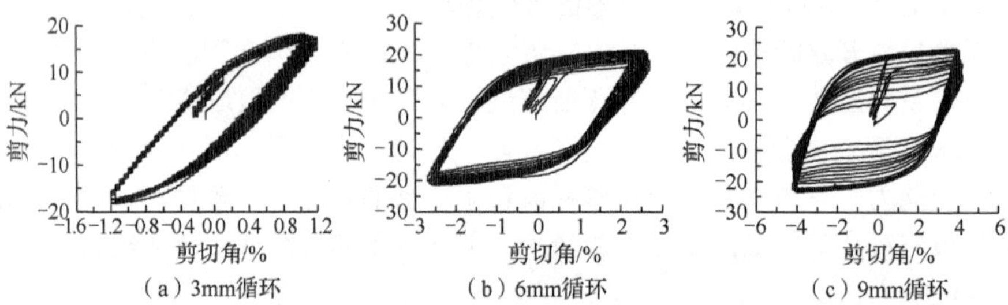

图 5-3-13　圆钢管灌铅阻尼器在不同位移幅值工况下的疲劳曲线[15]

5.3.4　数值模拟

1. 双钢腹板灌铅阻尼器的有限元模拟

1）模型性能参数

可更换连梁双钢腹板灌铅阻尼器的所有单元均采用 ABAQUS 程序的 8 节点减缩积分实体单元 C3D8R 来模拟。建模时，利用高级网格划分技巧，绝大部分实体采用六面体单元，这样可以减少由于单元退化带来的计算误差。

可更换连梁双钢腹板灌铅阻尼器的材料性能试验得到的钢板各项材料性能指标如表 5-3-4 所示。

表 5-3-4　钢板的各项材料性能指标

钢材等级	钢板厚度/mm	屈服强度/MPa	极限强度/MPa	断后伸长率/%
Q235	15	285	415	35
Q235	10	305	425	30.5
Q235	3	285	385	39.5
Q235	2	150	210	59.5

铅的屈服强度为 8MPa，抗拉强度为 16MPa，弹模为 15000MPa。

由于灌铅时对双层腹板进行了处理，铅芯、腹板和翼缘的摩擦力和咬合力较大，故认为铅芯和腹板能够共同工作，不考虑铅芯和腹板之间的相对滑移。钢板采用弹塑性强化模型，铅芯采用理想弹塑性模型。建好后的可更换连梁双钢腹板灌铅阻尼器的有限元模型如图 5-3-14 所示，有限元模型一共划分了 2544 个单元、3700 个节点。

加载的工况与试验一致，考虑到试验中阻尼器是安装在四连杆机构上加载，四连杆机构的刚度和强度较大，阻尼器一般只产生剪切变形。因此，模拟时约束阻尼器顶部端板的竖向自由度。

2）双钢腹板灌铅阻尼器的变形

由图 5-3-15 可知，由于约束了顶部端板的竖向自由度，因此双钢腹板灌铅阻尼器主要产生了剪切变形，整体变形比较均匀。

图 5-3-14　连梁双钢腹板灌铅阻尼器的有限元模型

图 5-3-15　连梁双钢腹板灌铅阻尼器变形图

3）双钢腹板灌铅阻尼器的等效塑性应变发展

图 5-3-16 表示在不同的剪切角下，连梁双钢腹板灌铅阻尼器的等效塑性应变发展过程，从而可以判断双钢腹板灌铅阻尼器的屈服过程。鉴于双钢腹板灌铅阻

尼器的耗能主要通过腹板处的钢板剪切变形耗能和腹板之间的铅芯剪切变形耗能实况，因此分别考察这两部分的屈服顺序。

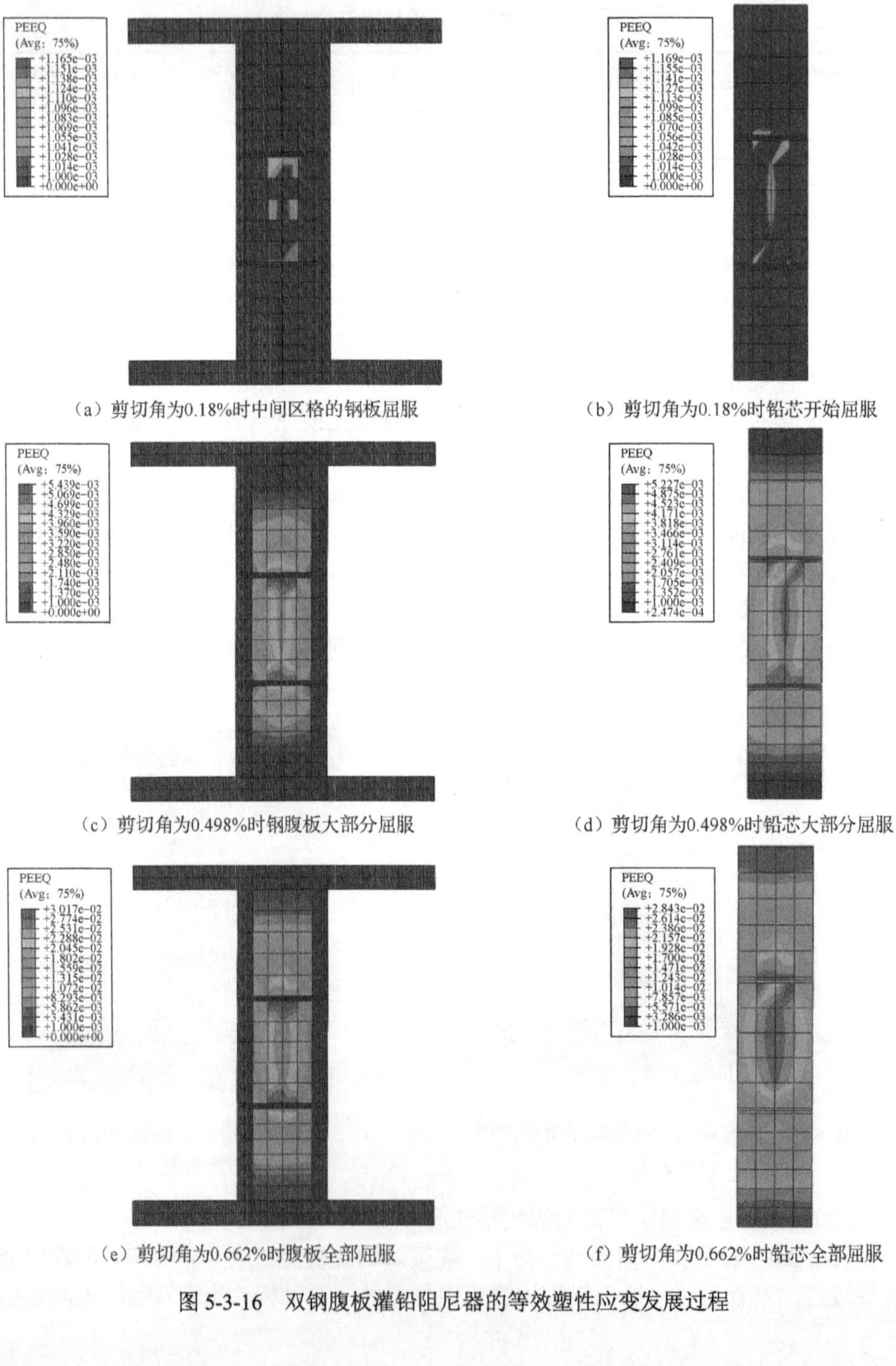

（a）剪切角为0.18%时中间区格的钢板屈服　　（b）剪切角为0.18%时铅芯开始屈服

（c）剪切角为0.498%时钢腹板大部分屈服　　（d）剪切角为0.498%时铅芯大部分屈服

（e）剪切角为0.662%时腹板全部屈服　　（f）剪切角为0.662%时铅芯全部屈服

图 5-3-16　双钢腹板灌铅阻尼器的等效塑性应变发展过程

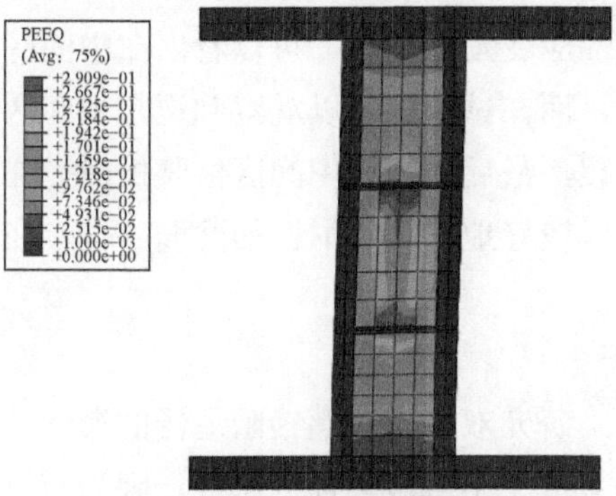

（g）剪切角为2.42%时翼缘开始产生屈服，中间区格加劲肋处腹板塑性累积应变严重

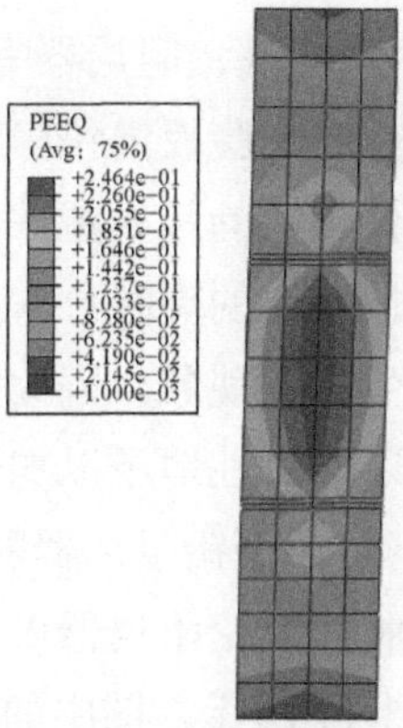

（h）剪切角为2.42%时，铅芯整体累积塑性应变继续增大

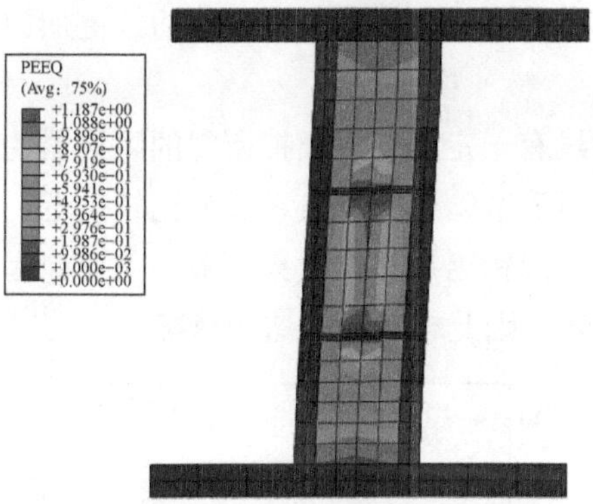

（i）剪切角为4.92%时，翼缘屈服范围不断扩大

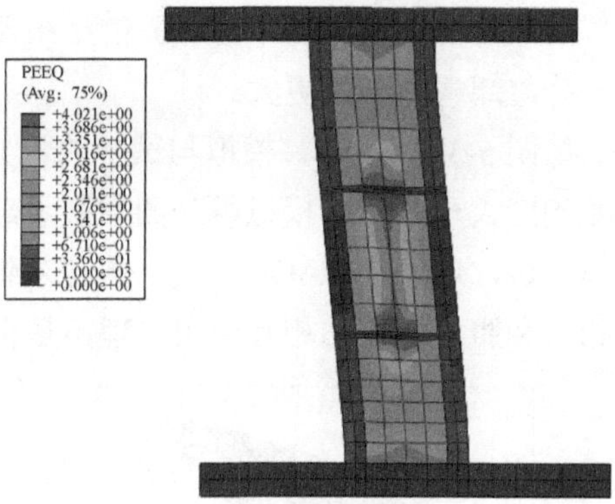

（j）剪切角为8.8%时翼缘附近除了反弯点附近外全部屈服

图 5-3-16（续）

总体来讲，最先在腹板加劲肋处中间区格的腹板和铅芯产生屈服（由于建模时钢腹板与铅芯绑定，二者屈服时间基本相同，试验中铅芯的变形是由钢板变形带动的，其屈服时间滞后），然后屈服逐步扩展至整个腹板和铅芯，最后屈服扩展至翼缘部分。详细的等效塑性应变发展过程总结如表 5-3-5 所示。

表 5-3-5　双钢腹板灌铅阻尼器的等效塑性应变发展过程总结

剪切角/%	构件各部分屈服顺序
0.18	在中间区格加劲肋处的腹板和铅芯首先产生屈服
0.498	大部分腹板和铅芯均发生屈服
0.662	腹板和铅芯全部屈服
2.42	靠近端板根部的翼缘开始发生屈服，中间区格加劲肋处的腹板等效塑性应变较大，铅芯等效塑性应变继续增大
4.92	翼缘的屈服范围不断扩大
8.8	翼缘部分除了反弯点附近外全部发生屈服

4）双钢腹板灌铅阻尼器等效塑性应变发展模拟与试验现象比较

通过观察双钢腹板灌铅阻尼器的累积塑性应变发展过程，可以看出在中间区格的加劲肋处腹板的等效塑性应变始终最大，而在试验中可以观察到正是中间区格内腹板与加劲肋的焊缝位置处腹板轻微开裂，最后也正是中间区格腹板最先在加劲肋处产生撕裂现象。因此，数值模拟可以较好地发现阻尼器的薄弱部位，在设计中就可以针对性地予以加强。

5）双钢腹板灌铅阻尼器的滞回性能分析

对双钢腹板灌铅阻尼器做低周反复加载，研究双钢腹板灌铅阻尼器的滞回性能。如图 5-3-17 所示，图中的试验滞回曲线只取了下降段之前的部分，因为双钢腹板灌铅阻尼器的中间腹板开始撕裂后的性能在计算中很难模拟出来。总体来讲，模拟的滞回曲线形状基本与试验的结果比较接近，不足之处是模拟的曲线更加饱满一些，卸载的刚度更大。

如图 5-3-18 所示，模拟与试验的骨架曲线有一定差异，模拟所得的阻尼器的初始刚度大于试验，模拟得到的屈服承载力小于试验值，峰值承载力比较接近。总体来讲，通过 ABAQUS 程序模拟双钢腹板灌铅阻尼器的效果一般，主要原因是铅芯和腹板之间的相互作用机理不是很清晰，因此较难模拟这种情况。

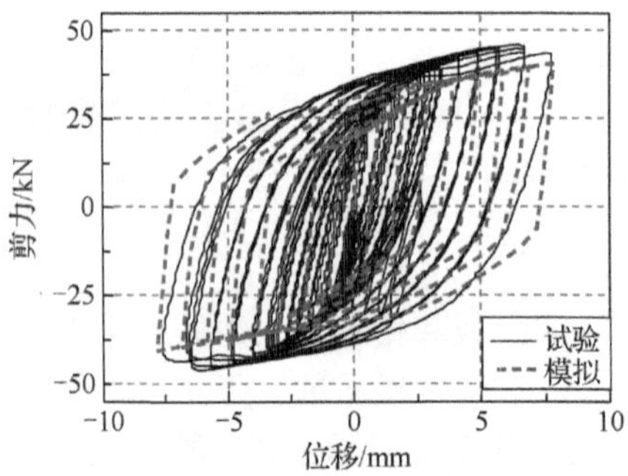

图 5-3-17 双钢腹板灌铅阻尼器的试验与模拟滞回曲线对比

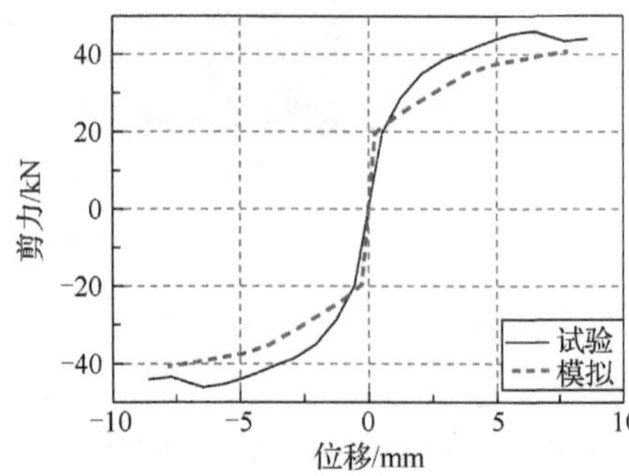

图 5-3-18 双钢腹板灌铅阻尼器的试验与模拟骨架曲线对比

2. 圆钢管灌铅阻尼器的非线性分析

1）模型性能参数

圆钢管灌铅阻尼器的所有单元均采用 ABAQUS 程序的 8 节点减缩积分实体单元 C3D8R 来模拟。建模时，利用高级网格划分技巧，绝大部分实体采用六面体单元。圆钢管灌铅阻尼器的材料性能试验得到的钢板各项材料性能指标如表 5-3-6 所示。

表 5-3-6　钢板的各项材料性能指标

钢材等级	钢板厚度/mm	屈服强度/MPa	极限强度/MPa	断后伸长率/%
Q235	2.5	455	550	21

铅的屈服强度为 8MPa，抗拉强度为 16MPa，弹模为 15000MPa。

由于灌铅时对钢管内表面进行了处理，铅芯和钢管之间的摩擦较大，故认为铅芯和钢管能够共同工作，仍然不考虑铅芯和钢管之间的相对滑移。圆钢管灌铅阻尼器的有限元模型如图 5-3-19 所示，有限元模型一共划分了 4316 个单元、6171 个节点。

加载的工况与试验一致，考虑到试验中阻尼器是安装在四连杆机构上加载，因此，模拟时约束阻尼器顶部端板的竖向自由度。

2）圆钢管灌铅阻尼器的变形

由圆钢管灌铅阻尼器的变形图（图 5-3-20）可知，圆钢管灌铅阻尼器的两根钢管的端部变形较大，中间网格的变形较小，表明圆钢管灌铅阻尼器的钢管由于长细比较大，钢管主要产生弯曲变形，这与试验中钢管的根部产生断裂的试验现象相一致。

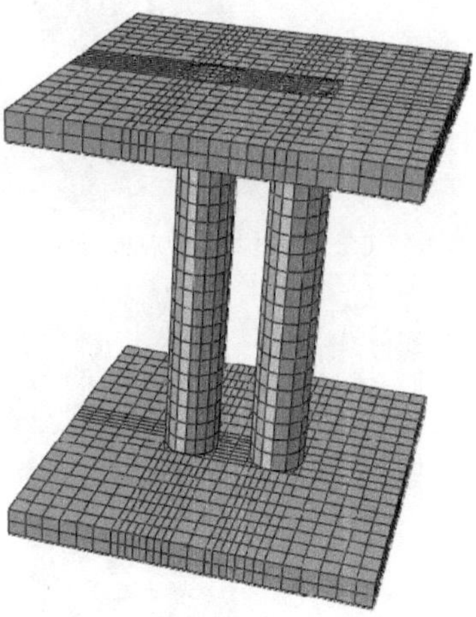

图 5-3-19　圆钢管灌铅阻尼器的有限元模型

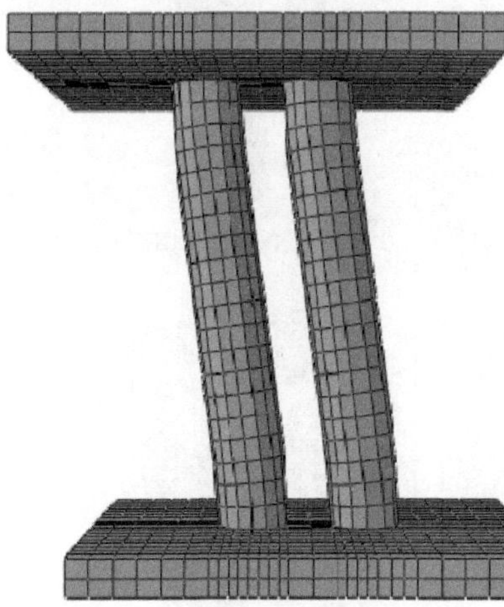

图 5-3-20　圆钢管灌铅阻尼器的变形图

3）圆钢管灌铅阻尼器的等效塑性应变发展

图 5-3-21 表示在不同的剪切角下圆钢管灌铅阻尼器的等效塑性应变发展过程，由此可以判断阻尼器的屈服过程。鉴于圆钢管灌铅阻尼器的耗能主要是通过钢管的弯曲变形和铅芯弯曲变形耗能，因此分别考察这两部分的屈服顺序。

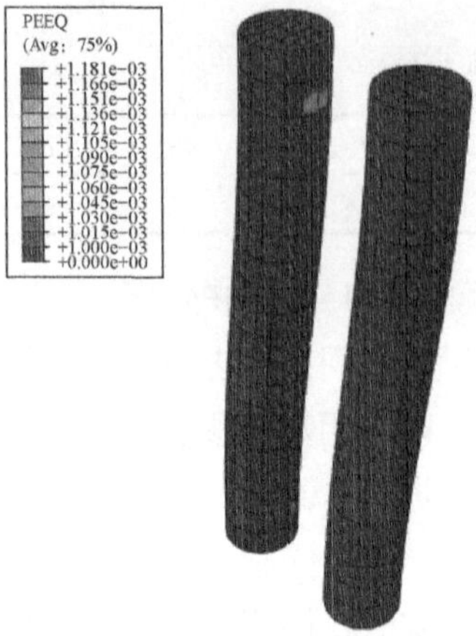

（a）剪切角为0.49%时铅芯产生屈服

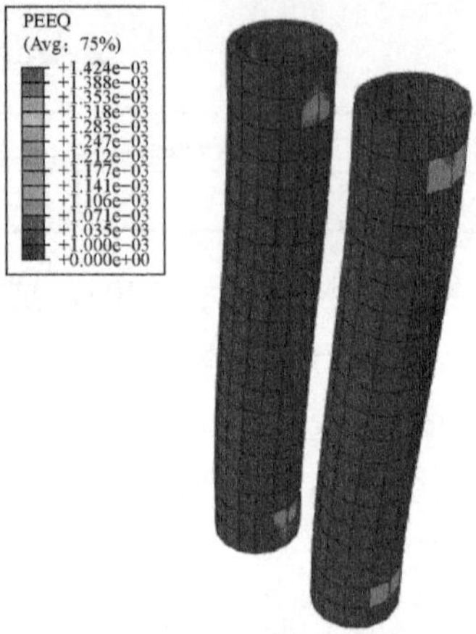

（b）剪切角为0.91%时钢管发生屈服

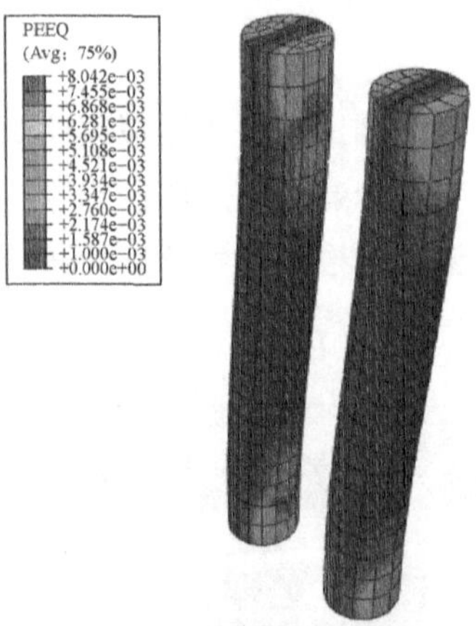

（c）剪切角为0.91%时铅芯的屈服范围扩大

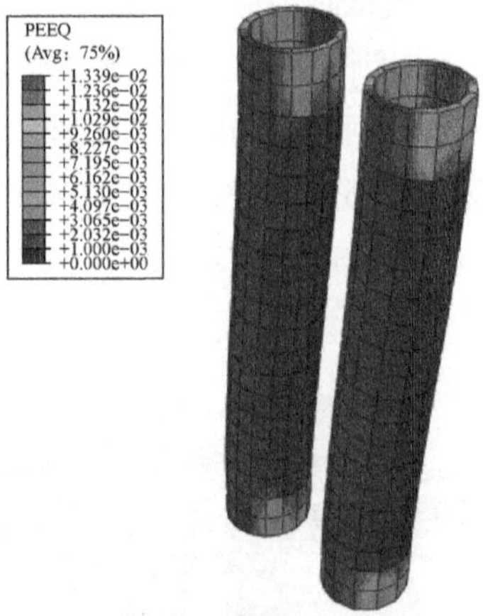

（d）剪切角为1.48%时钢管端部屈服面积扩大

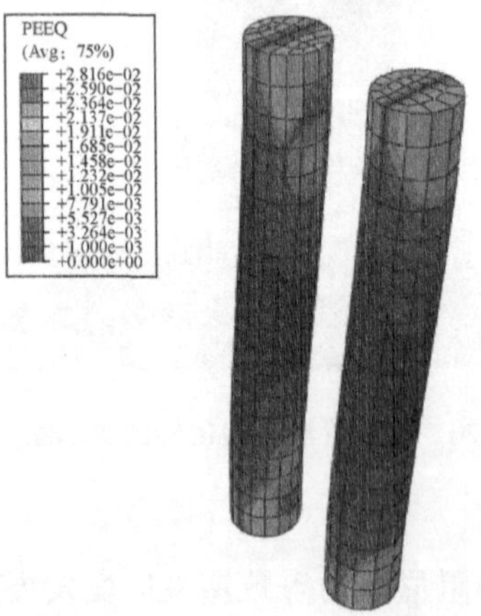

（e）剪切角为1.48%时铅芯的屈服范围较大

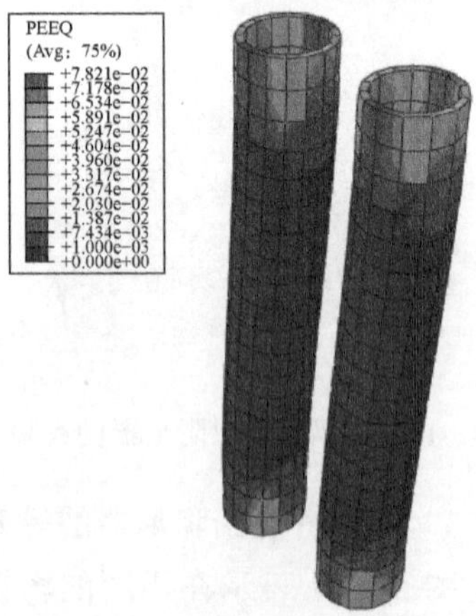

（f）剪切角为2.00%时钢管的屈服范围继续向钢管的反弯点处延伸

图 5-3-21　圆钢管灌铅阻尼器的等效塑性应变发展过程

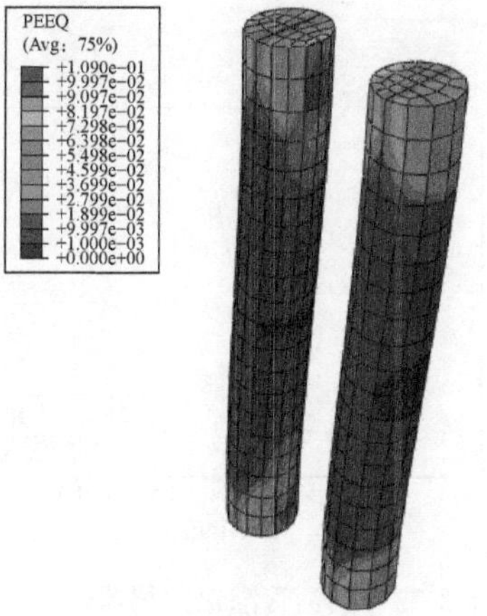

（g）剪切角为2.00%时铅芯除了反弯点处的一小块外全部发生屈服

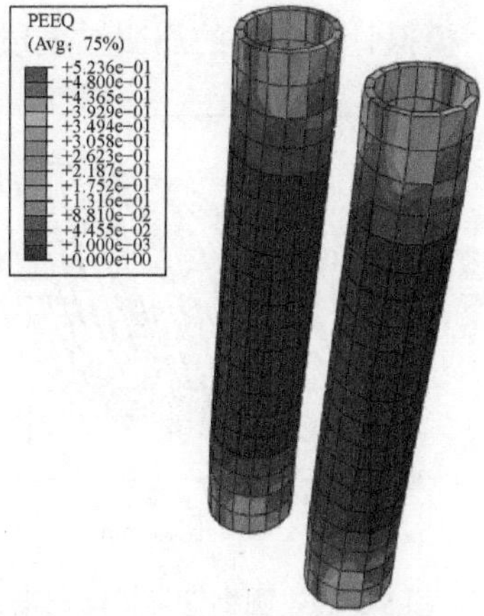

（h）剪切角为4.68%时钢管端部基本都发生屈服

图 5-3-21（续）

总体来讲，圆钢管灌铅阻尼器的铅芯最先产生屈服；然后钢管的端部产生屈服，实现了分级屈服功能，最后铅芯的整体都发生了屈服，钢管端部的屈服范围有所扩大。详细的等效塑性应变发展过程总结如表 5-3-7 所示。

表 5-3-7　圆钢管灌铅阻尼器等效塑性应变发展过程总结

剪切角/%	构件各部分屈服顺序
0.49	铅芯靠近端部的位置首先产生屈服
0.91	钢管在靠近端部的位置首先产生屈服，铅芯在端部的屈服范围扩大
1.48	钢管端部的屈服范围扩大，铅芯的屈服范围继续扩大，屈服向着反弯点延伸
2.00	钢管的屈服范围继续扩大，铅芯除了反弯点处都发生了屈服
4.68	钢管端部完全屈服，钢管根部的等效塑性应变较大，但钢管的屈服范围远远小于铅芯

4）圆钢管灌铅阻尼器等效塑性应变发展模拟与试验现象比较

通过观察圆钢管灌铅阻尼器的等效塑性应变发展过程，阻尼器的铅芯可以完全发生屈服，钢管的屈服基本集中在根部，因此计算中当剪切角达到 4.68%时钢管根部的等效塑性应变较大，这与试验中剪切角为 4.95%时钢管根部开裂的现象基本吻合。因此模拟可以较好地发现圆钢管灌铅阻尼器的屈服过程和破坏情况。

5）圆钢管灌铅阻尼器滞回性能分析

对圆钢管灌铅阻尼器做低周反复加载，研究圆钢管灌铅阻尼器的滞回性能。如图 5-3-22 所示，模拟的滞回曲线形状基本与试验的结果非常接近，初始刚度一致，峰值承载力计算和试验值基本相同，屈服承载力也大体一致。

图 5-3-23 为模拟的骨架曲线与试验骨架曲线的对比，二者的初始刚度基本一致，峰值承载力也基本相同；不足之处是试验骨架曲线的屈服段过度更加平缓一

些，模拟骨架曲线的屈服过度段很短。

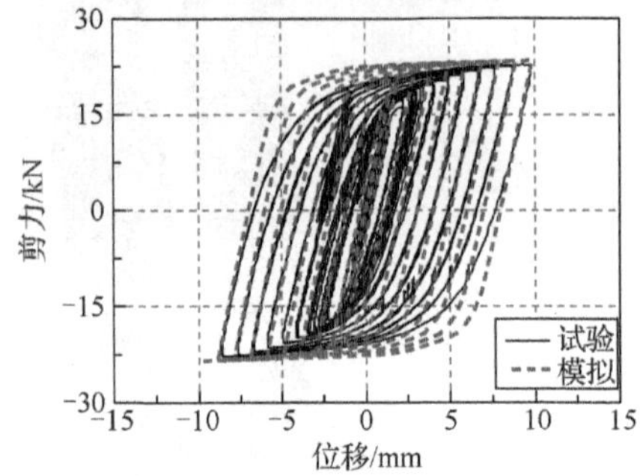

图 5-3-22 圆钢管灌铅阻尼器试验与模拟滞回曲线对比

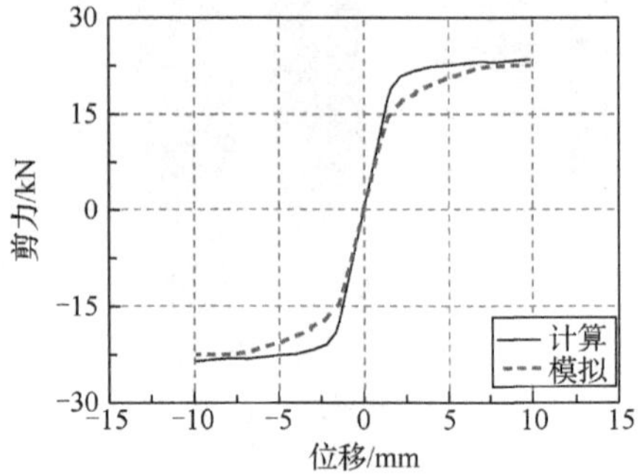

图 5-3-23 圆钢管灌铅阻尼器试验与模拟骨架曲线对比

总体而言，通过 ABAQUS 有限元软件模拟两种阻尼器的抗震性能可以得到较好的效果，对阻尼器的前期截面设计具有重要的意义。不足之处是 ABAQUS 较难模拟阻尼器断裂后的性能，即阻尼器产生断裂破坏后的性能很难模拟，这涉及较多的断裂力学相关知识，而且必须经过 ABAQUS 的二次开发编程才能实现。

5.3.5 研究结论

通过对提出的两种连梁阻尼器进行低周反复加载试验，对两种阻尼器的破坏机理、滞回性能、强度和刚度退化规律、耗能性能和疲劳性能进行了详细比较分析，得出以下初步结论。

（1）从各方面的性能比较来看，双钢腹板灌铅阻尼器（双层腹板内灌铅）的抗震性能较优，不仅滞回曲线稳定饱满、骨架曲线的下降段平缓、延性系数大、剪切变形能力强，而且耗能能力强、强度退化小、疲劳性能强，非常适合在可更换连梁中使用。

（2）圆钢管灌铅阻尼器的承载力和刚度都远小于双钢腹板灌铅阻尼器，但其延性系数较大，刚度退化较小，等效黏滞阻尼系数的最大值也高于后者；最大的不足就是剪切变形能力较小，最大剪切角能够达到 4.9%，而且过了峰值荷载后破坏较快。根据其破坏主要是由于根部的应力较大和焊接残余应力引起的，建议适当加强钢管根部的强度，并采取有效措施减小焊接残余应力的影响。

（3）上述 2 种连梁阻尼器各有特点，实际应用中可根据不同的结构型式、不同的连梁跨度进行优选，以充分发挥各自的优势。例如双钢腹板灌铅阻尼器可适用于剪切变形较小的连梁，能够充分发挥其在剪切变形较小时耗能能力较强的特点；圆钢管灌铅阻尼器可应用于跨高比较大的可更换连梁，作为弯曲屈服阻尼器。

5.4　预留间隙型金属分级屈服阻尼器

5.4.1　研究目的与内容

分级屈服阻尼器具有多个不同的屈服点以应对不同强度的水平地震作用，但现有的分级屈服阻尼器大多存在分级屈服效果不明显的缺点，即阻尼器在第一阶位移屈服之后，第二阶屈服位移对应的承载力提高有限，难以高效实现强震下的耗能能力。为解决这一问题，陈云采用 Q235 钢材设计了预留间隙型金属分级屈服阻尼器，由 X 形和三角形两种不同构造形式的耗能钢板经过巧妙设计组装而成，利用两种耗能钢板不同的刚度和屈服位移，特别是三角形耗能钢板和挡板之间的间隙设置实现明显的两阶段或三阶段耗能目标。针对不同参数的 2 个试件模型进行低周反复加载试验和数值分析，揭示其分级屈服的耗能机理，推导得出阻尼器的恢复力模型公式，较好地给出了相关性能参数的确定方法，为后续阻尼器的设计提供了理论依据。

5.4.2　装置构造形式及其工作机理

预留间隙型金属分级屈服阻尼器的构造示意图如图 5-4-1 所示，设计了两种耗能机理相同，连接方式不同的阻尼器（SA 型和 SB 型），阻尼器 SB 型是在 SA 型的基础上对其连接方式的改进，使其具有更好的变形能力和疲劳性能。分级屈服阻尼器主要由若干 X 形耗能钢板和三角形耗能钢板构成，布置在上、下连接钢板之间，其中三角形耗能钢板位于挡板内，与挡板之间设置有间隙，二者在初始阶段不发生接触。挡板后期起到限制三角形耗能钢板顶部位移的作用。所有板材均采用 Q235 钢整体激光切割成型，板材过渡段为圆弧段，避免板内产生焊接缺陷和应力集中现象。

试件 SA 型和 SB 型的不同之处在于：①连接方式上：SA 型阻尼器的三角形耗能钢板之间通过顶端的矩形连接块焊接连接在一起成为一个耗能整体单元，在三角形耗能钢板顶端两侧的外部设置了挡板限制其顶端的位移；而 SB 型阻尼器的挡板采用整块钢条切割而成，底部切割成齿牙状，三角形耗能钢板之间没有连接，相互独立，位于挡板之间的间隙中。②结构上：因 X 形钢板上、下两端宽度最大的地方所受应力较大，SB 型阻尼器在 X 形耗能钢板宽度最大的地方做加长处理，以使 X 形耗能钢板两端与上下连接钢板连接的焊缝处不发生剪切破坏。

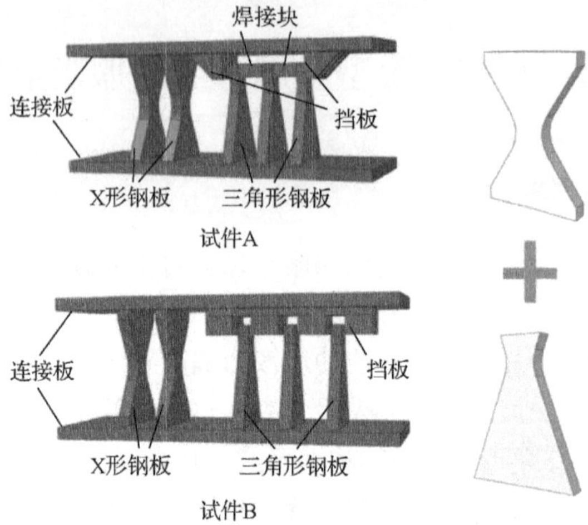

图 5-4-1　预留间隙型金属分级屈服阻尼器构造示意图[20]

1. 预留间隙型金属分级屈服阻尼器的耗能原理

预留间隙型金属分级屈服阻尼器可以通过调整耗能钢板的尺寸参数和间隙距离来降低结构在不同强度的地震下的反应[21]。在小震下，X 形耗能板首先屈服，三角形耗能板保持弹性，阻尼器为结构提供附加阻尼和刚度[21]。在设防地震或罕遇地震下，阻尼器的三角形耗能板会产生屈服，并与 X 形耗能板一起消耗地震能量，这有效提升了金属阻尼器的能量耗散能力[21]。另外，X 形耗能板也可以设计成在设防地震下屈服，三角形耗能板在罕遇地震下屈服[21]。X 形耗能板和三角形耗能板的屈服位移设计取决于对结构的抗震性能要求[21]。图 5-4-2 显示了预留间隙型金属分级屈服阻尼器的具体工作机理。本分级屈服阻尼器设计的巧妙之处是在三角形耗能板和挡板之间预设间隙，它决定了两种耗能板的屈服顺序，使分级屈服阻尼器在地震下具有两个明确的屈服点。如果三角形耗能板与挡板之间设置不同的间隙，该阻尼器可轻松实现三水准分级屈服和四水准分级屈服，设计非常灵活。

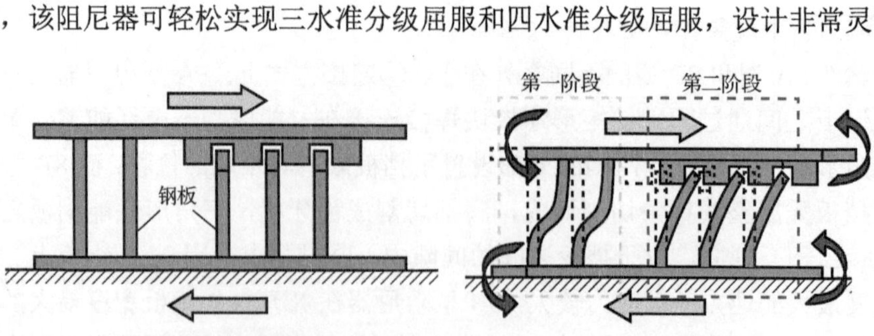

（a）初始受力状态　　（b）塑性变形状态

图 5-4-2　预留间隙型金属分级屈服阻尼器耗能机理[20]

2. 材料性能试验

预留间隙型金属分级屈服阻尼器的所有钢板均采用 Q235 钢板整体切割而成。试件的基本力学参数按照《金属材料　拉伸试验　第 1 部分：室温试验方法》（GB/T 228.1—2010）[22]通过单向拉伸试验获得[21]。试验在海南大学土木结构实验室完成，试验设备为 1000kN 的微机控制电液伺服万能试验机，应变采用精度等级为 0.5 的轴向电子引伸计进行测量，根据钢板厚度的不同，拉伸试件有 20mm、25mm 和 30mm 等 3 个不同组别。拉伸试验试件如图 5-4-3 所示，拉伸试验设备如图 5-4-4 所示。表 5-4-1 给出了钢材的力学性能参数的试验结果，取平均值。

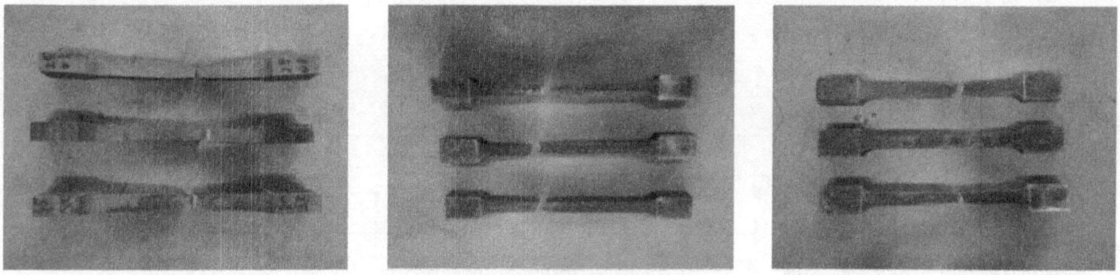

（a）30mm　（b）25mm　（c）20mm

图 5-4-3　拉伸试验试件[20]

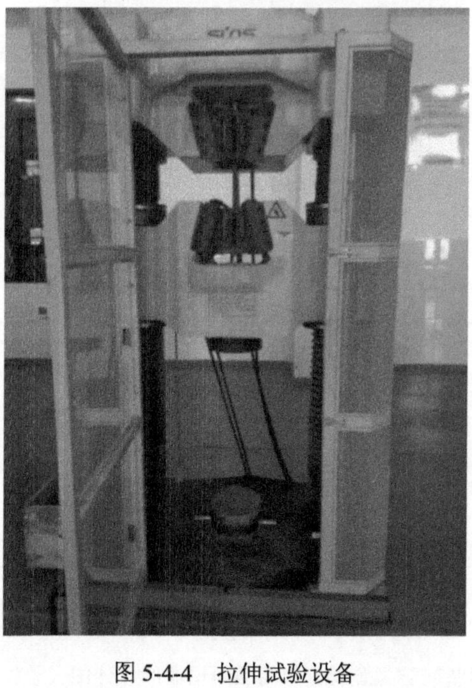

图 5-4-4　拉伸试验设备

表 5-4-1　材料力学性能试验结果[20]

钢材类型及编号	厚度/mm	屈服强度 f_y/MPa	抗拉强度 f_u/MPa	屈强比 f_y/f_u	断后伸长率 δ/%
Q235-1	20	289.8	445.3	0.651	31.4
Q235-2	25	290.1	447.7	0.648	33.9
Q235-3	30	283.1	427.0	0.663	32.5

3. 试件参数设计

根据耗能钢板厚度和耗能钢板与挡板预留间距的不同，设计了 2 组共 4 个试件，编号为 SA-1、SA-2 和 SB-1、SB-2。详细设计图及耗能钢板的细部构造图如图 5-4-5 和图 5-4-6 所示，试件主要参数如表 5-4-2 所示。2 组试件主要的区别之处在于，试件 SA-1 和试件 SB-1 中预留间隙距离为 5mm；试件 SA-2 和试件 SB-2 中预留间隙距离为 10mm。除此之外，不同的试件中，耗能钢板的厚度也有所不同，具体如图 5-4-5 和表 5-4-2 所示。

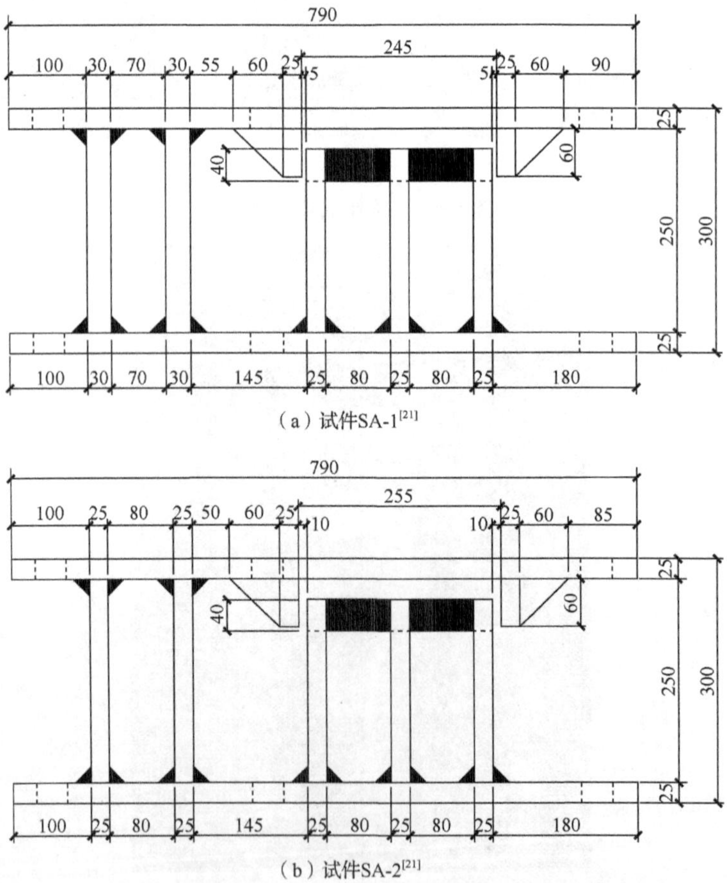

（a）试件SA-1[21]

（b）试件SA-2[21]

图 5-4-5　预留间隙型金属分级屈服阻尼器的设计图（单位：mm）[20-21]

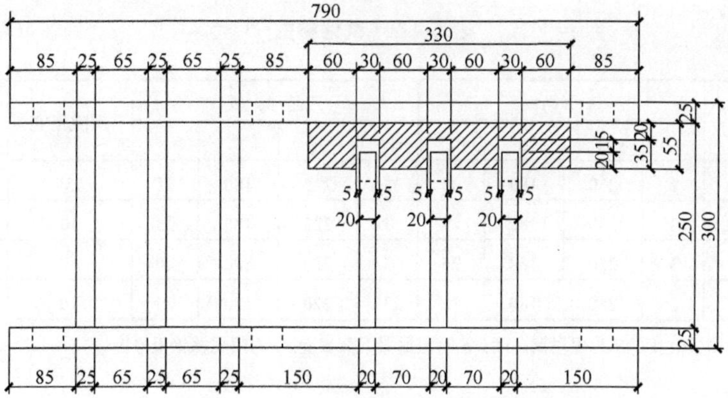

（c）试件SB-1

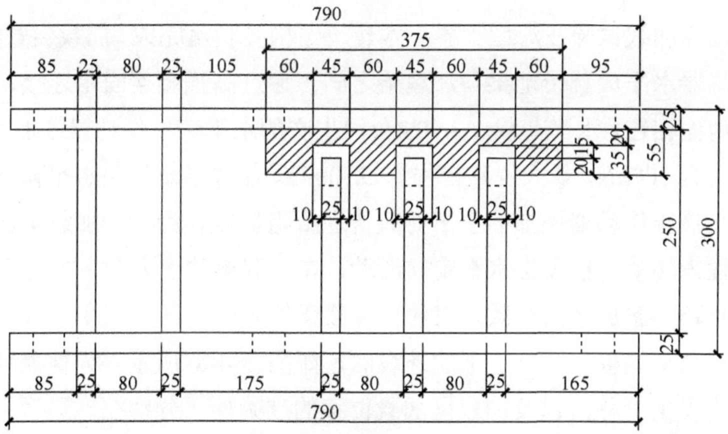

（d）试件SB-2

图 5-4-5（续）

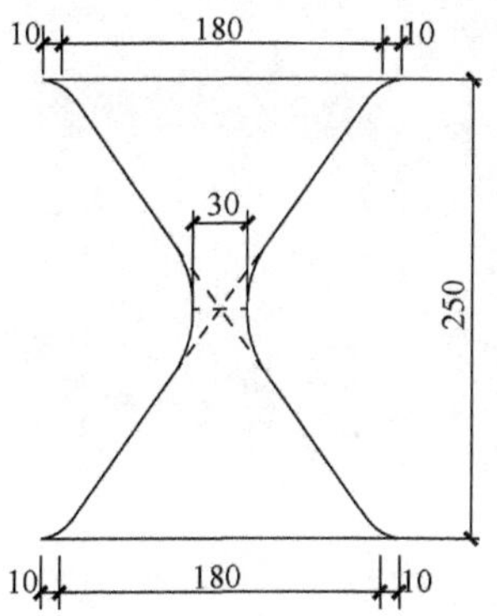

（a）X形钢板

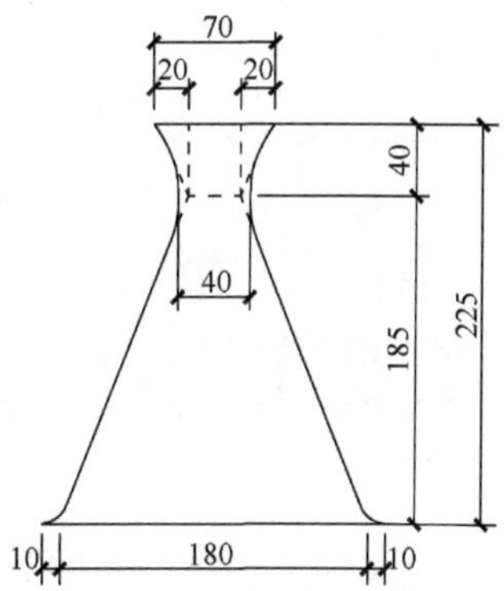

（b）三角形钢板

图 5-4-6　耗能钢板细部构造图（单位：mm）[21]

表 5-4-2　试件参数[20]　　（单位：mm）

试件编号	X 形钢板				三角形钢板				间隙宽度	钢材类型
	N	H	B	t	N	H	B	t		
SA-1	2	250	180	30	3	225	180	25	5	Q235
SA-2	2	250	180	25	3	225	180	25	10	Q235
SB-1	3	250	180	25	3	220	180	20	5	Q235
SB-2	2	250	180	25	3	220	180	25	10	Q235

注：N 为钢板数量；H 为阻尼器高度；B 为阻尼器下部宽度；t 为阻尼器钢板厚度。

4. 加载制度

低周反复加载试验在海南大学土木建筑结构实验室完成，加载装置如图 5-4-7 所示。阻尼器水平放置于地梁与加载梁之间，通过高强螺栓固定连接，地梁通过地锚栓与地面相连。水平荷载由 MTS 公司生产的水平液压作动器施加，作动器的最大推拉力为 500kN，最大位移行程为±250mm。加载梁是传递水平荷载的主要构件，将水平液压作动器施加的水平荷载传递给阻尼器。为防止加载梁在加载过程中发生平面内转动，仅发生水平定向滑动，在加载梁的上方和下方各设置 2 个千斤顶，千斤顶不施加竖向荷载，仅约束加载梁的竖向位移。应变计分别布置在 X 形钢板和三角形钢板上、中、下的外表面，如图 5-4-8 所示。为检测地梁和阻尼器试件是否发生滑移，以及加载梁加载位移的准确性，分别在地梁两侧端部，以及试件和加载梁一侧的上、下两端布置了位移计。

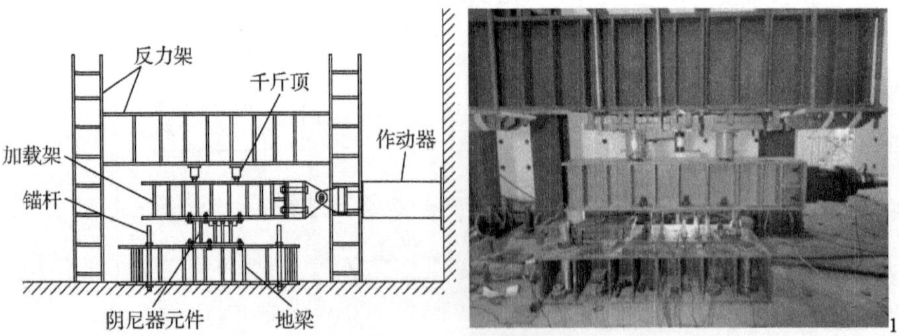

图 5-4-7　加载装置[20]

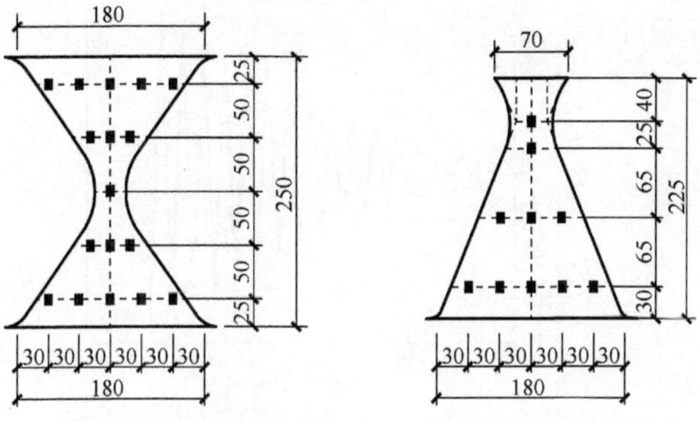

（a）X形钢板　（b）三角形钢板

图 5-4-8　应变计布置位置

所有试验均采用位移控制加载方式。两组试件 SA 型和 SB 型中三角形耗能钢板与挡板间隙宽度不同，这是控制阻尼器分阶段屈服的关键因素。因此对每组的两个试件采取不同的加载方式。首先加载的是试件 SA 组，试件 SA-1 和试件 SA-2 均采用工况 1 执行加载，如图 5-4-9（a）所示，加载位移从 2 mm 开始，每级加载位移增加 2mm 直至目标位移，每级加载循环 1 圈。为探究阻尼器加载位移极限，最先加载的试件 SA-1 当加载至 20mm 后，采用 20mm、40mm、60mm 的加载制度。SB 组的试件 SB-1 采用工况 2 执行，如图 5-4-9（b）所示，40mm 位移下时循环加载 30 圈，进行疲劳试验；疲劳试验后试件仍然没有破坏，继续加载至试件破坏，结束加载。试件 SB-2 采用工况 3 执行，如图 5-4-9（c）所示，加载位移从 2mm 开始，每级加载位移增加 3mm 直至 20mm，每级加载循环 1 圈，20mm 后至 60mm，每级加载位移增加 5mm，每级加载循环 3 圈，60mm 后未发生破坏，继续在 40mm 位移下进行疲劳试验。

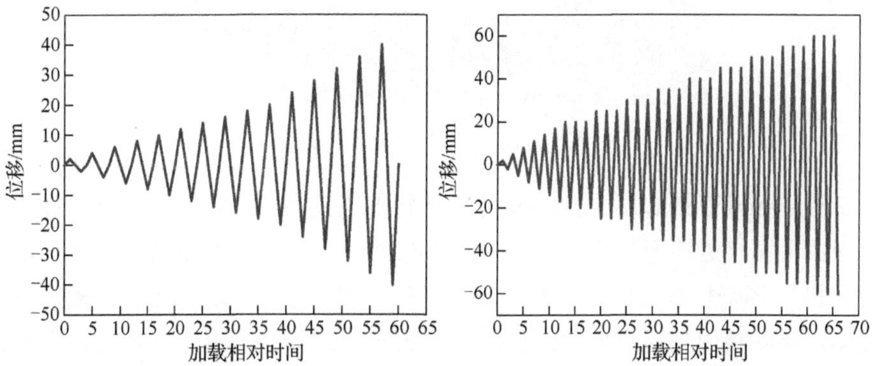

（a）工况1　（b）工况2

图 5-4-9　加载工况[20]

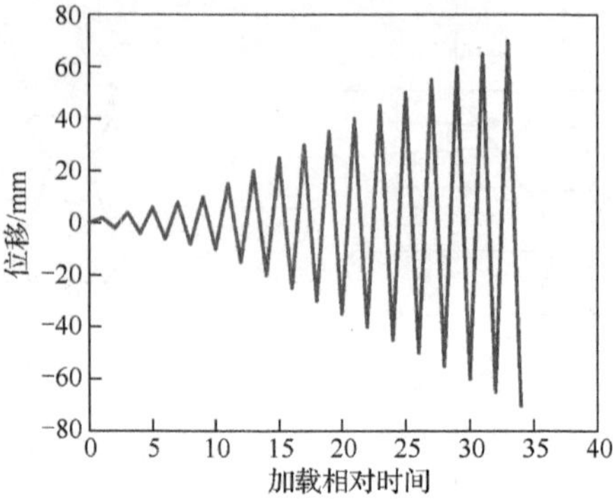

（c）工况3

图 5-4-9（续）

5. 试验过程及现象

首先加载的是试件 SA-1，试件 SA-1 在加载初期，X 形钢板发生微小的变形，三角形钢板与挡板无接触，未发生任何变形；加载位移至 6mm 时，外侧三角形钢板接触挡板，此时三角形钢板无明显现象；8mm 时，三角形钢板开始出现轻微变形，X 形钢板继续变形，且变形程度比三角形钢板大，荷载-位移曲线开始出现明显弯折，滞回环逐渐明显，X 形钢板进入塑性状态，如图 5-4-10 所示；加载至 12mm 时，荷载-位移曲线再次出现明显弯折，三角形钢板进入塑性状态。

图 5-4-10　SA-1 进入塑性状态

当从 20mm 直接加载至 40mm 时，开始出现较大的“咔咔”声响，最左侧三角形钢板上端接近矩形隔块的下方外侧边缘处出现裂缝，如图 5-4-11 所示，三角形钢板和 X 形钢板表面的油漆开始发生脱落，随后另外 2 块三角形钢板也开始出现裂缝，滞回环面积明显增大；加载至 60mm 的时候，裂缝继续扩展，中部的三角形钢板裂缝处最先发生断裂，随后另 2 块三角形钢板也发生断裂，三角形钢板上端的连接部位连同隔块整体断裂脱落，如图 5-4-12 所示。

图 5-4-11　SA-1 初始裂缝出现

图 5-4-12　SA-1 破坏模式[21]

试件 SA-2 在加载初期，因加载位移小于三角形钢板与挡板的间距，只有 X 形钢板发生轻微弯曲，三角形钢板未发生任何变形；加载位移至 10mm 时，外侧三角形钢板开始接触挡板，三角形钢板开始发生弯曲变形，X 形钢板继续变形，且变形程度比三角形钢板大，荷载-位移曲线开始出现明显弯折，滞回环逐渐明显，X 形钢板进入塑性状态；加载至 16mm 时，荷载-位移曲线再次出现明显弯折，三角形钢板进入塑性状态；当加载至 36mm 时，中间的三角形钢板开始出现裂缝，如图 5-4-13 所示。

继续加载至 40mm，另 2 块三角形钢板也出现裂缝，同时中间三角形钢板断裂；继续加载至 44mm，阻尼器滞回曲线承载力下降明显，停止加载，破坏模式如图 5-4-14 所示。

图 5-4-13　SA-2 初始裂缝出现

图 5-4-14　SA-2 破坏模式[21]

SB 组的试件 SB-1 加载工况按工况 2 执行，在未达到间隙宽度 5mm 时，只有 X 形钢板发生微小的变形，三角形钢板未发生任何变形；加载位移 8mm 时，在三角形钢板接触挡板之后，三角形钢板开始出现轻微变形，X 形钢板继续变形，且变形程度比三角形钢板大，荷载-位移曲线开始出现明显弯折，滞回环逐渐明显，X 形钢板进入塑性状态，如图 5-4-15 所示；加载至 40mm 时，X 形钢板和三角形钢板均未产生裂缝，只是变形程度继续增大，继续在 40mm 位移下进行 30 圈疲劳试验，但疲劳试验加载结束时，两种耗能钢板仍未产生裂缝，如图 5-4-16 所示；直至加载至 75mm 时，其中一个 X 形钢板的上部与上连接板连接焊缝处发生断裂破坏，停止加载，如图 5-4-17 所示。

图 5-4-15　SB-1 加载位移 8mm 时屈服变形图

图 5-4-16　SB-1 加载位移 40mm 时屈服变形图

图 5-4-17　SB-1 加载位移 75mm 时疲劳破坏图

试件 SB-2 前期试验现象与试件 SB-1 基本相似，加载位移至 10mm 时，外侧三角形钢板开始接触挡板，三角形钢板开始发生弯曲变形，X 形钢板继续变形，荷载-位移曲线开始出现明显弯折，X 形钢板进入塑性状态；图 5-4-18 为加载至 12mm 位移下的变形图；当加载至 36mm 时，两种耗能钢板未产生裂缝，如图 5-4-19 所示；为估计阻尼器的极限承载力和位移能力，继续加载至 60mm，此时达到作动器的最大推力值，阻尼器耗能钢板除变形增大外，未产生破坏，因此继续在 40mm 位移下进行疲劳试验，当加载至第 8 圈时 X 形耗能钢板出现裂缝，第 10 圈时裂缝发展至断裂，结束试验，破坏模式如图 5-4-20 所示。

图 5-4-18　SB-2 加载位移 12mm 时屈服变形图

图 5-4-19　SB-2 加载位移 36mm 时屈服变形图

图 5-4-20　SB-2 加载位移 40mm 时疲劳破坏图

总体而言，所有的试件在加载过程中都表现出稳定的滞回性能和较强的变形能力。对于 SA 组的试件 SA-1 和试件 SA-2，如图 5-4-21 和图 5-4-22 所示，主要的断裂破坏集中在以下两个位置：①三角形耗能钢板的顶端与矩形连接块相连的下边缘；②X 形耗能钢板端部宽度最大的地方。

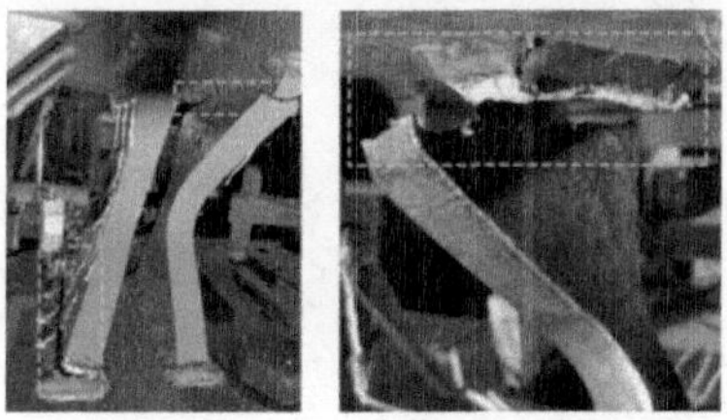

（a）SA-1　（b）SA-2

图 5-4-21　X 形钢板破坏模式细节图[20]

（a）SA-1　（b）SA-2

图 5-4-22　三角形钢板破坏模式细节图[20]

当 SB 组试件在 SA 组试件基础上进行连接方式和结构上的变化之后，如图 5-4-23（c）和（d）所示，SB 组的试件 SB-1 和试件 SB-2 主要的断裂破坏集中在 X 形耗能钢板上端或下端宽度最大的地方，三角形耗能钢板未发生断裂破坏。具体而言，对于试件 SA-1 和试件 SA-2，二者有相同的破坏模式：加载位移至 36mm 时，首先 3 块三角形耗能钢板的顶端与矩形连接块相连的下边缘一侧先后出现裂缝；同时 X 形耗能钢板的上端或下端的其中一端靠近焊缝的位置出现裂缝，其后裂缝随着加载位移的增大逐渐扩展至另一侧，直至破坏，如图 5-4-23（a）所示。对于试件 SB-1，加载位移至 40mm（接近于钢板屈服位移的 15 倍），未出现裂缝；40mm 位移下继续 30 圈疲劳试验仍未出现裂缝；直至位移达到 60mm（接近于钢板屈服位移的 20 倍）时，三角形钢板表现出较大的变形能力，未产生裂缝；但是靠近三角形耗能钢板的位于内侧的一个 X 形耗能钢板端部靠近焊缝的位置开始产生裂缝，随后发展至破坏，如图 5-4-23（c）所示。试件 SB-2，20～60mm 每级加载位移下循环 3 圈，均未为出现裂缝；再次在 40mm 位移下进行疲劳试验，第 8 圈时 X 形耗能钢板出现裂缝，第 10 圈时裂缝发展至断裂。

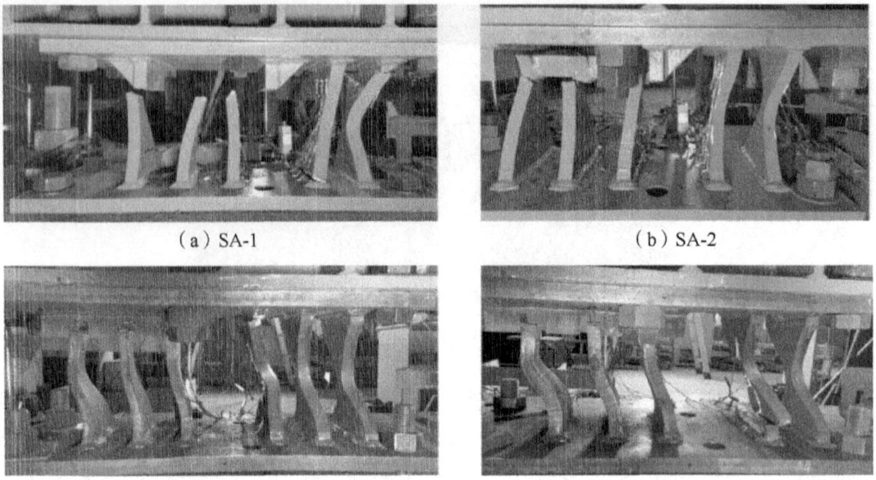

(a) SA-1　　(b) SA-2

(c) SB-1　　(d) SB-2

图 5-4-23　SA 组与 SB 组失效模式对比图[20]

6. 小结

首先对两种类型的金属分级屈服阻尼器（SA 型和改进后的 SB 型）的构造形式进行了阐述，揭示了其耗能机理。通过材料性能试验得到了耗能钢板的力学性能参数，进而对两种阻尼器的 4 个试件进行了低周反复加载试验，结果如下。

（1）阻尼器 SB 型是在 SA 型的基础上对其连接方式改进，使其具有更好的变形能力和疲劳性能。分级屈服阻尼器的 X 形耗能钢板和三角形耗能钢板是主要耗能部件，三角形耗能钢板与挡板之间设置的间隙宽度是决定阻尼器分级屈服位移的关键因素。

（2）分级屈服阻尼器可以通过调整耗能板的尺寸参数和间隙距离来减轻结构在不同强度地震下的反应。在常遇地震下，X 形耗能钢板首先屈服，三角形耗能钢板保持弹性，阻尼器为结构提供附加阻尼和附加刚度。在中震或罕遇地震中，阻尼器的三角形耗能钢板会产生屈服，并与 X 形耗能钢板一起消散地震能量，有效提高了金属阻尼器的能量耗散能力。

（3）低周反复加载试验现象表明，改进后的 SB 型分级屈服阻尼器比 SA 型有更加优异的变形模式和变形能力，其实际受力情况与理论模型更吻合。

5.4.3　金属分级屈服阻尼器的试验结果分析

1. 引言

这里进一步对 4 个试件的试验结果进行深入分析，为全面研究其抗震性能，对阻尼器的滞回曲线和骨架曲线、屈服位移和屈服荷载、耗能能力、疲劳性能、刚度退化和强度退化等性能参数进行具体分析，揭示其分级屈服耗能机理。通过结果分析对比，表明改进连接方式后的 SB 型金属分级屈服阻尼器比 SA 型在耗能能力和疲劳性能、延性等方面具有更优异的表现。

2. 滞回曲线和骨架曲线

图 5-4-24～图 5-4-27 分别显示了 SA 型和 SB 型分级屈服阻尼器的滞回曲线和骨架曲线。SA 组试件的滞回曲线，试件 SA-1 和试件 SA-2 的滞回曲线较为饱满，两阶段分级屈服特征明显。试件 SA-1 的滞回曲线不如试件 SA-2 的饱满，主要原因是试件 SA-1 由 20mm 突然加载至 40mm 的过程中，X 形钢板与上顶板的焊缝连接处出现了较大裂缝，同时三角形钢板上端也出现了裂缝，导致耗能钢板的耗能能力下降，滞回环面积减小。由图 5-4-24 和图 5-4-25 中的骨架曲线可以看出，试件 SA-1 的承载力大于试件 SA-2 的承载力，试件的承载力与钢板厚度呈二次正比的关系，耗能钢板的厚度越大，承载力越大，钢板厚度是影响承载力的主要因素。

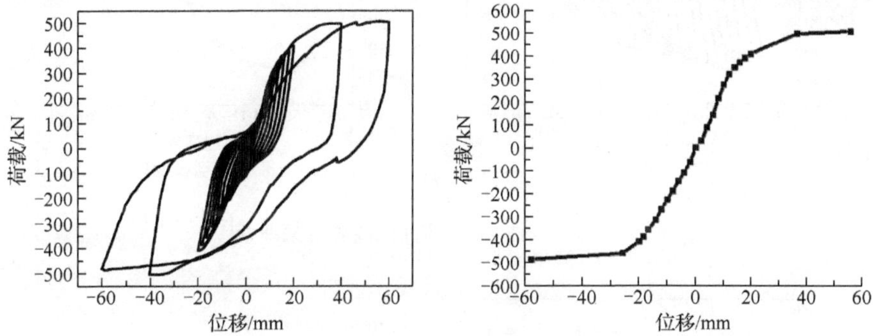

（a）滞回曲线　　（b）骨架曲线

图 5-4-24　试件 SA-1 滞回曲线和骨架曲线[20-21]

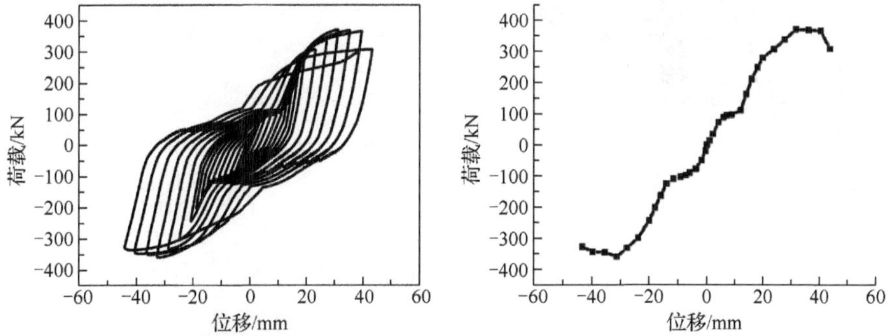

（a）滞回曲线　　（b）骨架曲线

图 5-4-25　试件 SA-2 滞回曲线和骨架曲线[20-21]

改进后的SB组阻尼器均表现出非常稳定的滞回性能和变形能力，并且呈现出明显的分级屈服耗能特征。对比试件SA-1和试件SB-1、试件SA-2和试件SB-2可以看出，改进连接方式后的SB组试件的滞回反应比SA组的更加稳定，滞回曲线明显更加饱满。对比试件SA-2和试件SB-2（间隙距离10mm）、试件SA-1和试件SB-1（间隙距离5mm）的滞回曲线可以看出，三角形耗能钢板与挡板间隙的距离增大时，分级屈服的效果更加明显。由图5-4-24和图5-4-26可以看出，由于SB-1试件X形耗能钢板的数量多于试件SA-1，试件SB-1的滞回曲线更饱满。

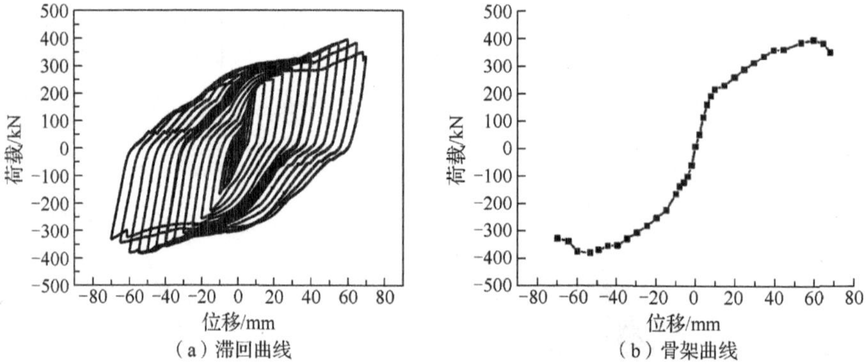

图5-4-26　试件SB-1滞回曲线和骨架曲线[20]

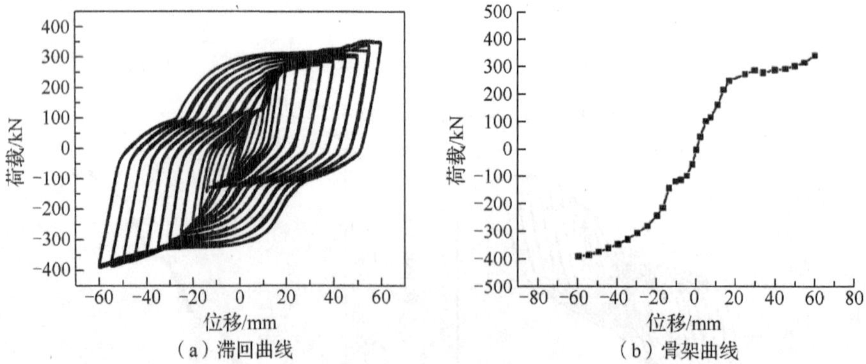

图5-4-27　试件SB-2滞回曲线和骨架曲线[20]

骨架曲线对比如图5-4-28所示，试件SA型和SB型的骨架曲线均为双线性，对称性良好，均呈现出明显的两阶段特征。

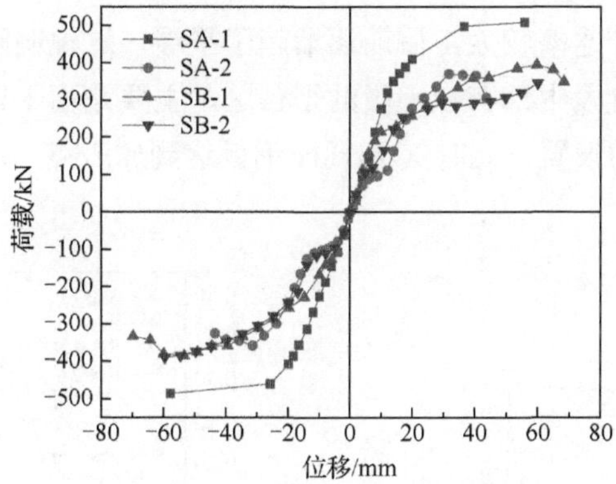

图 5-4-28　试件骨架曲线对比图[20]

3. 屈服位移和屈服荷载

金属分级屈服阻尼器第一阶段和第二阶段的屈服位移和屈服荷载是通过不同阶段中对应的发挥耗能作用的耗能钢板叠加确定的。第一阶段 X 形钢板首先参与耗能，X 形钢板的屈服位移即是第一阶段屈服位移，第二阶段屈服位移为三角形钢板的屈服位移。详细的屈服位移和屈服荷载如表 5-4-3 所示。由表可知，阻尼器第 1 阶段和第 2 阶段的屈服位移相差较大，可以实现 X 形钢板在小位移下优先屈服，三角形钢板在较大位移的两阶段分级屈服的目标，且分级效果明显。与现有的分级屈服阻尼器相比，该分级屈服阻尼器的第二阶屈服承载力比第一阶屈服承载力提高至少 74%，有了较为显著的提升。

表 5-4-3　屈服位移和屈服荷载[20]

试件编号	屈服位移/mm		屈服荷载/kN	
	第一阶段	第二阶段	第一阶段	第二阶段
SA-1	3.16	10.17	105.40	183.72
SA-2	3.63	14.60	82.41	165.10
SB-1	1.91	9.75	89.95	207.04
SB-2	3.90	15.90	83.53	191.21

屈服荷载的理论值与试验值较为接近，但试验屈服位移与理论计算屈服位移有一定差异，主要原因可能是试验时难以避免各部分加载构件之间有一定微小间隙造成的，除此之外，理论公式进行了适当简化也是原因之一。

4. 耗能性能

图 5-4-29 给出了阻尼器耗散能量的评价指标——等效黏滞阻尼比ψ的定义，ψ随位移的增大而增大。图 5-4-30 展现了ψ与位移的关系，曲线的总体趋势均为

上升趋势，初始上升速率较大，后期逐渐趋于平缓，这说明阻尼器具有稳定的耗能能力。试件上升阶段中部有一小段的平台区，主要是由于试件中三角形耗能钢板和挡板之间空隙的设置，此时 X 形耗能钢板达到屈服点，加载位移却未超过间隙距离。

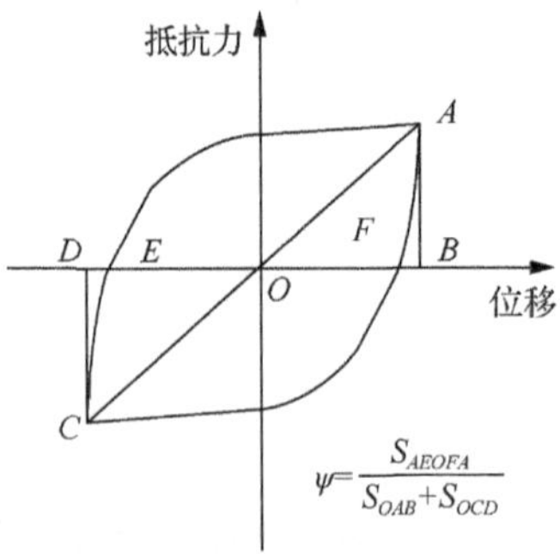

图 5-4-29　等效黏滞阻尼比 ψ 的定义[20]

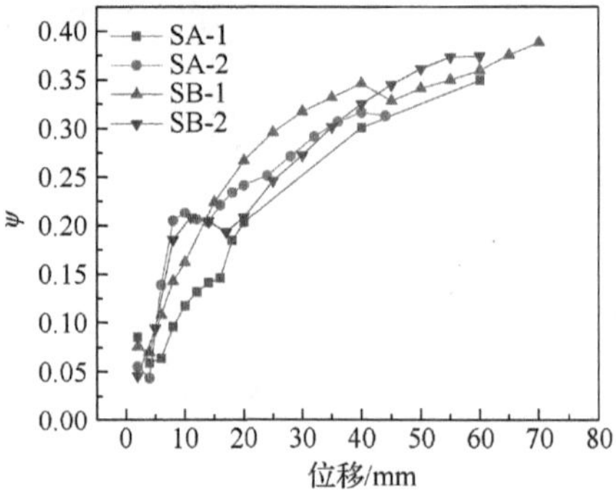

图 5-4-30　等效黏滞阻尼比曲线[20]

5. 疲劳性能

对 SB 组的两个试件进行了疲劳试验。试件 SB-1 和 SB-2 的加载制度是不同的，试件 SB-1 采用前述工况 2 执行，直接加载至 40mm 位移下时循环加载 30 圈，进行疲劳试验。试件 SB-2 采用工况 3 执行，在加载至 60mm 位移未发生破坏后，继续在 40mm 位移下进行疲劳试验。由图 5-4-31 所示的疲劳性能曲线可知，SB 组试件表现出稳定的滞回反应，几乎没有在疲劳循环状态下发生强度退化现象，滞回环几乎重合。

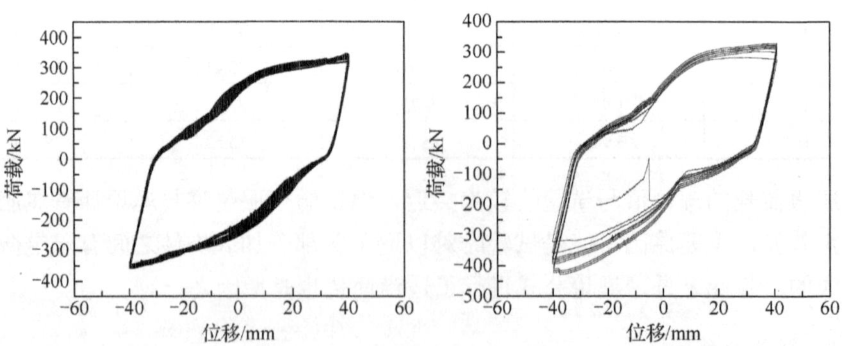

（a）SB-1　　（b）SB-2

图 5-4-31　疲劳性能曲线[20]

6. 刚度退化和强度退化

结构或构件抗震性能分析中通常采用割线刚度 K 退化表征试件在低周往复作用下的刚度退化情况，其计算公式[21]为

$$K=\frac{|+P_i|+|-P_i|}{|+\varDelta_i|+|-\varDelta_i|} \tag{5-4-1}$$

式中：P_i 为第 i 次工况峰点荷载值；$\varDelta_i$ 为第 i 次工况峰点加载位移值[21]。

图 5-4-32 为金属分级屈服阻尼器的刚度退化曲线，为使试件 SA-2 和试件 SB-2 具有更加明显的分级耗能特征，设计的三角形耗能钢板与挡板的间隙距离（10mm）远大于 X 形钢板的屈服位移（1.73mm）。因此，在 X 形钢板屈服后，直至加载位移达到 10mm，三角形耗能钢板才开始变形，阻尼器刚度增大。因此刚度退化曲线呈现先迅速下降，之后小幅度升高，最后又平缓下降的趋势。试件 SA-1 和试件 SB-1 三角形耗能钢板与挡板的间隙距离为 5mm，呈现整体下降的趋势，并没有明显出现小幅度升高的阶段。

试件 SB-1 从 17mm 位移开始每级加载循环 3 次，为了充分考察阻尼器的荷载保持能力，将每级加载的第 3 圈峰值荷载 F_{peak3} 与第 1 圈的峰值荷载 F_{peak1} 的比值记为强度退化率。试件 SB-1 的强度退化率保持在 0.97～1.03，具有稳定的承载力保持能力，耗能稳定，如图 5-4-33 所示。

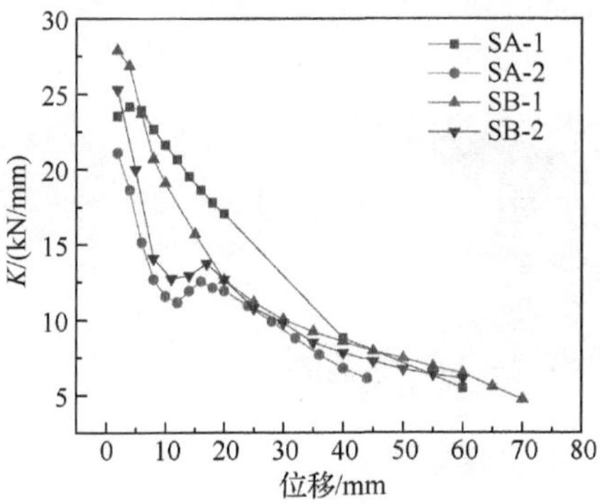

图 5-4-32　刚度退化曲线[20]

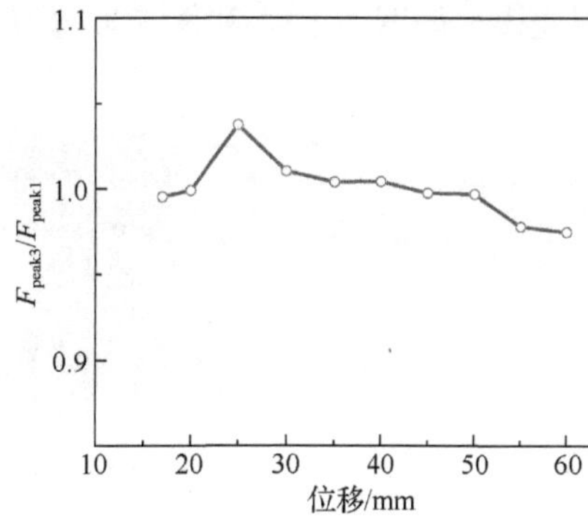

图 5-4-33　强度退化曲线[20]

7. 小结

通过对低周反复加载试验结果的详细分析，相关结论如下。

（1）金属分级屈服阻尼器利用预设的间隙具有两个明确的屈服点，可以在不同强度的地震下实现分级屈服耗能。通过调整两块耗能钢板的尺寸参数和间隙宽度，能够高效实现不同强度地震作用下的多级能量耗散。

（2）由试验的滞回曲线和骨架曲线可知，分级屈服阻尼器表现出非常稳定的

滞回性能和良好的变形能力，呈现出明显的分级屈服耗能特征。试件的钢板厚度和预留间隙宽度是决定屈服位移和屈服承载力的主要因素。

（3）对比 SA 组和 SB 组滞回曲线，可以看出改进连接方式后的 SB 组试件的滞回反应比 SA 组更加稳定，滞回曲线更加饱满，且在疲劳性能和延性方面明显增强。

（4）黏滞阻尼比曲线的总体趋势为上升趋势，初始上升速率较大，后期逐渐趋于平缓，说明阻尼器具有稳定的耗能能力。刚度退化曲线符合退化规律，试件 SB-1 的强度退化率保持在 0.97～1.03，具有稳定的承载力保持能力。

5.4.4 金属分级屈服阻尼器的参数分析

1. ABAQUS *建模方法*

为了进一步研究金属分级屈服阻尼器的恢复力模型和抗震性能，通过 ABAQUS 非线性有限元程序对阻尼器的计算模型进行低周往复加载弹塑性分析。在模拟中采用双线性随动强化模型来模拟钢材的本构模型，模型 Q235 钢材的本构关系采用材料性能试验中得到的真实应力、应变数据。各构件均采用 8 节点六面体线性减缩积分单元 C3D8R 实体单元模型，网格划分采用扫掠化分网技术和进阶算法，有限元模型如图 5-4-34 和图 5-4-35 所示。

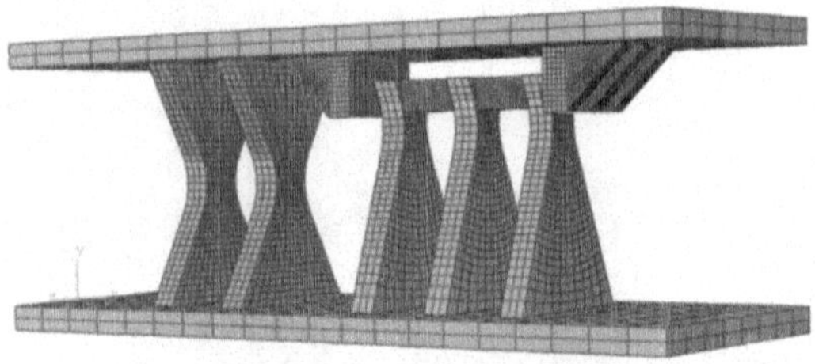

图 5-4-34　SA 型试件有限元模型[20]

图 5-4-35　SB 型试件有限元模型[20]

耗能钢板与顶板、底板之间的焊接通过 Tie 绑定命令模拟。试件顶板完全固定，试件底板定向约束，只释放 x 向平动自由度。底板与一个参考点 RF1 耦合，采用位移加载方式，向参考点 RF1 施加 x 方向的循环加载位移，加载制度与试验相同。为了模型计算更好收敛，耗能钢板与挡板的接触属性设置为硬接触，无切向摩擦。该模型模拟的是试件从加载到结束过程中的等效塑性应变发展过程，因为目前 ABAQUS 很难模拟试件发生断裂失效的情况，所以未对断裂情况进行下一步的模拟，在结果分析的过程中，可以用累积等效塑性应变（PEEQ）来表征裂缝发展情况，当累积等效塑性应变的值越大时，试件变形越大，裂缝宽度越大甚至断裂。

2. 模型验证

由前述公式可知，当钢板厚度一定时，B/H 的值对钢板某一截面处的屈服应力存在正比变化关系[21]。理论中，通常假设钢板在地震作用下，沿高度范围内可以达到全截面屈服[21]。但实际上钢板并不能达到理想的全截面屈服效果，尤其是 B/H 值过大或过小时[21]。在试件设计之初，对单块三角形钢板和 X 形钢板模型进行了有限元模拟分析，以单块三角形钢板为例，图 5-4-36 所示为 2 个耗能钢板首次屈服时的米塞斯（Mises）应力云图，可以看出当 B/H 值过大或过小时都会影响钢板在加载过程中的应力均匀性，即不能沿高度范围内达到全截面屈服[21]。为保证钢板在试验过程中大部分截面同时屈服，达到更好的屈服耗能效果，B/H 的值应该保持在一定的范围，经模拟数据比较得 0.7～1.5 是较为适宜的范围，阻尼器的尺寸设计参数以此为参考依据[21]。

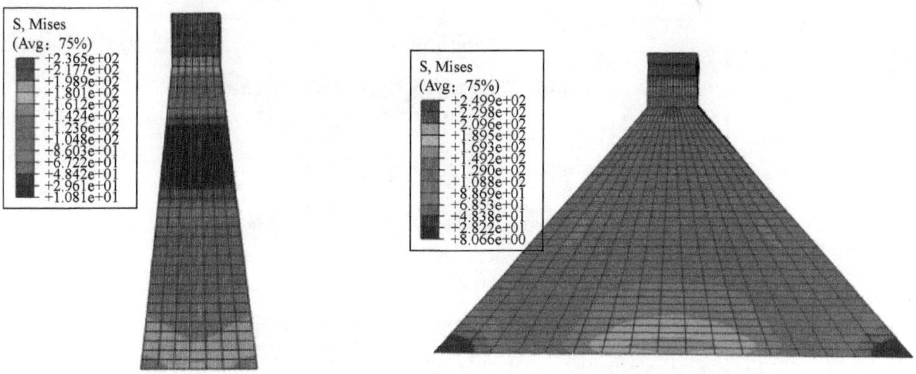

（a）B=1m，H=2m，t=0.2m，B/H=0.5　　　　（b）B=4m，H=2m，t=0.2m，B/H=2

图 5-4-36　耗能钢板首次屈服时 Mises 应力云图（单位：MPa）[21]

分别对 SA 组试件和 SB 组试件进行数值模拟，为了更好地探究加载过程中耗能钢板的屈服变形模式，以加载位移每增加 10mm 为例，给出试件各阶段 Mises 应力云图，由于变形模式相同，在此只给出试件 SA-2 和试件 SB-2 的 Mises 应力云图，如图 5-4-37 和图 5-4-38 所示。由图可以看出：①试件的应力沿高度方向分布均匀，沿高度处各截面均发生屈服，模拟的变形发展过程与试验中变形发展过程相吻合。②从图 5-4-37（a）和图 5-4-38（a）中看出，在 10mm 位移（未达到间隙宽度）之前，只有 X 形钢板变形屈服，三角形钢板未参与变形耗能。③从图 5-4-37（d）和图 5-4-38（d）中看出，当位移加载至 40mm 时，试件 SA-2 的三角形钢板顶端应变值明显大于钢板其他部位的值，这与试验在 40mm 之后产生裂缝并迅速发展是吻合的；然而试件 SB-2 却没有发生三角形钢板顶端应变值明显增加的情况，各截面应变值是均匀屈服的，说明 SB 型阻尼器在改进连接方式后，三角形钢板顶部近似于自由端，应力明显很小，使得阻尼器的受力和变形与理论设计更为吻合。

（a）SA-2-10mm

（b）SA-2-20mm

（c）SA-2-30mm

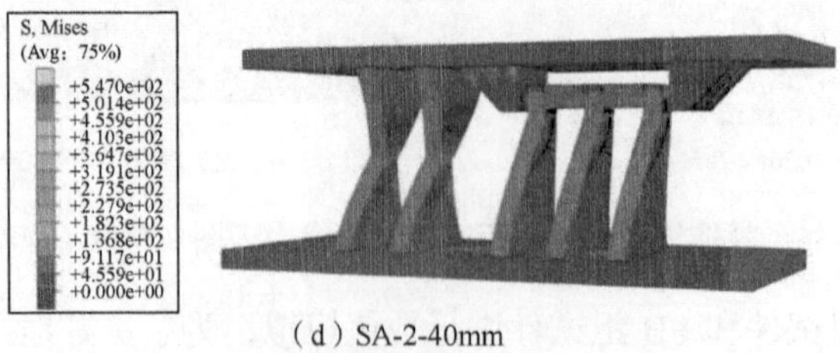

（d）SA-2-40mm

图 5-4-37　试件 SA-2 的 Mises 应力云图（单位：MPa）

（e）SA-2-50mm[20]

（f）SA-2-60mm

图 5-4-37（续）

（a）SB-2-10mm

（b）SB-2-20mm

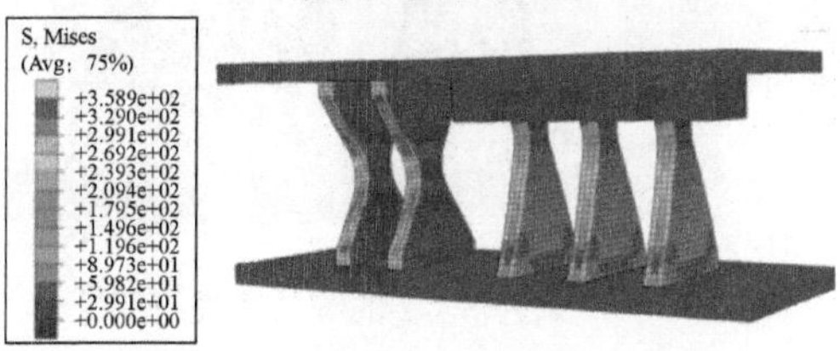

（c）SB-2-30mm

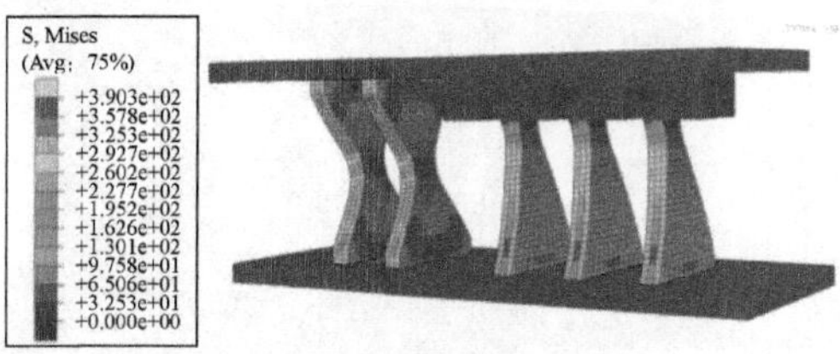

（d）SB-2-40mm

图 5-4-38　试件 SB-2 的 Mises 应力云图（单位：MPa）

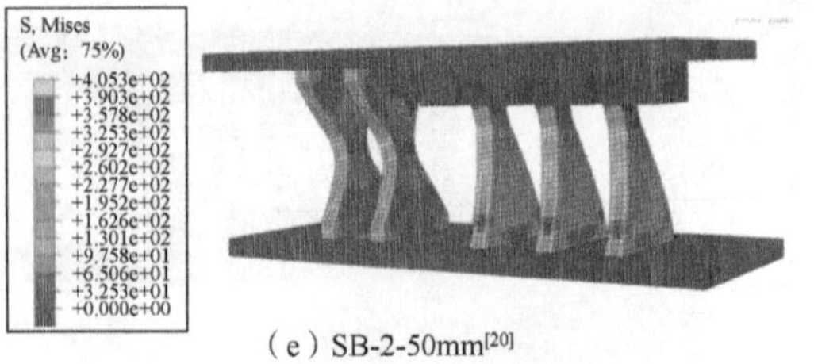

（e）SB-2-50mm[20]

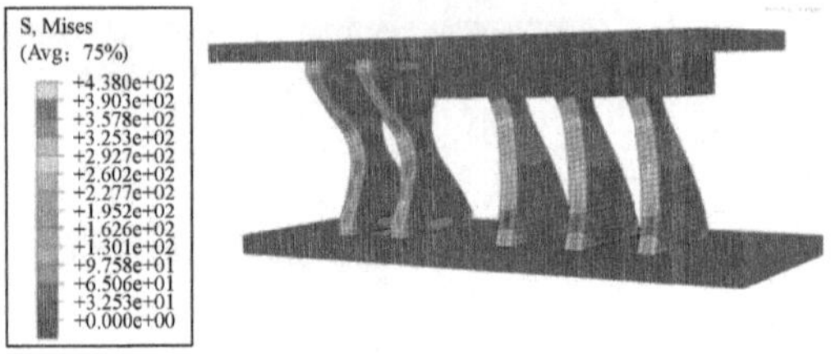

（f）SB-2-60mm

图 5-4-38（续）

图 5-4-39 和图 5-4-40 给出了试件 SA-2 和试件 SB-2 在 60mm 位移下的等效塑性应变，试件 SA-2 的塑性变形位置主要集中在三角形钢板顶端和 X 形钢板端板与上、下连接板连接处，这与试验产生裂缝并断裂的位置是吻合的，表明三角形耗能钢板顶部的设计不够合理，顶部之间的焊接连接件对三角形钢板提供了很强的约束，改变了三角形钢板的受力形式，与设计意图不符。试件 SB-2 的塑性变形位置主要集中在 X 形钢板端板与上、下连接板连接处，三角形钢板顶端处未见有集中塑性应变累积，这与试验的结果也是相符的，较好地实现了设计意图，三角形钢板属于悬臂受力的梁，实现了各截面受弯屈服且减小了应力集中现象。

图 5-4-39 试件 SA-2 的等效塑性应变[20]

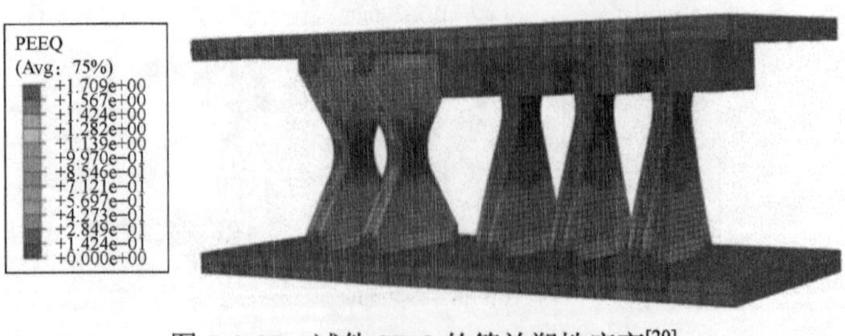

图 5-4-40 试件 SB-2 的等效塑性应变[20]

对比数值模拟分析结果与试验结果，试验一直加载至试件发生断裂破坏停止，有限元分析采用和试验相同的加载制度。在试验初期小位移加载控制下，X 形耗能钢板首先弯曲变形，而三角形耗能钢板不参与受力，保持弹性状态，阻尼器既能实现在小位移下耗散能量，又有较多的耗能储备用于大位移下阻尼器的变形耗能，具有明显的分级屈服耗能优势。

图 5-4-41 显示了模拟和试验的滞回曲线对比，可以看出，试件 SA-1 在 20mm 之前试验和模拟滞回曲线有一个较高的吻合，20mm 之后试验滞回曲线没有模拟曲线饱满。总体而言，试件的模拟结果和试验结果吻合良好。试件 SA-1 和试件 SA-2 的滞回曲线虽然较为饱满，但远没有改进后的试件 SB-1 和试件 SB-2 的滞回曲线饱满，前者 45mm 位移下发生断裂后强度下降，后者的滞回曲线在 45～65mm 位移下仍然具有饱满的滞回曲线，且滞回面积随位移的增加而增加。这进一步表明，改进后的三角形耗能钢板顶部约束基本属于自由端，即三角形钢板的受力模型为悬臂梁，极大减轻了钢板顶部的应力集中现象。

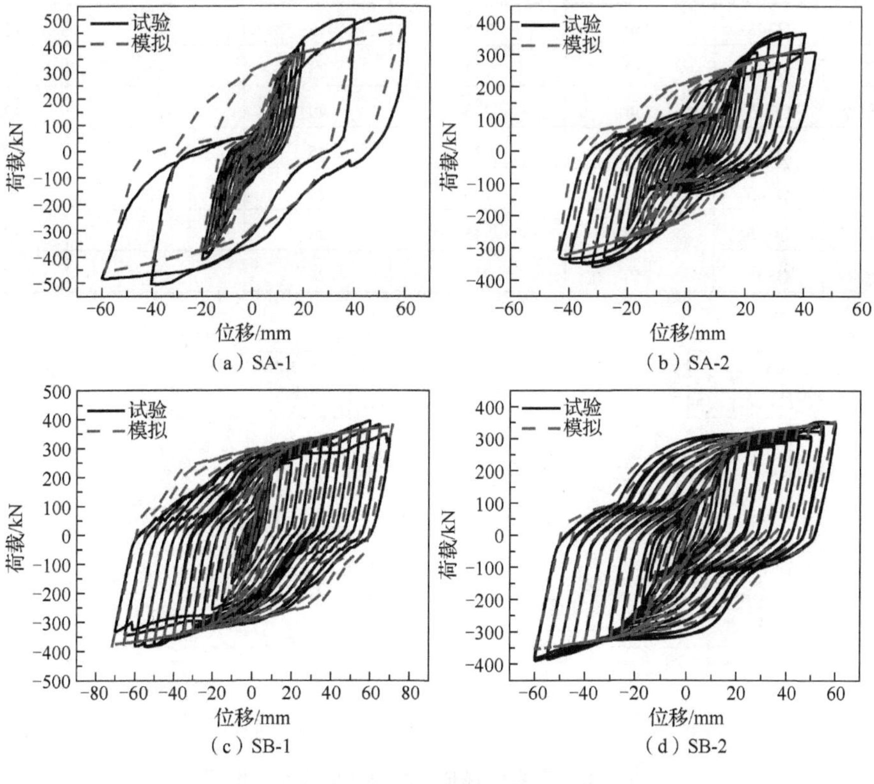

图 5-4-41　模拟和试验滞回曲线对比图[20]

3. 参数研究

为了全面研究金属分级屈服阻尼器的抗震性能，本节进行了详细的参数分析，考虑了耗能钢板的屈服强度和间隙距离的变化、耗能钢板的厚度以及不同厚度的两块耗能钢板的组合。具体参数模拟工况如表 5-4-4 所示，模拟结果如图 5-4-42 所示。

表 5-4-4　参数模拟工况[20]　（单位：mm）

工况	钢材类型	X 形钢板高度	三角形钢板高度	X 形钢板厚度	三角形钢板厚度	间隙宽度
工况 1	LY160	250	215	20	20	8
工况 2	Q235	250	215	20	20	8
工况 3	Q345	250	215	20	20	8
工况 4	Q345	250	215	8	8	12
工况 5	Q345	250	215	15	15	12
工况 6	Q345	250	215	45	45	12
工况 7	Q345	250	215	15	25	12
工况 8	Q345	250	215	25	15	12
工况 9	Q345	250	215	40	25	12
工况 10	Q345	250	215	25	40	12
工况 11	Q345	250	215	20	20	5
工况 12	Q345	250	215	20	20	12
工况 13	Q345	250	215	20	20	15

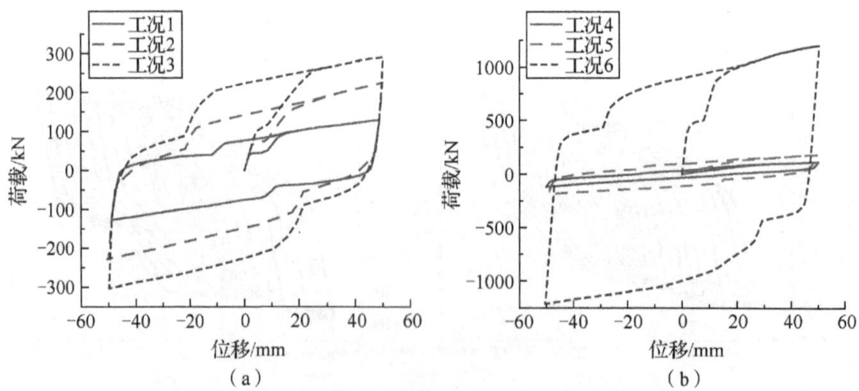

图 5-4-42　各参数模拟工况滞回曲线对比图[20]

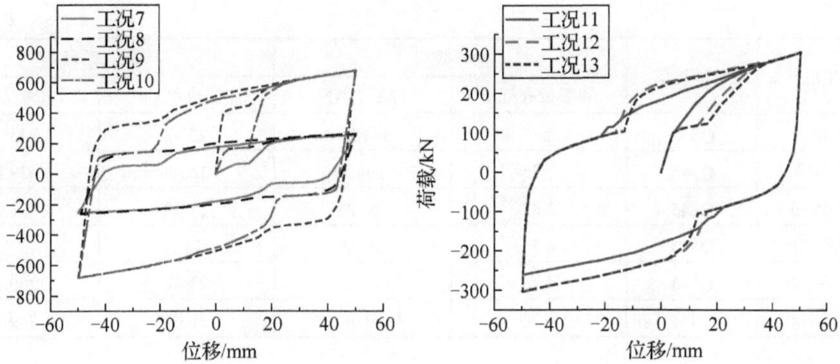

（c）　　　　　　　　（d）

图 5-4-42（续）

工况 1～工况 3 中耗能钢板采用了不同的钢材材料，即改变耗能钢板的屈服强度，其他参数保持相同，从图 5-4-42（a）可以看出，随着耗能钢板屈服强度的增加，最大位移处的峰值承载力和耗能能力都明显增加。工况 4～工况 6 中改变了耗能钢板的厚度，如图 5-4-42（b）所示，随着耗能钢板厚度的增加，最大位移处的峰值承载力和耗能能力都明显增加；随着耗能钢板厚度的增加，钢板的刚度也随之增大，设计阻尼器的屈服位移和屈服力时，可通过调节耗能钢板的厚度确定所需的屈服位移和屈服力等参数。

工况 7～工况 10 中互换了耗能钢板的厚度组合，如图 5-4-42（c）所示，当两种耗能钢板的厚度组合互换时，第一屈服阶段最大位移处的峰值承载力随着钢板厚度的增加而增加，但第二屈服阶段最大位移处的峰值承载力保持不变，说明不同的厚度设计组合便于实现分级屈服设计目标。工况 11～工况 13 中改变了间隙距离的大小，如图 5-4-42（d）所示，第一屈服位移随间隙的增加而增加，说明间隙距离决定了两种耗能钢板的屈服顺序，使阻尼器在地震下高效实现了分级屈服。

各参数模拟工况的力学性能指标如表 5-4-5 所示。

表 5-4-5　各参数模拟工况的力学性能指标[20]

工况	钢材类型	第一阶段		第二阶段	
		屈服位移/mm	屈服力/kN	屈服位移/mm	屈服力/kN
工况 1	LY160	1.73	39.6	11.98	81.44
工况 2	Q235	2.73	64.48	14.56	135.61
工况 3	Q345	4.26	99.08	19.63	209.13
工况 4	Q345	10.45	37.58	30.81	95.98
工况 5	Q345	6.53	53.74	22.41	134.01
工况 6	Q345	1.71	379.3	14.8	842
工况 7	Q345	7.09	61.50	19.19	195.47

续表

工况	钢材类型	第一阶段		第二阶段	
		屈服位移/mm	屈服力/kN	屈服位移/mm	屈服力/kN
工况 8	Q345	2.87	131.28	20.98	225.31
工况 9	Q345	1.75	294.5	16.80	529.20
工况 10	Q345	2.87	131.28	17.04	491.28
工况 11	Q345	4.26	99.08	16.1	209.4
工况 12	Q345	4.26	99.08	21.82	209.13
工况 13	Q345	4.26	99.08	26.62	209.15

4. 小结

通过有限元软件 ABAQUS 对金属分级屈服阻尼器进行了深入研究，进而进行了参数化分析，结论如下。

（1）试件 SA-2 的塑性变形位置主要集中在三角形钢板顶端和 X 形钢板端板与上、下连接板连接处，这与试验产生裂缝并断裂的位置是吻合的。试件 SB-2 的塑性变形位置主要集中在 X 形钢板端板与上、下连接板连接处，三角形钢板顶端处未见有集中塑性应变累积，这与试验的结果也是相符的。试件 SA-2 的三角形钢板顶部设计并未实现设计意图；SB-2 的三角形钢板顶部设计与设计目标相吻合，且易于加工制作。

（2）模拟了分级屈服阻尼器的屈服过程与耗能机制，其模拟结果与试验结果吻合较好，并为其后续恢复力模型的建立奠定了基础。

5.4.5　金属分级屈服阻尼器的恢复力模型

1. 引言

依据经典力学原理推导建立了金属分级屈服阻尼器的恢复力模型，并与试验结果进行了比较，验证了恢复力模型的有效性，为设计和有限元分析提供了理论依据。

2. 基本力学性能

X 形钢板、三角形钢板模型的受力简图如图 5-4-43 所示。以三角形钢板受力分析为例，设三角形钢板的底部长边宽度为 B，高度为 H，钢板厚度为 t，数量为 N，三角形钢板顶端中点处受到的水平荷载为 F，则距钢板顶端中点 x 处截面边缘的应力 σ[21]为

$$\sigma = \frac{Fxt/2}{1/12\times(x/H)Bt^3} = \frac{6FH}{Bt^2} \tag{5-4-2}$$

当三角形钢板沿高度范围内任一截面达到全截面屈服时，此时的水平荷载为耗能钢板的屈服荷载 F_y[21]。

$$F_y = \frac{N\sigma_y B t^2}{6H} \tag{5-4-3}$$

假设三角形钢板在塑性屈服阶段各截面的曲率仍保持一致，则屈服时的曲率 φ_y[21]为

$$\varphi_y = \frac{M_y}{EI} = \frac{\sigma_y \times B \times t^2 / 6}{1/12 \times E \times B \times t^3} = \frac{2\sigma_y}{Et} \tag{5-4-4}$$

对曲率积分得到顶端中点的屈服位移 Δ_y[21]为

$$\Delta_y = \iint \varphi_y \mathrm{d}h = \frac{\sigma_y H^2}{Et} \tag{5-4-5}$$

钢板数量为 N 时，可推导出三角形钢板的初始屈服刚度 K_y[21]为

$$K_y = \frac{F_y}{x_y} = \frac{NEBt^3}{6H^3} \tag{5-4-6}$$

同理，X 形钢板的首次屈服力，屈服位移和屈服刚度[21]分别为

$$F_y = \frac{N\sigma_y B t^2}{3H} \tag{5-4-7}$$

$$\Delta_y = \frac{\sigma_y H^2}{2Et} \tag{5-4-8}$$

$$K_y = \frac{2NEBt^3}{3H^3} \tag{5-4-9}$$

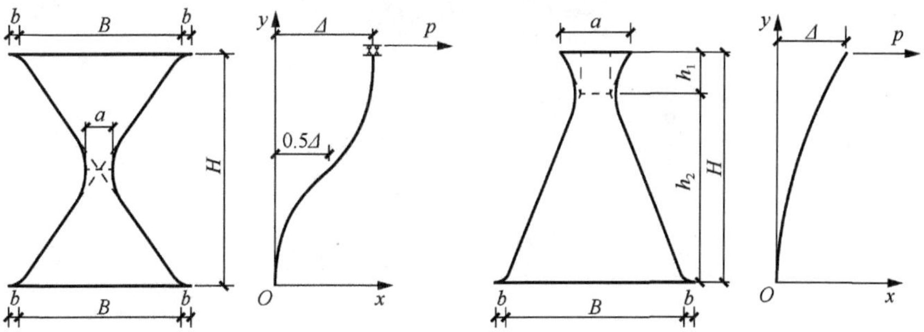

（a）X形钢板受力简图　　（b）三角形钢板受力简图

p 为阻尼器的受力；h_1 为三角形钢板加载区高度；h_2 为三角形钢板耗能区高度

图 5-4-43　耗能钢板受力分析简图[21]

3. 恢复力模型——基于 Bouc-Wen 本构关系

预留间隙型金属分级屈服阻尼器有两个屈服位移（X 形钢板首先屈服的位移，即第一屈服位移U_{y1}；三角形钢板屈服位移，即第二屈服位移U_{y2}）。该分级阻尼器因三角形钢板与挡板之间的间隙大小不同，其恢复力模型是不相同的。当间隙距离U_j小于第一屈服位移U_{y1}时，其屈服过程可划分为 3 个阶段：第一阶段两种钢板均处于弹性状态，荷载-位移曲线为线性；第二阶段 X 形钢板进入屈服状态，三角形钢板处于弹性状态，荷载-位移曲线开始弯折；第三阶段两种钢板均进入塑性屈服状态，荷载-位移曲线再一次发生弯折。采用 Bouc-Wen 模型对分级屈服阻尼器的荷载-位移关系进行理论公式的推导，其骨架曲线表达式如下。

$$\frac{P}{P_y}=l\frac{U}{U_{y1}},\quad U_j<U<U_{y1} \tag{5-4-10}$$

$$\frac{P}{P_y}=m\frac{U}{U_{y1}}+\frac{l}{2}\left[3-\left(\frac{U}{U_{y1}}\right)^{-2}\right],\quad U_{y1}\leqslant U\leqslant U_{y2} \tag{5-4-11}$$

$$\frac{P}{P_y}=\frac{l}{2}\left[3-\left(\frac{U}{U_{y1}}\right)^{-2}\right]+\frac{m}{2}\left[3-\left(\frac{U}{U_{y2}}\right)^{-2}\right],\quad U>U_{y2} \tag{5-4-12}$$

当间隙距离U_j大于或等于第一屈服位移U_{y1}时，其屈服过程可细划分为 4 个阶段，其骨架曲线表达式如下。

$$\frac{P}{P_y}=l\frac{U}{U_{y1}},\quad U<U_{y1}<U_j \tag{5-4-13}$$

$$\frac{P}{P_y}=\frac{l}{2}\left[3-\left(\frac{U}{U_{y1}}\right)^{-2}\right],\quad U_{y1}\leqslant U\leqslant U_j \tag{5-4-14}$$

$$\frac{P}{P_y}=m\frac{U}{U_{y2}},\quad U_j\leqslant U\leqslant U_{y2} \tag{5-4-15}$$

$$\frac{P}{P_y}=\frac{m}{2}\left[3-\left(\frac{U}{U_{y2}}\right)^{-2}\right],\quad U>U_{y2} \tag{5-4-16}$$

本节中的阻尼器试件 A 和试件 B 的间隙距离 U_j 大于第一屈服位移 U_{y1}，符合第二种情况，其滞回曲线表达式如下。

弹性阶段：

$$\frac{P}{P_y}-\frac{P^*}{P_y}=\frac{U}{U_y}-\frac{U^*}{U_y}，\left|\frac{P}{P_y}-\frac{P^*}{P_y}\right|<2 \tag{5-4-17}$$

屈服阶段：

$$\frac{P}{P_y}-\frac{P^s}{P_y}=4\left(\frac{U}{U_y}-\frac{U^*}{U_y}\right)^{-2}-1，\ -U^*\leqslant U\leqslant U_{y2} \tag{5-4-18}$$

$$\begin{cases}-\dfrac{P}{P_y}=\dfrac{l}{2}\left[\left(\dfrac{U}{U_{y1}}\right)^{-2}-3\right]\\ -\dfrac{P}{P_y}=m\dfrac{U}{U_{y2}}\\ -\dfrac{P}{P_y}=\dfrac{m}{2}\left[\left(\dfrac{U}{U_{y2}}\right)^{-2}-3\right],\ U<U^*\end{cases} \tag{5-4-19}$$

$$\frac{P}{P_y}-\frac{P^s}{P_y}=1-4\left(\frac{U}{U_y}+\frac{U^*}{U_y}\right)^{-2}，\ U_{y2}<U\leqslant U^* \tag{5-4-20}$$

$$\begin{cases}\dfrac{P}{P_y}=\dfrac{l}{2}\left[3-\left(\dfrac{U}{U_{y1}}\right)^{-2}\right]\\ \dfrac{P}{P_y}=m\dfrac{U}{U_{y2}}\\ \dfrac{P}{P_y}=\dfrac{m}{2}\left[3-\left(\dfrac{U}{U_{y2}}\right)^{-2}\right],\ U>U^*\end{cases} \tag{5-4-21}$$

式中：l、m 分别为 X 形钢板和三角形钢板的数量，在本节中取 l=2，m=3； P_y 为屈服荷载；P^*、U^*分别为卸载处的荷载和位移值；P^s 为循环加载作用下的荷载值；U_{y1}、U_{y2} 分别为 X 形钢板和三角形钢板屈服位移；U_j 为三角形钢板与挡板之间的间隙距离。

利用 MATLAB 编制程序得出试件的骨架曲线，与试验得出的滞回曲线和骨架曲线进行对比，如图 5-4-44 和图 5-4-45 所示，由图可以看出，试验的滞回曲线与恢复力模型的曲线较为吻合，具有明显的两阶段分级屈服特征，表明 Bouc-Wen 强化模型可以较好地描述预留间隙型金属分级屈服阻尼器的滞回性能，模拟结果与试验结果吻合较好。

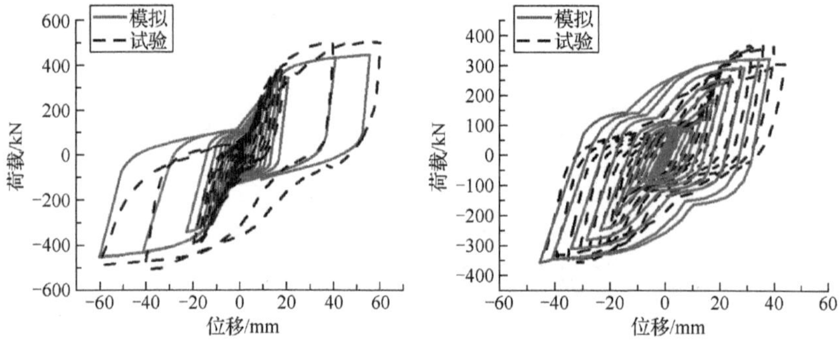

（a）试件SA-1　　（b）试件SA-2

图 5-4-44　模拟模型与试验滞回曲线对比

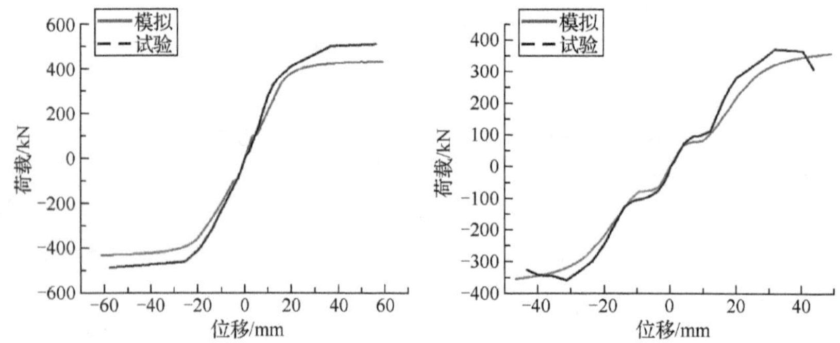

（a）试件SA-1　　（b）试件SA-2

图 5-4-45　模拟模型与试验骨架曲线对比

4. 恢复力模型——基于双线性本构关系

为了更为方便地进行阻尼器的减震设计，式（5-4-22）～式（5-4-31）给出了阻尼器四折线骨架模型，由耗能钢板的基本力学性能参数式（5-4-2）～式（5-4-9）推导得出。四折线骨架模型给出了阻尼器各阶段的的刚度、屈服荷载等主要性能指标，进而推导出其四折线随动强化模型，如图 5-4-46 和图 5-4-47 所示。金属分级屈服阻尼器的滞回曲线和骨架曲线如图 5-4-48 和图 5-4-49 所示。

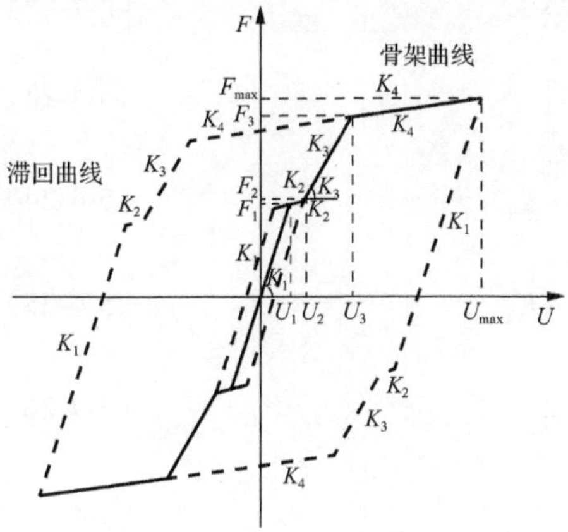

图 5-4-46　四折线滞回模型[20]

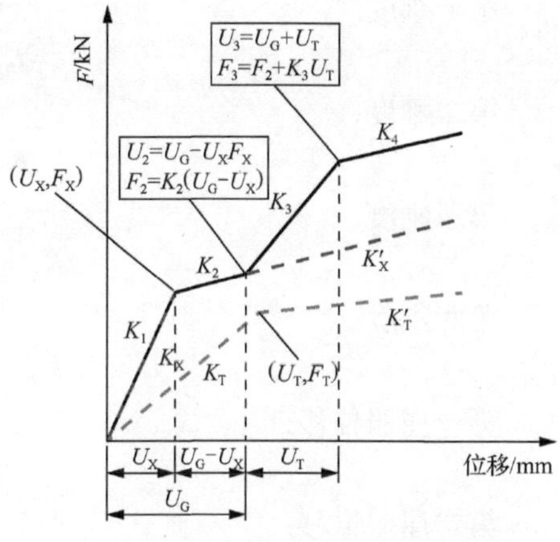

U_G 为三角形耗能钢板与挡板之间的距离

图 5-4-47　四折线骨架模型[20]

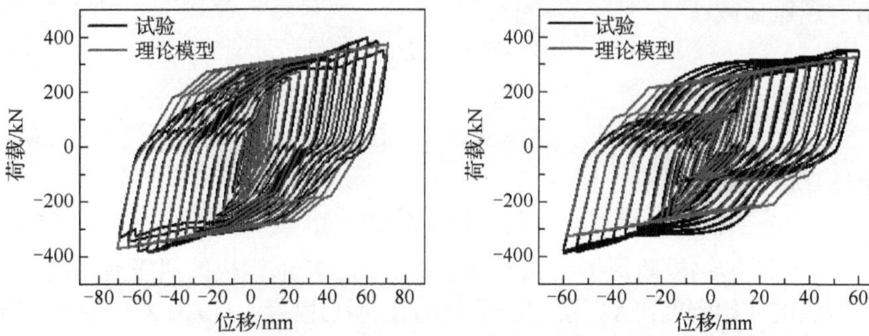

（a）SB-1　（b）SB-2

图 5-4-48　理论模型与试验滞回曲线对比[20]

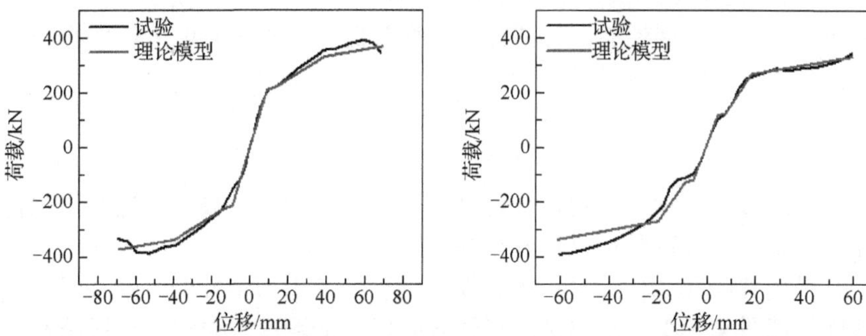

（a）SB-1　（b）SB-2

图 5-4-49　理论模型与试验骨架曲线对比[22]

第一刚度：

$$K_1 = K_X \tag{5-4-22}$$

第二刚度：

$$K_2 = K'_X \tag{5-4-23}$$

第三刚度：

$$K_3 = K'_X + K_T \tag{5-4-24}$$

第四刚度：

$$K_4 = K'_X + K'_T \tag{5-4-25}$$

第一屈服位移：

$$U_1 = U_X \tag{5-4-26}$$

第二屈服位移：

$$U_2 = U_G - U_X \tag{5-4-27}$$

第三屈服位移：

$$U_3 = U_G + U_T \tag{5-4-28}$$

第一屈服荷载：

$$F_1 = K_X U_X \tag{5-4-29}$$

第二屈服荷载：

$$F_2 = K_2(U_G - U_X) \tag{5-4-30}$$

第三屈服荷载：

$$F_3 = F_2 + K_3 U_T \tag{5-4-31}$$

式中：K_X 为 X 形钢板阻尼器的初始刚度；K'_X 为 X 形钢板的屈服后刚度；K_T 为三角形钢板的初始刚度；K'_T 为三角形钢板的屈服后刚度；U_X 为 X 形钢板的屈服位移；U_T 为三角形钢板的屈服位移；U_G 为三角形耗能钢板与挡板之间的间隙距离。

以改进后的试件 SB-1 和试件 SB-2 为例，利用上述四折线骨架模型及四折线随动强化模型得到金属分级屈服阻尼器的滞回曲线、骨架曲线，与试验相应结果进行对比，如图 5-4-48 所示。图 5-4-48 中的四折线随动强化模型可以很好地描述分级屈服阻尼器的滞回性能，与试验结果吻合良好。图 5-4-49 表明四折线骨架模型和试验骨架曲线吻合良好。

5. 小结

（1）Bouc-Wen 强化模型可以较好地描述预留间隙型金属分级屈服阻尼器的滞回性能，模拟结果与试验结果吻合较好。

（2）采用双线性本构关系，依据耗能钢板的基本力学性能参数公式推导得出阻尼器四折线骨架模型，给出了阻尼器各阶段的的刚度、位移、屈服荷载等主要性能指标。推导出阻尼器的四折线随动强化模型，可以较好地描述分级屈服阻尼器的滞回性能，与试验结果吻合很好。

参 考 文 献

[1] 陈云，刘涛，蒋欢军，等. 多水准减震分级屈服金属阻尼器：201621300648.1[P]. 2016-11-30.

[2] 陈云，陈伟岚. 一种分级消能器：202010843643.8[P]. 2021-11-05.

[3] 陈云，禹文华. 一种复合型减震分级屈服阻尼器：201910539270.2[P]. 2021-06-04.

[4] 陈云，禹文华. 一种分级屈服阻尼器：202010844755.5[P]. 2022-03-29.

[5] 陈云，禹文华. 一种分级耗能阻尼器：202010844834.6[P]. 2022-07-26.

[6] 陈云，蒋欢军，刘涛，等. 分级屈服型金属阻尼器抗震性能研究[J]. 工程力学，2019，36（3）：53-62.

[7] 陈云，陈超，刘涛，等. 分级屈服型金属阻尼器减震性能分析[J]. 地震工程与工程振动，2018，38（4）：85-92.

[8] 陈云，刘涛，蒋欢军，等. 环形 Q235 钢板阻尼器力学性能试验研究[J]. 建筑结构学报，2018，39（11）：139-147.

[9] CHEN Y, CHEN C, JIANG H, et al. Study of an innovative graded yield metal damper[J]. Journal of constructional steel research, 2019, 160: 240-254.

[10] 中华人民共和国住房和城乡建设部. 建筑抗震设计规范（2016 年版）：GB 50011—2010[S]. 北京：中国建筑工业出版社，2016.

[11] 陈云，陈超，蒋欢军，等. O 型钢板-高阻尼黏弹性复合型消能器的力学性能试验与分析[J]. 工程力学，2019，36（1）：119-128.

[12] 陈云，陈超，蒋欢军，等. 高阻尼黏弹性阻尼器的力学性能试验和理论研究[C]//第三届全国村镇综合防灾与绿色建筑技术研讨会. 海口：中国建筑学会抗震防灾分会村镇防灾专业委员会，2017.

[13] CHEN Y, CHEN C, MA Q Q, et al. Study on mechanical properties of high damping viscoelastic dampers [J]. Advances in structural engineering, 2019, 22(14): 2925-2936.

[14] 中华人民共和国住房和城乡建设部建筑制品与构配件产品标准化技术委员会. 建筑消能阻尼器：JG/T 209—2012[S]. 北京：中国标准出版社，2012.

[15] 吕西林，陈云，蒋欢军. 可更换连梁保险丝抗震性能试验研究[J]. 同济大学学报（自然科学版），2013，41（9）：1318-1325，1332.

[16] 陈聪，吕西林，陈云. 带有耗能连梁的钢筋混凝土剪力墙结构地震损伤评估[J]. 防灾减灾工程学报，2019，39（1）：45-53.

[17] 陈云，吕西林，蒋欢军. 带可更换连梁的超高层结构抗震性能研究[J]. 振动与冲击，2015，34（9）：1-8.

[18] 吕西林，陈云，蒋欢军. 带可更换连梁的双肢剪力墙抗震性能试验研究[J]. 同济大学学报（自然科学版），2014，42（2）：175-182.

[19] LU X L, MAO Y J, CHEN Y, et al. New structural system for earthquake resilient design[J]. Journal of earthquake and tsunami, 2013, 7(3):1350013.

[20] CHEN Y, YU W H, ZHANG M, et al. A novel energy dissipation damper for multi-level earthquakes [J]. Journal of constructional steel research, 2022, 192: 107214.

[21] 禹文华，陈云. 新型分级屈服型金属阻尼器的抗震性能[J]. 海南大学学报（自然科学版），2022，40（2）：193-202.

[22] 全国钢标准化技术委员会. 金属材料 拉伸试验 第 1 部分：室温试验方法：GB/T 228.1—2010[S]. 北京：中国标准出版社，2010.

第6章　基于高效消能减震装置的设计案例

作者领导的课题组在研发高效消能阻尼器的同时，还注重阻尼器的工程应用推广工作。目前套环型金属分级屈服阻尼器[1-4]已经在10多个新建工程中成功应用，预留间隙型金属分级屈服阻尼器也已在2个工程项目中成功应用，转动摩擦阻尼器在2个工程项目中成功应用。本章将给出基于套环型金属分级屈服阻尼器和双钢腹板灌铅分级屈服阻尼器的工程应用案例，供读者参考。

6.1　基于套环型金属分级屈服阻尼器的减震设计案例

6.1.1　工程概况

本工程为某中学的学生宿舍楼，为混凝土框架结构，共5层，无地下室，底层柱底标高为-2m，1层层高5.6m，2～5层层高3.6m，结构总高度为20m。该工程抗震设防烈度为8度（0.2g），建筑场地类别为Ⅱ类，设计地震分组为第二组，特征周期为0.4s，结构抗震等级为一级，基本风压为0.35kN/m^2，原结构阻尼比取5%，设计使用年限为50a。本结构为左右对称，原模型1层平面图如图6-1-1所示（只显示左半部分）。

6.1.2　减震结构设计思路

设计时，本节提出的套环型金属分级屈服阻尼器在小震下不仅要考虑阻尼器为结构提供的附加阻尼比，同时也要考虑阻尼器提供的附加刚度。附加阻尼比能够减小地震响应，而附加刚度虽然可以有效地控制结构位移，但会使结构周期变短[5]。具体设计思路如下。

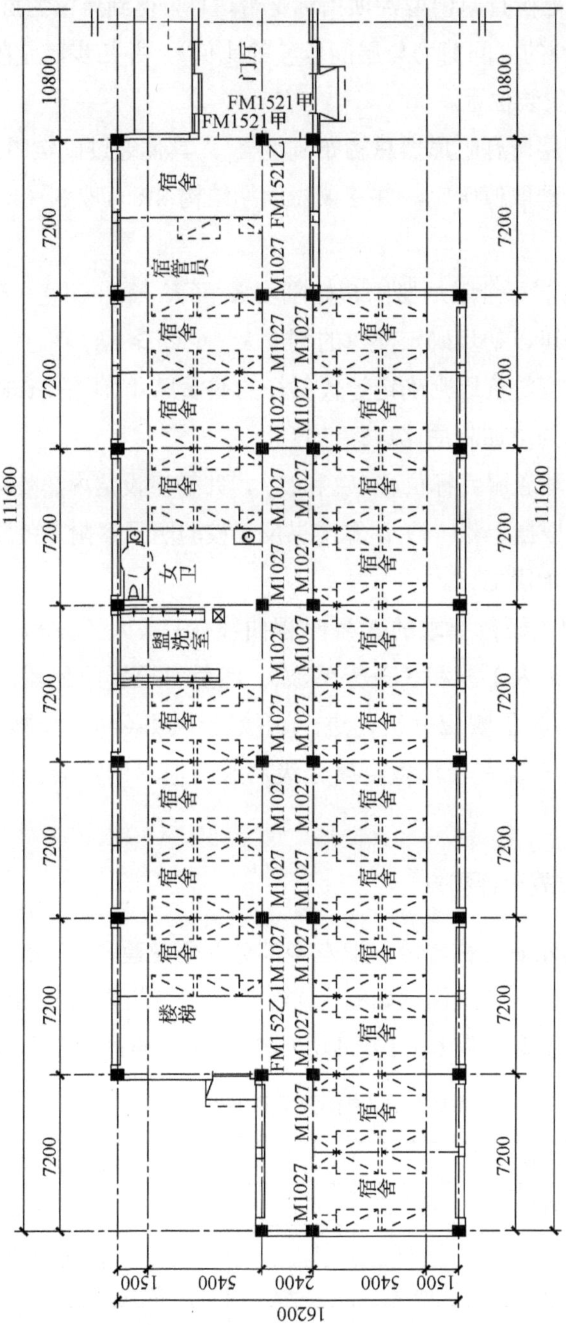

图 6-1-1　原模型 1 层平面图

（1）对原模型（即不加阻尼器的结构模型）利用盈建科（YJK）软件进行常规计算，结合相应规范检查原模型各项指标是否达标，得到原模型层抗侧刚度 K_f（可简单取静力法得到的层间剪力与层间位移的比值），并初步确定阻尼器的数量 n 以及每层阻尼器的安装位置。

（2）初步确定每层所有阻尼器总初始刚度 K_a，具体通过确定附加刚度化 SR（$SR = K_a / K_f$）的合理取值确定，并建议短周期结构 SR 可取 3～4，长周期结构可取 1.5～2.5。

（3）初步确定每层每个阻尼器的初始刚度 K_1（$K_1 = K_a / n$），若阻尼器安装形式采用支撑式，则可以初步确定支撑的刚度 K_b（$K_b \geqslant 2K_1$）。

（4）按照抗侧刚度等价原则确定等代斜杆的截面尺寸 A，在 YJK 模型中添加等代斜杆和初步估算的附加阻尼比进行计算。

（5）确定内、外环屈服目标位移 U_{y1} 和 U_{y2}，并初步设定内、外环初始刚度的合理配置比例，然后根据步骤（4）计算结果反复校验阻尼器附加的阻尼比是否大于之前初步设定的附加阻尼比。

（6）选择符合相关规范要求的 3 条时程曲线（1 条人工波和 2 条天然波）或 7 条时程曲线（2 条人工波和 5 条天然波），然后对设置阻尼器的模型进行不同地震水准下的动力时程响应分析，进一步校验步骤（4）、步骤（5）设定的附加阻尼比，同时验证装有套环型金属分级屈服阻尼器的混凝土框架结构的减震性能。

6.1.3 原模型消能减震设计需求

因为原模型结构左右对称，故只取左半部分利用盈建科（YJK）软件进行小震分析，原模型的盈建科三维模型如图 6-1-2 所示，分析得到原模型结构的层间剪力和层间位移角等信息（表 6-1-1），以初步确定下一步的减震需求。

表 6-1-1 原模型信息的汇总

指标	分析方向	1 层	2 层	3 层	4 层	5 层
层间剪力/kN	*X* 方向	5074.90	4454.71	3674.93	2676.17	1421.51
层间剪力/kN	*Y* 方向	5317.81	4712.54	3914.00	2873.48	1548.79
层间位移角	*X* 方向	1/499	1/486	1/600	1/825	1/1422
	Y 方向	1/531	1/468	1/562	1/749	1/1181

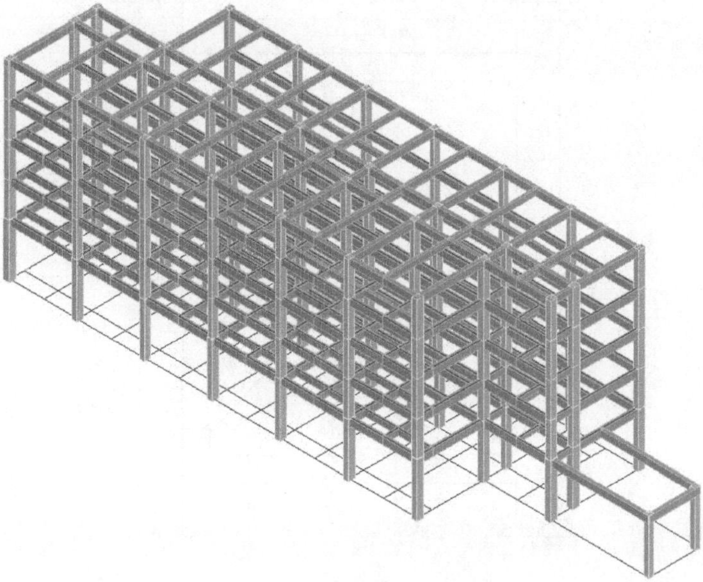

图 6-1-2　原模型三维图

在多遇地震作用下，原模型结构超筋严重，从表 6-1-1 的分析结果可知，最大层间位移为 1/468，超过《建筑抗震设计规范（2016 年版）》（GB 50011—2010）[6]1/550 的规定限制。一般的解决方案是加大梁、柱截面，调整梁、柱配筋率，提高结构延性，属于“硬抗”的设计理念；但利用结构自身的塑性变形来消耗地震能量，不仅成本大大提高而且震后修复困难。鉴于原结构阻尼比较小，且结构层间变形较大，故最终选择在原结构安装研发的套环型金属分级屈服阻尼器，有效控制不同强度地震作用下结构的动力响应。1～4 层每层布置 8 个阻尼器，X、Y 方向各 4 个并对称布置（图 6-1-3）。阻尼器的安装形式采用支撑式（图 6-1-4）。

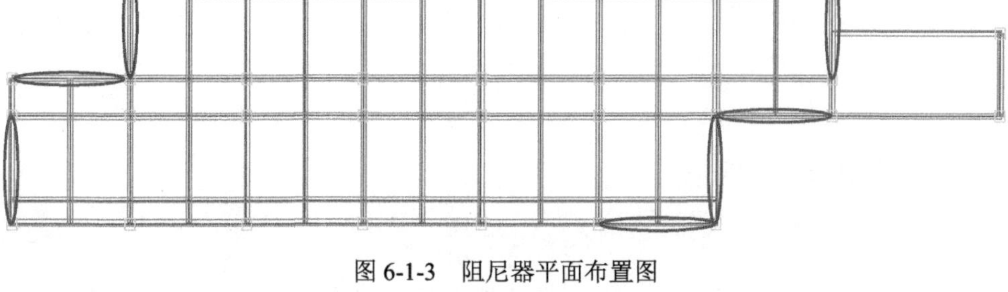

图 6-1-3　阻尼器平面布置图

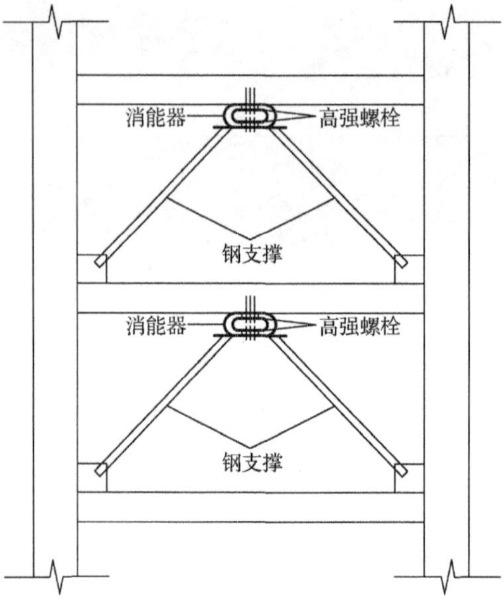

图 6-1-4 阻尼器安装示意图

6.1.4 减震设计与分析

1. YJK 模型中阻尼器等代斜杆计算

根据 YJK 常规法结果得到原模型层抗侧刚度 K_f，根据相关研究[7]，取每层所有阻尼器总初始刚度 $K_a \approx 3K_f$，经过归并，1 层和 2 层单个阻尼器初始刚度 K_1 取 450kN/mm，第一屈服位移取 1.5mm（小震位移下屈服），第二屈服位移取 6mm（中震位移下屈服）；3 层和 4 层单个阻尼器初始刚度 K_1 取 400kN/mm，第一屈服位移与第二屈服位移分别取 1mm 和 6mm。选定阻尼器支撑的抗侧刚度 $K_b = 2K_1$，然后按照抗侧刚度等价原则确定 YJK 等效结构模型中等代斜杆的截面面积 A_{eq}，等代斜杆采用中心人字形设置，具体算法见式（6-1-1）和式（6-1-2），最终的 YJK 模型中阻尼器等代斜杆信息如表 6-1-2 所示，等效结构三维图如图 6-1-5 所示。

等代斜杆抗侧刚度：

$$K_{eq} = \frac{1}{\dfrac{1}{K_1 + \dfrac{1}{K_b}}} \tag{6-1-1}$$

等代斜杆截面面积：

$$A_{eq} \geqslant \frac{K_{eq} l}{2E\cos^2\theta} \tag{6-1-2}$$

式中：l 为等代斜杆长度；E 为等代斜杆的弹性模量；θ 为等代斜杆与框架梁的夹角。

表 6-1-2　YJK 模型中阻尼器等代斜杆信息

楼层	等代支撑刚度/（N/mm）		等代支撑截面面积/mm^2	
	X方向	Y方向	X方向	Y方向
1	300000.0	300000.0	16577.5	17408.2
2	300000.0	300000.0	7414.3	7584.1
3	266666.7	266666.7	6590.5	6741.4
4	266666.7	266666.7	6590.5	6741.4

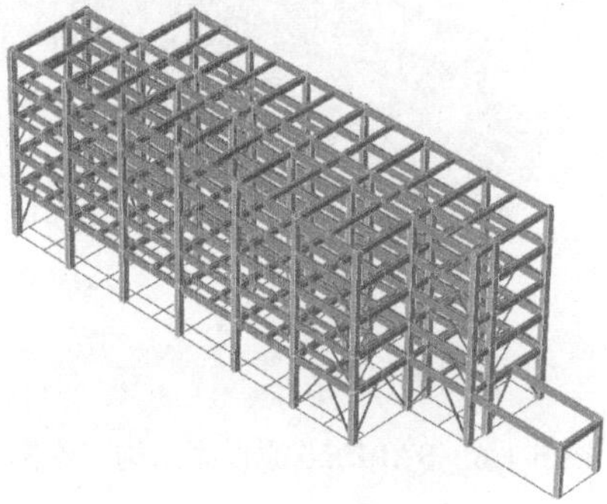

图 6-1-5　等效结构三维图

2. 模型对比

根据 YJK 等效结构模型的计算结果，初步确定阻尼器的附加阻尼比为 4%。使用大型有限元分析软件 SAP（Structure Analysis Program，结构分析软件）2000 建立原结构模型，并进行计算与分析。SAP2000 软件具有建模方便和强大的非线性动力分析功能。SAP2000 原模型结构三维图如图 6-1-6 所示。为了验证所建立的结构模型，将 SAP2000 和 YJK 建立的原结构模型计算得到的质量、周期和振型分解反应谱法下的基底剪力进行对比，对比结果如表 6-1-3 所示，表中相对差值为(|SAP2000 值−YJK 值|/YJK 值)×100%。由表 6-1-3 可知，用于本工程减震分析计算的 SAP2000 模型和 YJK 模型在结构质量、振型周期和基底剪力方面吻合良好，且两个模型的第一扭转周期与第一平动周期的比值均小于 0.9，说明原模型扭转效应较小[8]。

表 6-1-3　SAP2000 模型和 YJK 模型参数值对比

参数	YJK 模型	SAP2000 模型	相对差值/%
质量/t	5775.378	5775.377	0.00
第 1 周期 T_1/s	1.0044	1.004479	−0.01
第 2 周期 T_2/s	0.9272	0.929913	0.29

续表

参数	YJK 模型	SAP2000 模型	相对差值/%
第 3 周期 T_3/s	0.8185	0.818976	−0.06
X 向基底剪力/kN	5077.38	5165.4105	1.73
T_3/T_1	0.815	0.815	—
Y 向基底剪力/kN	5312.29	5355.8493	0.82

图 6-1-6　SAP2000 原模型结构三维图

3. 地震波选取

根据《建筑消能减震技术规程》(JGJ 297—2013)[9]4.1.5 节和《高层建筑混凝土结构技术规程》(JGJ 3—2010)[10]4.3.5 节的相关规定，选取了 2 条实际强震记录（Chi-Chi,Taiwan-02_NO_2165 波和 N.PalmSprings_NO_523 波）和 1 条人工模拟加速度时程曲线（ArtWave-RH4TG055 波）。3 条地震波的反应谱曲线及加速度时程曲线如图 6-1-7 所示，与规范谱的对比结果如表 6-1-4 和图 6-1-8 所示，符合规范要求。

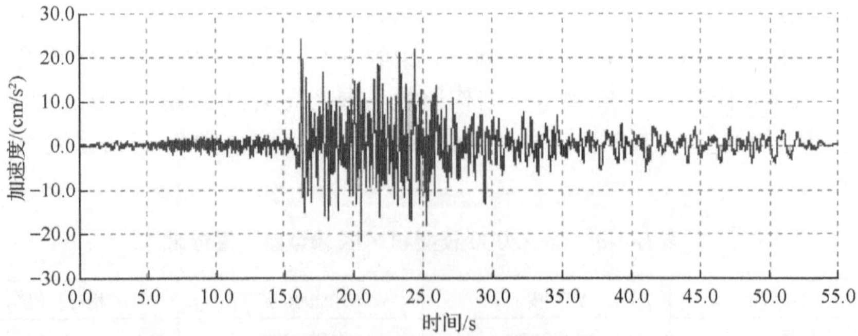

（a）Chi-Chi,Taiwan-02_NO_2165波（天然波1，T1）

图 6-1-7　地震波时程曲线

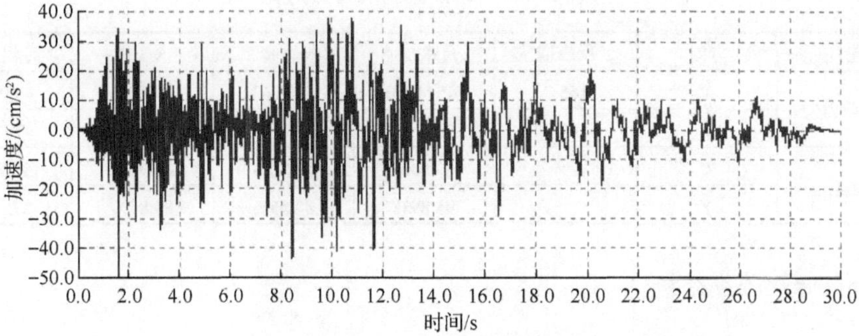

（b）N.PalmSprings_NO_523波（天然波2，T2）

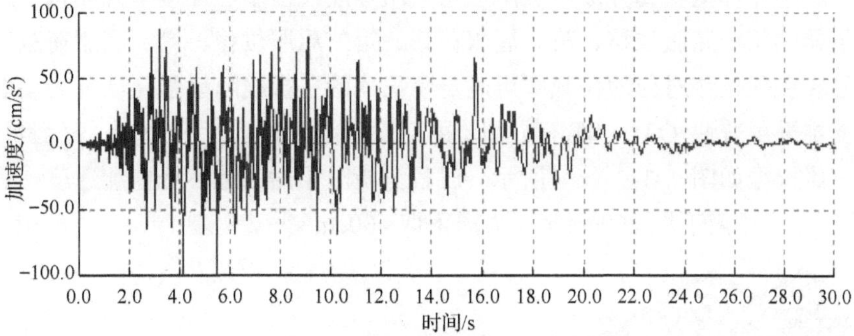

（c）ArtWave-RH4TG055波（人工波，R1）

图 6-1-7（续）

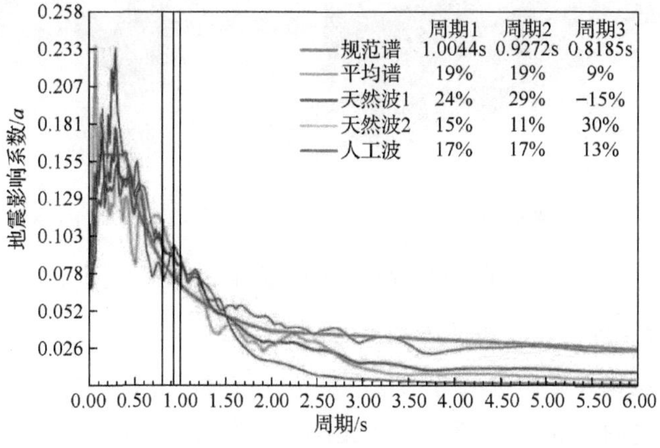

图 6-1-8　规范谱与反应谱对比图

表 6-1-4　原模型基底剪力对比

项目	方向	反应谱	天然波 1	天然波 2	人工波	时程平均
基底剪力/kN	X	5165.74	4574.63	4251.63	4490.60	4438.95
	Y	5383.42	5054.69	4553.69	4513.93	4707.44
比例	X	—	88.56%	82.30%	86.93%	85.93%
	Y	—	93.89%	84.59%	83.85%	87.44%

4. 时程响应分析

本节的时程响应分析采用 SAP2000 软件，建立减震结构模型如图 6-1-9（a）所示，其中套环型金属分级屈服阻尼器采用多段线性塑性连接单元模拟，通过定义阻尼器的第一屈服位移、第一屈服荷载、第二屈服位移、第二屈服荷载以及极限位移和极限位移对应的荷载即可确定阻尼器的三折线随动强化恢复力模型；阻尼器支撑采用普通 Q345 钢，截面选用工字型钢，截面选用可参考等代斜杆，阻尼器三维模型如图 6-1-9（b）所示。时程分析时采用的地震峰值加速度：小震下取 70cm/s^2，中震下取 200cm/s^2，大震下取 400cm/s^2[8]。

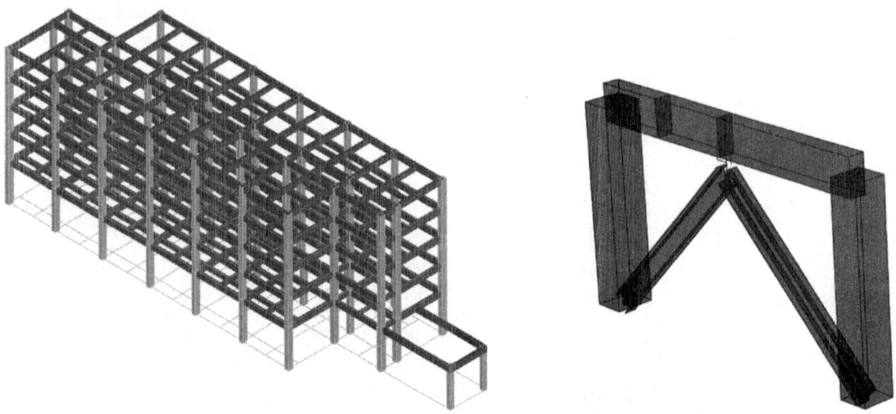

（a）整体模型　　（b）阻尼器模型

图 6-1-9　SAP2000 减震结构模型

1）小震下减震结构时程响应分析

对原模型结构和减震结构分别在小震下进行时程分析，验证小震下阻尼器是否可以给原结构附加 4%的阻尼比，对比两个模型的层间位移角，并检查阻尼器的耗能情况。

（1）附加阻尼比验证。

参考《建筑消能减震技术规程》（JGJ 297—2013）[9]，消能部件附加给结构的有效阻尼比可按式（6-1-3）近似确定。

$$\zeta_{\mathrm{d}}=\sum_{j=1}^{n}\frac{W_{\mathrm{c}j}}{4\pi W_{\mathrm{s}}} \tag{6-1-3}$$

式中：ζ_{d} 为消能减震结构的附加有效阻尼比；n 为阻尼器的总数量；$W_{\mathrm{c}j}$ 为第 j 个消能部件在结构预期层间位移 Δu_j 下往复循环一周所消耗的能量；W_{s} 为消能减震结构在水平地震作用下的总应变能（包括结构自身的应变能 $W_{1\mathrm{s}}$ 和阻尼器产生的应变能 $W_{2\mathrm{s}}$）。

当不计扭转效应影响时，减震结构在所选地震作用下的总应变能，可按下式估算：

$$W_{\mathrm{s}}=W_{1\mathrm{s}}+W_{2\mathrm{s}}=\frac{1}{2\left[\sum_{i=1}^{m}(F_i u_i)+\sum_{i=1}^{m}\sum_{j=1}^{n_i}(F_{\mathrm{d},ij}\Delta u_j)\right]} \tag{6-1-4}$$

式中：F_i 为第 i 层结构承担的层间剪力；m 为楼层层数；u_i 为第 i 层结构的平均层间位移；n_i 为第 i 层阻尼器的数量；$F_{\mathrm{d},ij}$ 为第 i 层结构第 j 个阻尼器在 Δu_j 变形下的输出力。

当 $U_{\mathrm{y}1}\leqslant\Delta u_j\leqslant U_{\mathrm{y}2}$ 时，$W_{\mathrm{c}j}$ 可按下式估算：

$$W_{\mathrm{c}j}=4F_{\mathrm{y}1}(1-\alpha_1)(\Delta u_j-U_{\mathrm{y}1}) \tag{6-1-5}$$

当 $\Delta u_j\geqslant U_{\mathrm{y}2}$ 时，$W_{\mathrm{c}j}$ 可按下式估算：

$$W_{\mathrm{c}j}=4F_{\mathrm{y}1}(1-\alpha_1)(U_{\mathrm{y}2}-U_{\mathrm{y}1})+4F_{\mathrm{y}2}(1-\alpha_2)(\Delta u_j-U_{\mathrm{y}2}) \tag{6-1-6}$$

式中：$\alpha_1=K_2/K_1$；$\alpha_2=K_3/K^*$，其中 $K^*=F_{\mathrm{y}2}/U_{\mathrm{y}2}$。

结合相关公式不难发现，在初始刚度和目标屈服位移确定的情况下，内、外环的初始刚度比 $B=\dfrac{K_{0\text{内环}}}{K_{0\text{外环}}}$ 对附加阻尼比影响较大，综合分析后，本工程的 B 值取 10，阻尼器的编号和尺寸如表 6-1-5 所示。附加阻尼比按照式（6-1-3）～式（6-1-6）计算，计算过程如表 6-1-5～表 6-1-12 所示。计算结果满足预设的阻尼器附加给结构 4%的附加阻尼比。

表 6-1-5　阻尼器编号和尺寸　（单位：mm）

阻尼器编号	楼层	部件	t	W	d	S	L
SD1	1、2 层	内环	30	270	120	65	620
		外环	32	280	256	120	868
SD2	3、4 层	内环	25	235	100	60	585
		外环	28	250	224	120	832

表 6-1-6　天然波 1 时程工况下结构应变能

方向	楼层	层间剪力/kN	层间位移/mm	W_{1si}/（kN·mm）	结构总应变能$\sum W_{1si}$/（kN·mm）
X	5	1665.11	3.37	2807.96	10757.33
	4	1799.90	2.48	2235.09	
	3	1714.59	2.74	2350.68	
	2	1298.06	2.28	1481.86	
	1	1705.48	2.21	1881.74	
Y	5	1932.97	3.08	2976.77	12932.35
	4	2092.13	2.88	3012.67	
	3	2056.52	2.83	2904.84	
	2	1451.18	2.41	1746.50	
	1	1956.94	2.34	2291.58	

表 6-1-7　天然波 2 时程工况下结构应变能

方向	楼层	层间剪力/kN	层间位移/mm	W_{1si}/（kN·mm）	结构总应变能$\sum W_{1si}$/（kN·mm）
X	5	1584.89	3.48	2755.52	10122.33
	4	1875.18	2.57	2405.28	
	3	1799.93	2.38	2143.53	
	2	1277.29	2.03	1294.67	
	1	1482.00	2.06	1523.32	
Y	5	2163.24	3.51	3800.81	12433.34
	4	2331.26	2.79	3254.43	
	3	1983.23	2.57	2550.43	
	2	1262.90	2.09	1321.62	
	1	1548.63	1.95	1506.04	

表 6-1-8　人工波时程工况下结构应变能

方向	楼层	层间剪力/kN	层间位移/mm	W_{1si}/（kN·mm）	结构总应变能$\sum W_{1si}$/（kN·mm）
X	5	1908.99	4.44	4233.18	13799.69
	4	2130.41	3.37	3588.53	
	3	1825.27	2.90	2649.12	
	2	1325.07	2.33	1541.78	
	1	1657.99	2.16	1787.07	
Y	5	2392.31	4.29	5136.29	16518.90
	4	2392.81	3.52	4208.95	
	3	2117.84	2.98	3151.35	
	2	1496.17	2.31	1731.07	
	1	1988.92	2.30	2291.24	

表 6-1-9　天然波 1 时程工况下阻尼器耗能的统计

方向	楼层	阻尼器编号	位移/mm	阻尼器应变能 W_{2si}/（kN·mm）	阻尼器耗能 W_{cj}/（kN·mm）	阻尼器总应变能 $\sum W_{2si}$/（kN·mm）	阻尼器总耗能 $\sum W_{cj}$（kN·mm）
X	4	4X1	1.16	236.05	228.10	7634.32	12244.12
		4X2	1.11	224.66	156.82		
		4X3	1.09	220.14	128.30		
		4X4	1.15	233.76	213.84		
	3	3X1	1.52	321.25	741.31		
		3X2	1.48	311.50	684.29		
		3X3	1.46	306.65	655.78		
		3X4	1.51	318.80	727.06		
	2	2X1	1.68	574.42	433.03		
		2X2	1.64	559.14	336.80		
		2X3	1.66	566.77	384.91		
		2X4	1.68	574.42	433.03		
	1	1X1	2.24	796.69	1780.22		
		1X2	2.23	792.58	1756.16		
		1X3	2.25	800.79	1804.28		
		1X4	2.24	796.69	1780.22		
Y	4	4Y1	1.20	245.24	285.12	7479.55	11342.43
		4Y2	1.17	238.34	242.35		
		4Y3	1.13	229.21	185.33		
		4Y4	1.08	217.89	114.05		
	3	3Y1	1.62	345.91	883.87		
		3Y2	1.57	333.53	812.59		
		3Y3	1.44	301.82	627.26		
		3Y4	1.38	287.44	541.73		
	2	2Y1	1.85	640.27	842.00		
		2Y2	1.78	612.98	673.60		
		2Y3	1.58	536.35	192.46		
		2Y4	1.48	498.77	0		
	1	1Y1	2.39	858.83	2141.07		
		1Y2	2.28	813.15	1876.45		
		1Y3	1.91	663.85	986.34		
		1Y4	1.89	655.97	938.22		

表 6-1-10　天然波 2 时程工况下阻尼器耗能的统计

方向	楼层	阻尼器编号	位移/mm	阻尼器应变能 W_{2si}/（kN • mm）	阻尼器耗能 W_{cj}/（kN • mm）	阻尼器总应变能 $\sum W_{2si}$/（kN • mm）	阻尼器总耗能 $\sum W_{cj}$/（kN • mm）
X	4	4X1	1.04	208.91	57.02	7385.66	10725.86
		4X2	0.99	197.78	0		
		4X3	0.97	193.37	0		
		4X4	1.03	206.67	42.77		
	3	3X1	1.39	289.83	555.98		
		3X2	1.36	282.68	513.22		
		3X3	1.34	277.94	484.70		
		3X4	1.39	289.83	555.98		
	2	2X1	1.60	543.93	240.57		
		2X2	1.56	528.80	144.34		
		2X3	1.58	536.35	192.46		
		2X4	1.60	543.93	240.57		
	1	1X1	2.30	821.41	1924.56		
		1X2	2.30	821.41	1924.56		
		1X3	2.30	821.41	1924.56		
		1X4	2.30	821.41	1924.56		
Y	4	4Y1	1.10	222.40	142.56	7545.45	11749.62
		4Y2	1.09	220.14	128.30		
		4Y3	1.04	208.91	57.02		
		4Y4	0.98	195.57	0		
	3	3Y1	1.60	340.95	855.36		
		3Y2	1.55	328.60	784.08		
		3Y3	1.43	299.42	613.01		
		3Y4	1.34	277.94	484.70		
	2	2Y1	1.85	640.27	842.00		
		2Y2	1.77	609.11	649.54		
		2Y3	1.55	525.03	120.29		
		2Y4	1.45	487.60	0		
	1	1Y1	2.64	964.87	2742.50		
		1Y2	2.49	900.88	2381.64		
		1Y3	1.93	671.74	1034.45		
		1Y4	1.88	652.03	914.17		

表 6-1-11　人工波时程工况下阻尼器耗能的统计

方向	楼层	阻尼器编号	位移/mm	阻尼器应变能 W_{2si}/（kN • mm）	阻尼器耗能 W_{cj}/（kN • mm）	阻尼器总应变能 $\sum W_{2si}$/（kN • mm）	阻尼器总耗能 $\sum W_{cj}$/（kN • mm）
X	4	4X1	1.27	261.48	384.91	9395.17	22491.51
		4X2	1.21	247.54	299.38		
		4X3	1.20	245.24	285.12		
		4X4	1.27	261.48	384.91		
	3	3X1	1.62	345.91	883.87		
		3X2	1.58	335.99	826.85		
		3X3	1.57	333.53	812.59		
		3X4	1.62	345.91	883.87		
	2	2X1	1.97	687.60	1130.68		
		2X2	1.94	675.70	1058.51		
		2X3	1.94	675.70	1058.51		
		2X4	1.97	687.60	1130.68		
	1	1X1	2.89	1073.97	3343.92		
		1X2	2.89	1073.97	3343.92		
		1X3	2.89	1073.97	3343.92		
		1X4	2.88	1069.55	3319.87		
Y	4	4Y1	1.35	280.31	498.96	9056.58	20501.91
		4Y2	1.34	277.94	484.70		
		4Y3	1.31	270.86	441.94		
		4Y4	1.25	256.82	356.40		
	3	3Y1	1.73	373.55	1040.69		
		3Y2	1.68	360.93	969.41		
		3Y3	1.58	335.99	826.85		
		3Y4	1.51	318.80	727.06		
	2	2Y1	2.24	796.69	1780.22		
		2Y2	2.10	739.68	1443.42		
		2Y3	1.71	585.94	505.20		
		2Y4	1.61	547.72	264.63		
	1	1Y1	3.17	1199.81	4017.52		
		1Y2	2.98	1114.00	3560.44		
		1Y3	2.28	813.15	1876.45		
		1Y4	2.21	784.39	1708.05		

表 6-1-12　附加阻尼比结果汇总

地震波	方向	结构总应变能 W_{1s}/（kN·mm）	阻尼器总应变能 W_{2s}/（kN·mm）	阻尼器总耗能 W_c/（kN·mm）	附加阻尼比 ζ_d/%
天然波 1	*X*	10757.33	7634.32	12244.12	5.30
	Y	12932.35	7479.55	11342.43	4.42
天然波 2	*X*	10122.33	7385.66	10725.86	4.88
	Y	12433.34	7545.45	11749.62	4.68
人工波	*X*	13799.69	9395.17	22491.51	7.72
	Y	16518.90	9056.58	20501.91	6.38

（2）减震前后效果对比。

多遇地震作用下，减震前后层间位移角对比结果如图 6-1-10、表 6-1-13 和表 6-1-14 所示。研发的分级屈服阻尼器属于位移型阻尼器，从分析结果可知，阻尼器对结构的位移控制较为明显，控制率最大可达 63.02%，减震后结构的层间位移角均小于《建筑抗震设计规范（2016 年版）》（GB 50011—2010）要求的 1/550，且减震后结构各层的层间变形比较均匀，没有出现薄弱层。

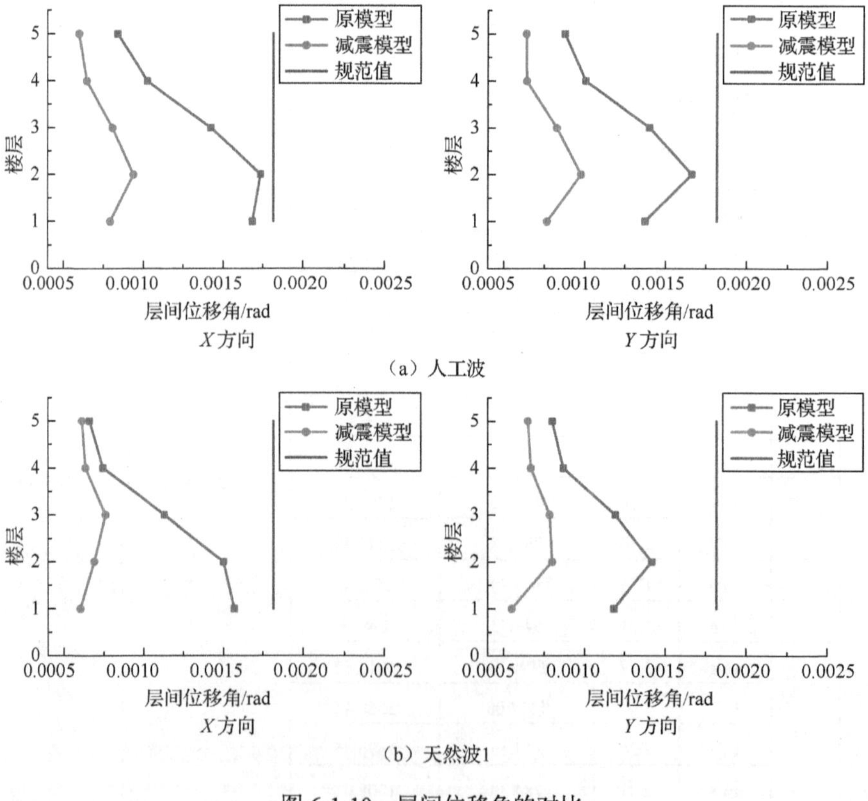

图 6-1-10　层间位移角的对比

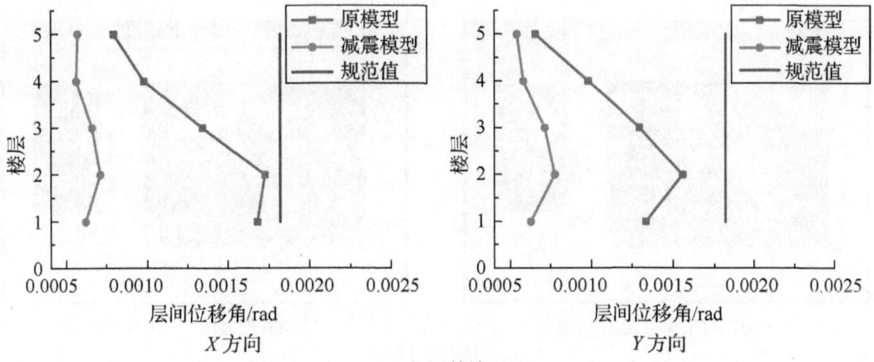

（c）天然波2

图 6-1-10（续）

表 6-1-13　X 向减震前后层间位移角的对比

楼层	X 向层间位移角						控制率 [(减震前-减震后)/减震前]/%		
	减震前			减震后					
	人工波	天然波 1	天然波 2	人工波	天然波 1	天然波 2	人工波	天然波 1	天然波 2
1	1/594	1/637	1/596	1/1263	1/1660	1/1610	53.00	61.61	63.02
2	1/576	1/666	1/580	1/1069	1/1450	1/1403	46.09	54.05	58.68
3	1/702	1/884	1/743	1/1240	1/1313	1/1511	43.42	32.69	50.83
4	1/976	1/1340	1/1022	1/1547	1/1577	1/1776	36.94	15.01	42.47
5	1/1191	1/1514	1/1259	1/1670	1/1631	1/1751	28.68	7.17	28.09

表 6-1-14　Y 向减震前后层间位移角的对比

楼层	Y 向层间位移角						控制率 [(减震前-减震后)/减震前]/%		
	减震前			减震后					
	人工波	天然波 1	天然波 2	人工波	天然波 1	天然波 2	人工波	天然波 1	天然波 2
1	1/727	1/845	1/748	1/1304	1/1818	1/1594	44.23	53.53	53.08
2	1/601	1/704	1/642	1/1023	1/1250	1/1289	41.25	43.68	50.19
3	1/713	1/840	1/772	1/1210	1/1274	1/1400	41.08	34.12	44.85
4	1/993	1/1152	1/1020	1/1556	1/1496	1/1720	36.17	23.00	40.71
5	1/1141	1/1251	1/1524	1/1563	1/1537	1/1851	26.97	18.62	17.65

（3）小震下阻尼器性能分析。

分别选取 X、Y 方向的阻尼器各一个，绘制其滞回曲线，如图 6-1-11 所示。由图可以看出小震下阻尼器内环屈服耗能，作为小震下的主要耗能构件，为结构提供附加阻尼比。

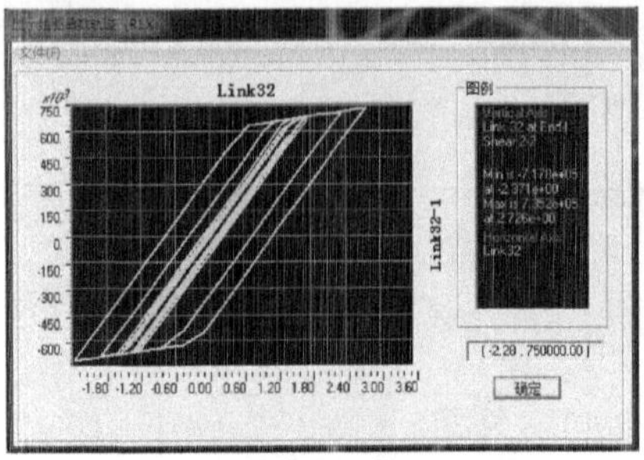

X方向首层某阻尼器滞回曲线

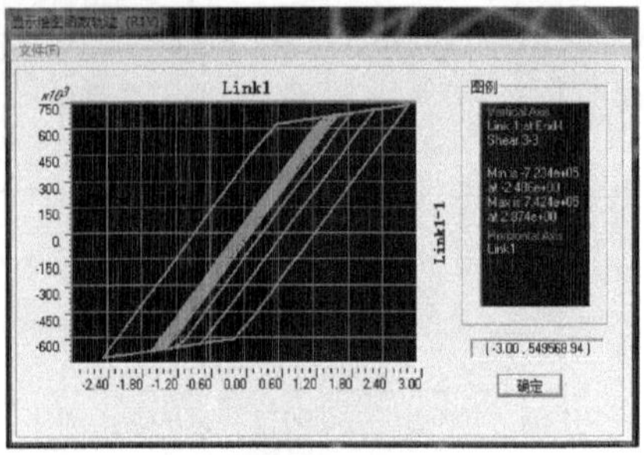

Y方向首层某阻尼器滞回曲线

（a）人工波

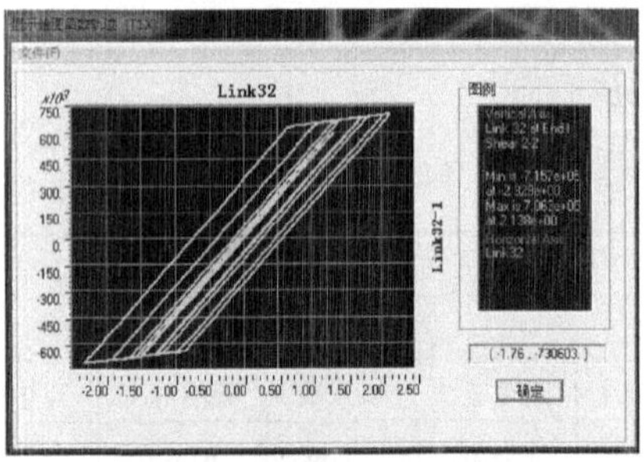

X方向首层某阻尼器滞回曲线

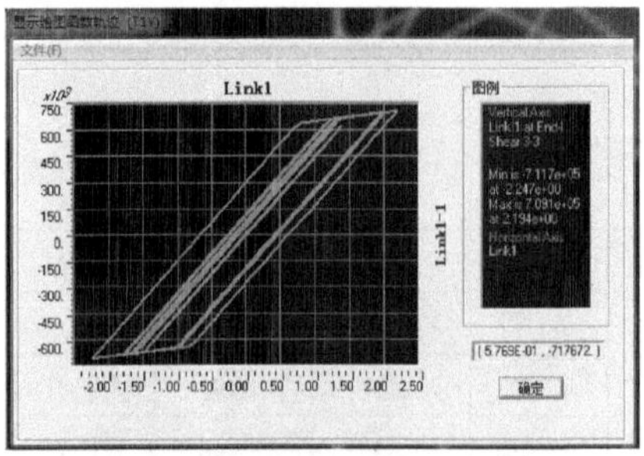

Y方向首层某阻尼器滞回曲线

（b）天然波1

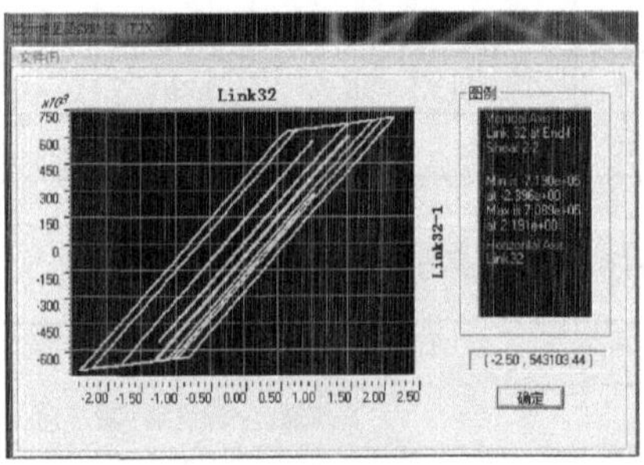

X方向首层某阻尼器滞回曲线

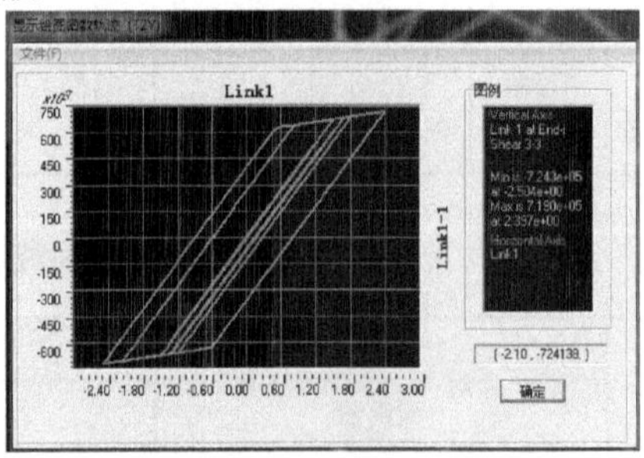

Y方向首层某阻尼器滞回曲线

（c）天然波2

图 6-1-11　小震下阻尼器滞回性能

2）中震下减震结构时程响应分析

（1）减震前后效果对比。

设防地震作用下，减震前后层间位移角对比结果如图 6-1-12 所示。从分析结果也可以看出阻尼器对结构的位移控制较为明显，减震后结构的层间位移角满足规范要求的 1/250。

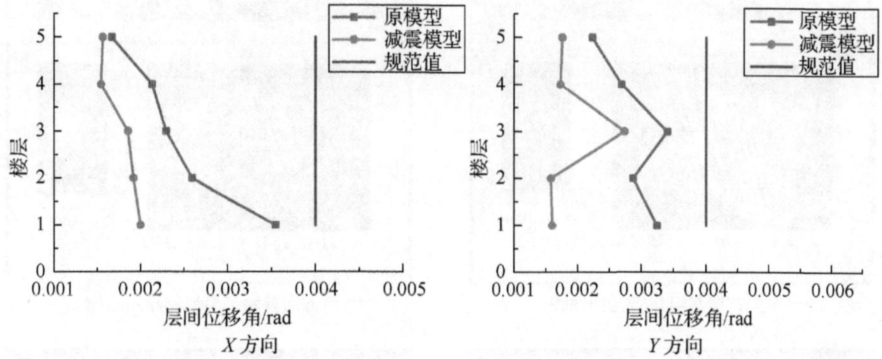

（a）人工波

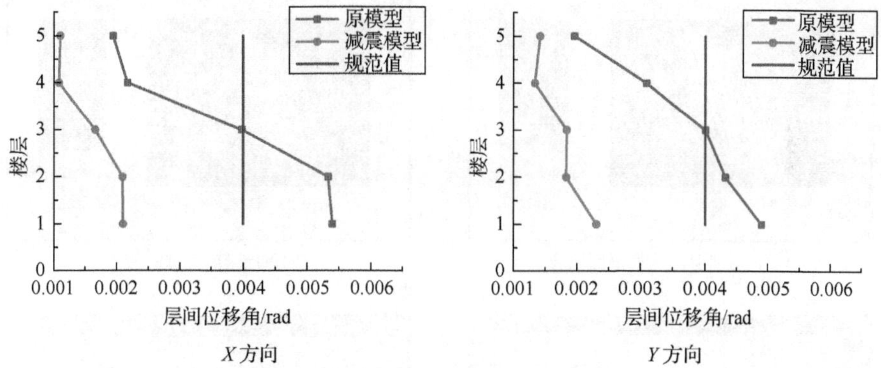

（b）天然波1

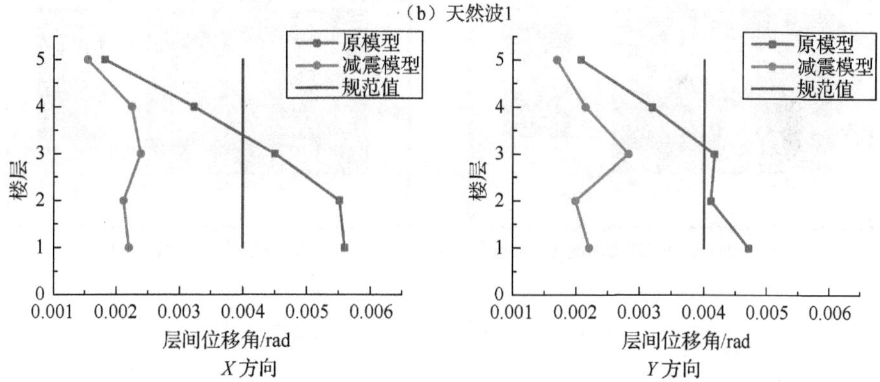

（c）天然波2

图 6-1-12　中震下层间位移角的对比

（2）中震下阻尼器性能分析。

分别选取 X、Y 方向的阻尼器各一个，绘制其滞回曲线，如图 6-1-13 所示。由图可以看出中震下阻尼器外环开始屈服，和内环一起耗能，真正实现内、外环分级屈服，阻尼器滞回环饱满。

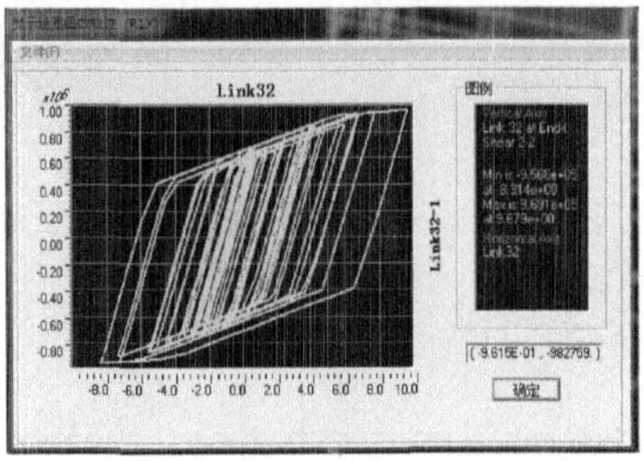

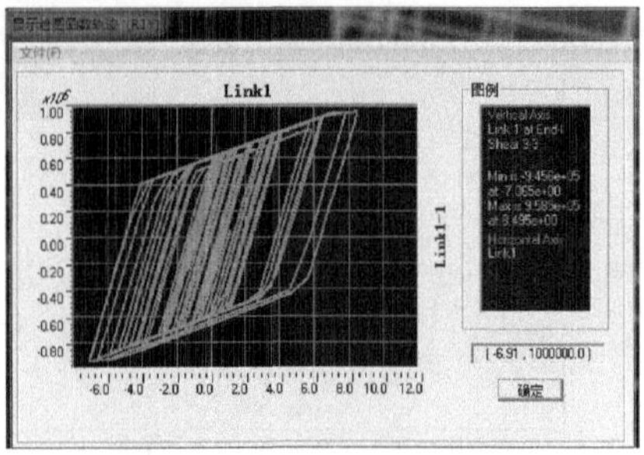

*X*方向首层某阻尼器滞回曲线　　*Y*方向首层某阻尼器滞回曲线

（a）人工波

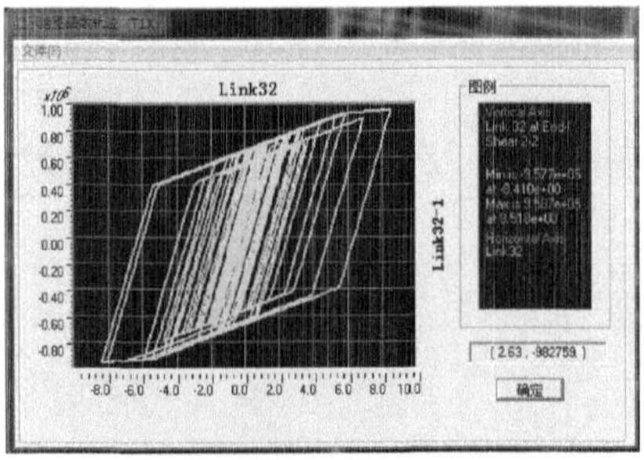

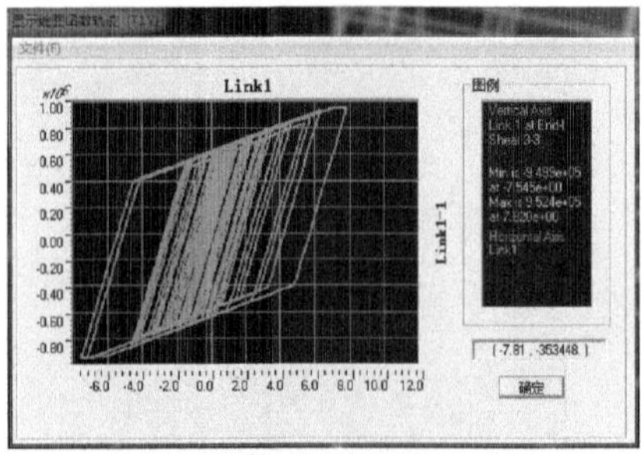

*X*方向首层某阻尼器滞回曲线　　*Y*方向首层某阻尼器滞回曲线

（b）天然波1

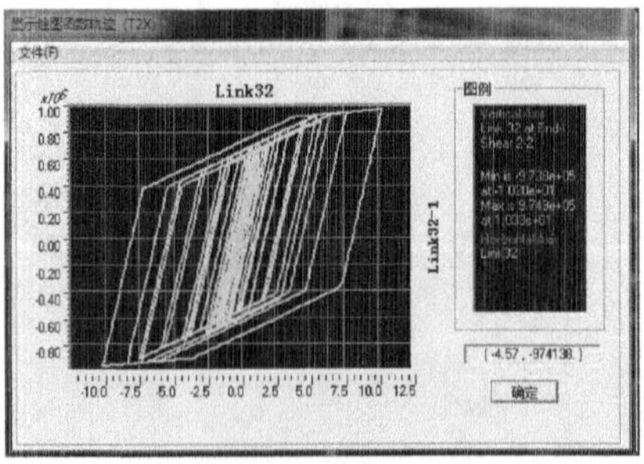

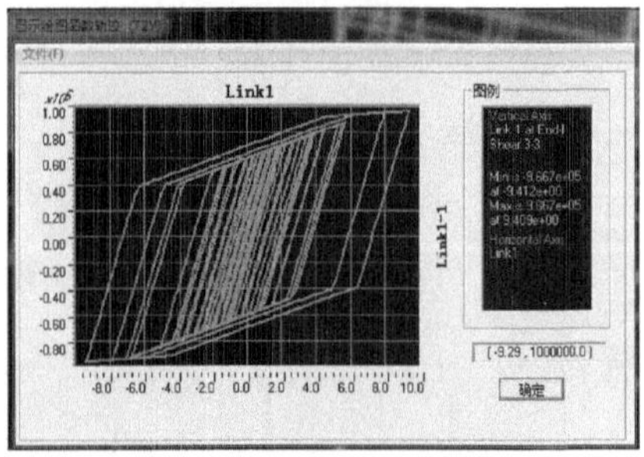

*X*方向首层某阻尼器滞回曲线　　*Y*方向首层某阻尼器滞回曲线

（c）天然波2

图 6-1-13　中震下阻尼器滞回性能

6.1.5　弹塑性分析

采用 SAP2000 进行减震结构的弹塑性分析。SAP2000 能够较为准确地分析主体结构在大震下塑性铰分布、发展情况和阻尼器的减震性能。主体结构框架梁、柱均定义塑性铰，其中框架梁采用美国标准 FEMA 356 的 M3 塑性铰，框架柱采用 FEMA 356 的 P-M2-M3 塑性铰；因为与阻尼器连接的子结构梁柱要在大震下保持弹性，故未设置塑性铰。

1. 大震下减震结构顶点位移

大震作用下减震结构顶点位移时程曲线如图 6-1-14 所示。从图 6-1-14 可以看出，装有该套环型金属分级屈服型阻尼器的结构顶点位移明显减小，而且位移衰减得很快，说明套环型金属分级屈服阻尼器在大震下可以高效耗能，为结构提供足够的附加阻尼，从而避免了主体结构塑性变形过大而倒塌。

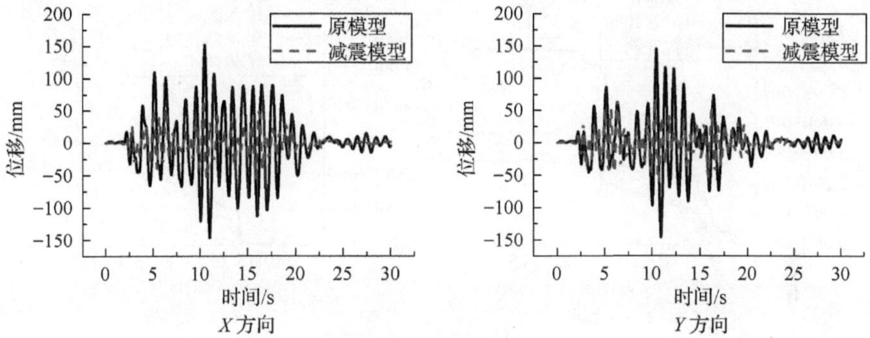

（a）人工波

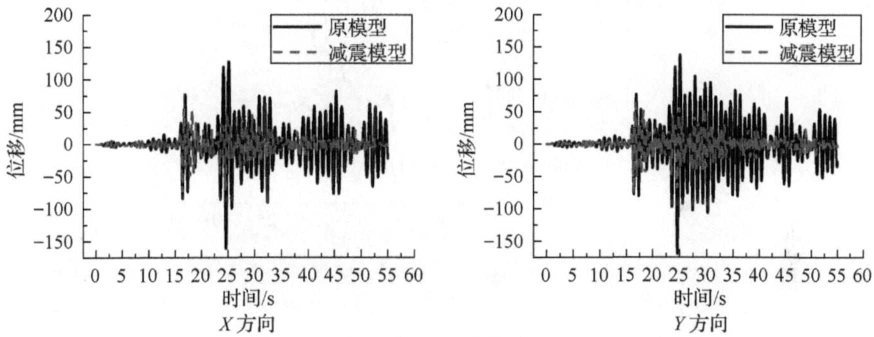

（b）天然波1

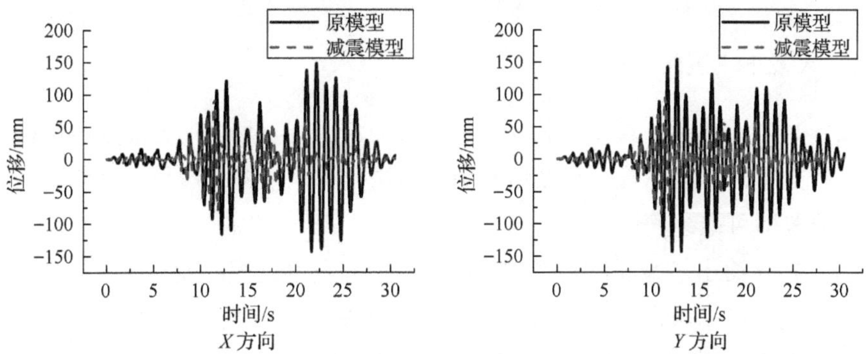

（c）天然波2

图 6-1-14　大震作用下减震结构顶点位移时程曲线

2. 大震下减震结构能量耗散

图 6-1-15 给出了减震结构在大震下的耗能情况。从图 6-1-15 可知，大震下阻尼器作为主要的耗能元件，消耗吸收了大部分地震能量，保证了主体结构的安全。

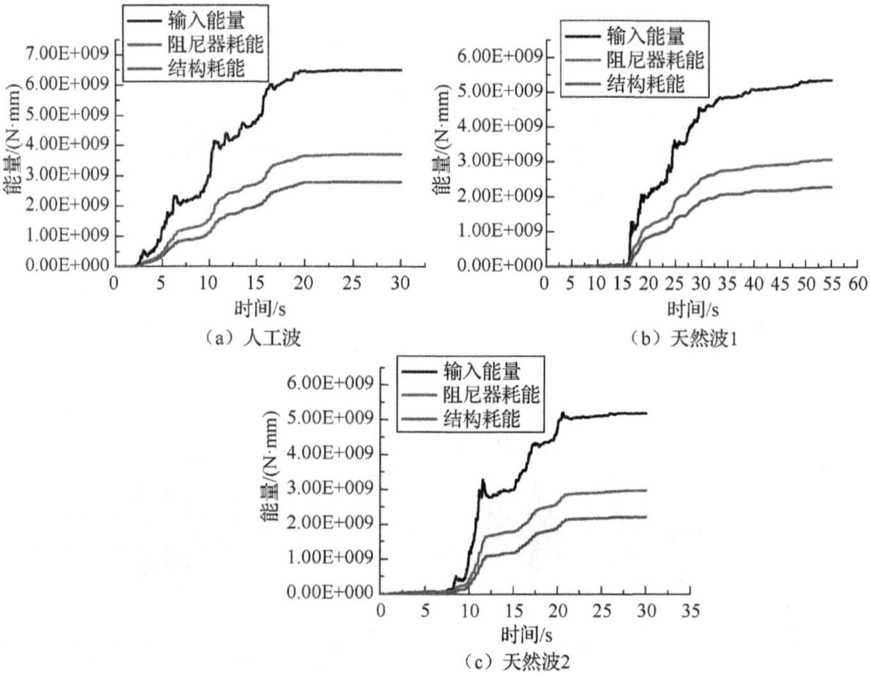

图 6-1-15　大震下减震结构能量耗散

3. 大震下减震结构塑性铰

图 6-1-16 给出了大震下结构塑性铰的分布情况。阻尼器的耗能使得结构梁柱的塑性铰数量大幅度下降，有效地减小了结构损伤，结构在震后不用修复或者经过少量修复即可继续使用。

图 6-1-17 给出了减震结构在大震下塑性铰的发展过程，限于篇幅，这里只给出了天然波 2 在 Y 方向作用时减震结构塑性铰的发展。从图 6-1-17 可知，在 731 步时第 2 层左端的框架梁出现塑性铰，在 800 步时框架梁的塑性铰有所增加，真正实现了“强柱弱梁”的设计理念。

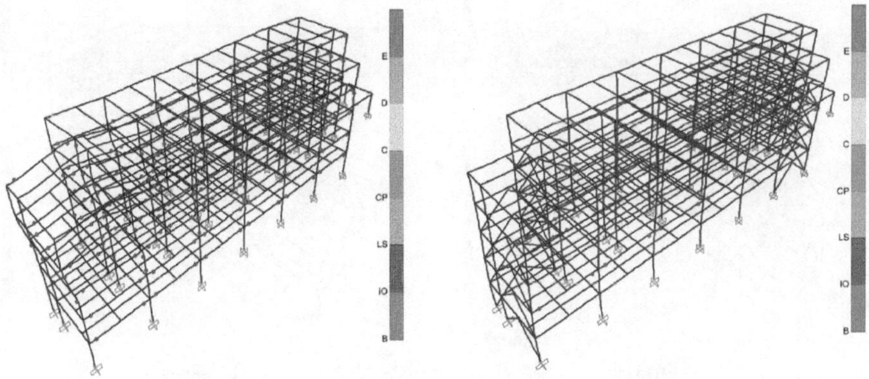

原模型　　　　　　　　　　　　　　　　　　　　减震模型

（a）人工波

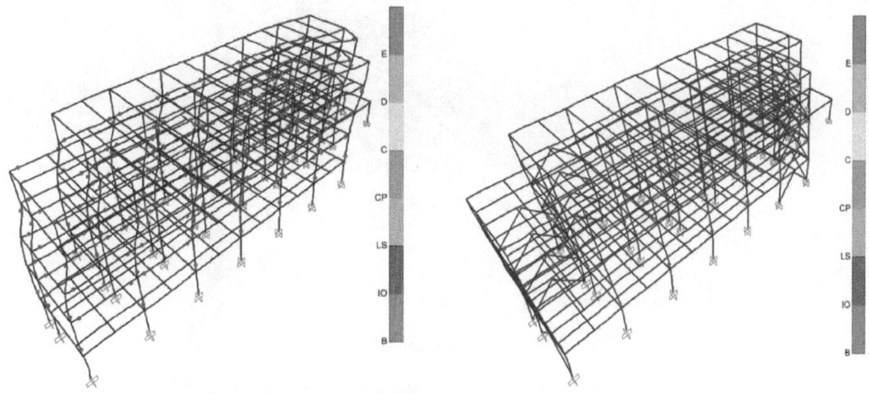

原模型　　　　　　　　　　　　　　　　　　　　减震模型

（b）天然波1

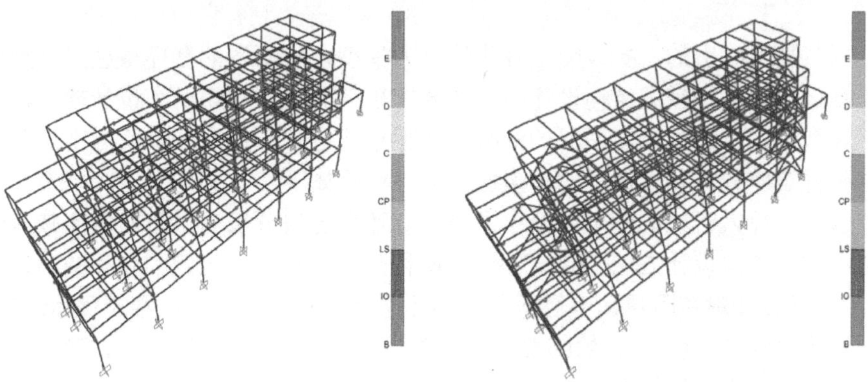

原模型　　　　　　　　　　　　　　　　　　　　减震模型

（c）天然波2

图 6-1-16　大震下结构塑性铰分布情况

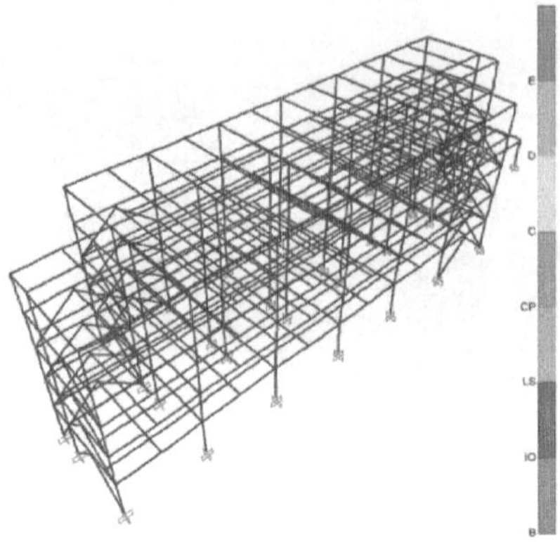

(a) 第731步

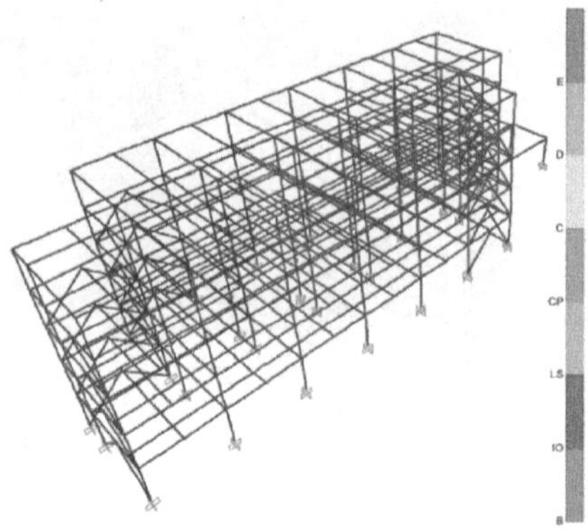

(b) 第800步

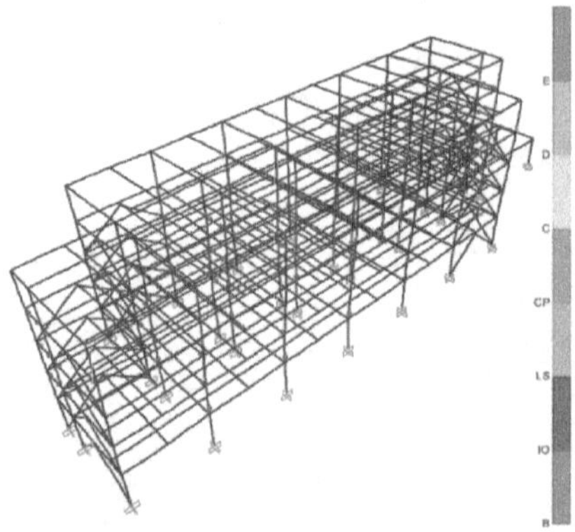

(c) 第4749步

图 6-1-17　大震下结构塑性铰发展过程

6.1.6　研究结论

本节基于提出的三折线随动强化恢复力模型，将研发的套环型金属分级屈服阻尼器运用到实际减震结构设计中，结合 YJK 和 SAP2000 两个设计软件，对装有套环型金属分级屈服阻尼器的混凝土框架结构进行了振型分解反应谱法分析、动力时程响应分析和大震下的弹塑性分析，结论如下。

（1）在前人研究的基础上提出了装有套环型金属分级屈服阻尼器的减震结构的工程实用抗震设计方法，即首先用 YJK 得到原结构的层抗侧刚度和减震设计需求（附加刚度和附加阻尼比），然后确定套环型金属分级屈服阻尼器的目标位移（即内、外环的屈服位移）、初始刚度，以及内、外环的合理配置刚度比，最后确定辅助构件（如钢支撑）的选型。

（2）采用 SAP2000 有限元软件进行动力时程分析，其中阻尼器采用多段线性塑性连接单元，建模中采用三折线随动强化恢复力模型，通过对比原模型和减震模型在小震、中震下的时程响应，得出减震模型的减震效果，并验证了小震下附加阻尼比的准确性以及内、外环分级屈服的设计目标。

（3）对原结构和减震结构进行大震下的弹塑性分析，通过对比两个模型在大震下 3 条地震波下的顶点位移和塑性铰分布情况可知，装有套环型金属分级屈服阻尼器的减震结构在大震下能高效地控制结构的位移反应，延缓结构进入塑性变形的时间，从而提高结构的整体抗震性能。从减震结构在大震下塑性铰的发展历程可知，减震结构可以实现“强柱弱梁”，特别是极大增强了结构对地震作用强度不确定性的减震适应能力。

6.2　基于双钢腹板灌铅分级屈服连梁阻尼器的减震设计案例

6.2.1　带有双钢腹板灌铅分级屈服连梁阻尼器的超高层 Benchmark 模型

1. 模型基本参数

设计一标准的超高层 Benchmark（基准）模型，将其中的部分连梁替换成可更换连梁[11]。该 Benchmark 模型的基本参数如下所示[11]。

（1）结构底层层高 6m，其余层层高 4.5m，共 50 层，总高 226.5m，结构高宽比为 4.72。

（2）钢筋混凝土核心筒-型钢混凝土框架结构体系，核心筒高宽比 9.44。

（3）型钢混凝土柱混凝土强度等级 C60，钢材等级 Q345。

（4）梁钢材等级 Q345。

（5）组合楼板混凝土强度等级 C35。

（6）恒载 $5kN/m^2$，活载 $2kN/m^2$。

（7）抗震设防烈度 8 度（$0.2g$），第一组，Ⅲ类场地土，特征周期 T_g=0.45s。

（8）基本风压：$0.55kN/m^2$，场地粗糙类型 C。

（9）连梁 1（LL1）、连梁 2（LL2）截面高度为 800mm，截面宽度与墙厚相同。

2. 模型结构平面布置

结构的平面布置如图 6-2-1 所示[11]。为了叙述方便，对带有传统连梁的超高层 Benchmark 模型简称为传统基准模型（conventional benchmark model，CBM），对带有新型可更换连梁的超高层Benchmark模型简称为新基准模型（new benchmark model，NBM）[11]。

根据可更换连梁的实用设计方法，将超高层框架-核心筒的部分连梁等代成新型可更换连梁[11]。等代的方法需要先确定将哪些位置的连梁等代成可更换连梁，方法是直接根据连梁的受力大小进行判断选择，这种方法相比一些间接的方法可靠性更高。通常连梁受力较大楼层的层间位移角也较大，但二者也不是绝对不变的，因此直接通过连梁的受力大小判断会更准确[11]。通过连梁的转角大小选择可更换连梁也是一个可行的方法，但前提条件是连梁的转角较易得到，但实质上这也是一种间接的方法[11]。

因此首先对 CBM 结构正交的两个方向分别做 8 度小震的反应谱分析，根据反应谱分析的结果，经过仔细比较发现，第 11～30 层两个方向的连梁应力和应变都较大[11]。因此，考虑到更换数量的大小及经济性，对第 11～30 层所有 X 方向的连梁进行了更换，每层 10 根，共计 200 根；对第 11～30 层 Y 方向中部的两排连梁进行更换，每层 14 根，共计 280 根（替换的可更换连梁如图 6-2-2 所示）[11]。因此，最终一共有 480 根传统连梁被更换成可更换连梁[11]。总之，确定所需更换的连梁是一个比较复杂的问题，也是一个优化的过程，本节限于研究的重点不是可更换连梁布置位置的优化，因此对这个问题不做进一步深入讨论[11]。

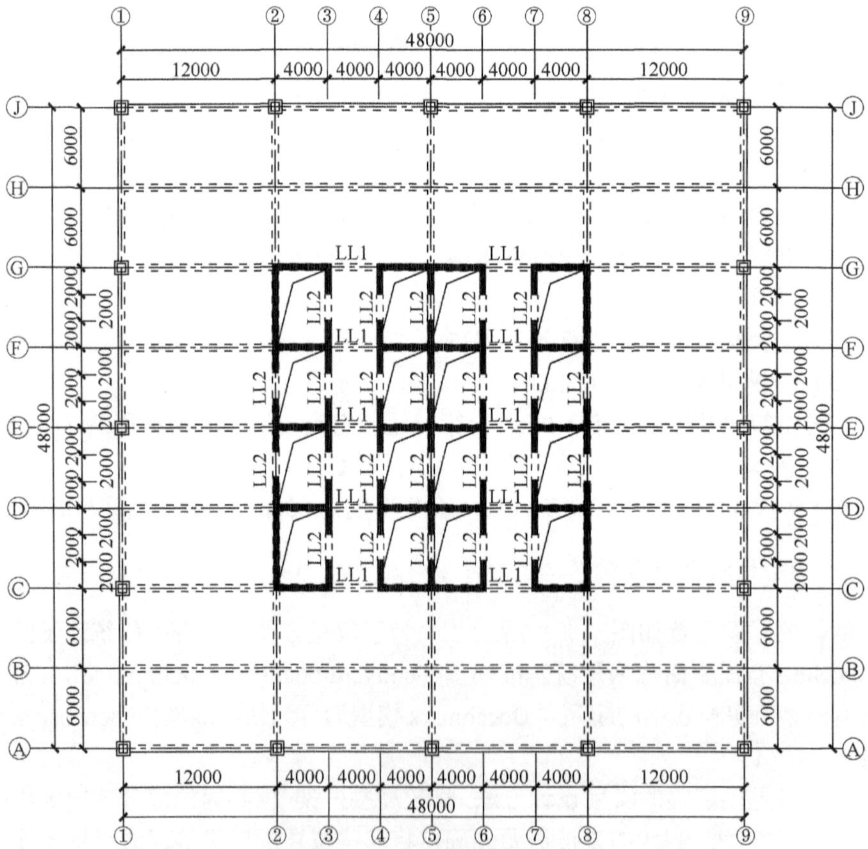

图 6-2-1　结构的平面布置[11]

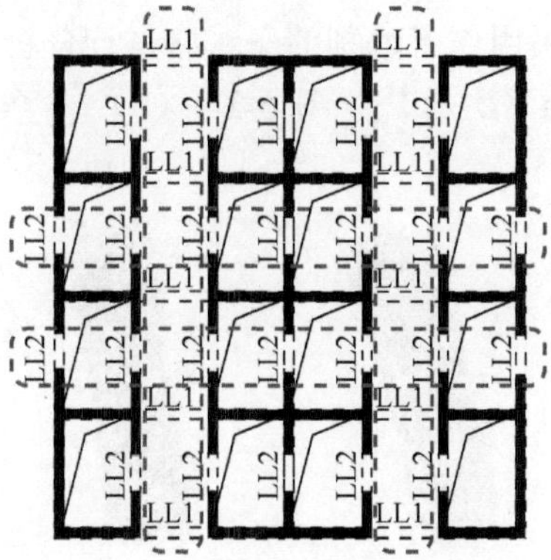

图 6-2-2　替换的可更换连梁[11]

确定可更换连梁位置后，需要将这些传统连梁等代成可更换连梁，等代的方法根据连梁对墙肢提供相同约束弯矩的方法进行等代替换[11]。可更换双钢腹板灌铅分级屈服连梁阻尼器在计算中考虑其腹板一共包括两层，一层为钢腹板，另一层为铅芯，钢腹板和铅芯之间完全耦合，节点之间无滑移，连梁剪力由钢腹板和铅芯共同承担，连梁的弯矩由钢翼缘承担[11]。经过计算并考虑一定的安全系数，阻尼器的长度对 LL1 取 2000mm，LL2 取 1000mm[11]。阻尼器的横截面尺寸如表 6-2-1 所示[11]。

表 6-2-1　阻尼器的横截面尺寸[11]　　　　（单位：mm）

连梁位置	外墙 LL1		内墙 LL1		外墙 LL2		内墙 LL2	
	钢腹板	铅芯	钢腹板	铅芯	钢腹板	铅芯	钢腹板	铅芯
第 11～20 层	3.4	34	2.4	24	3.8	38	2.6	26
第 21～30 层	2.6	27	2.6	26	2.8	28	2.6	26

3. 模型建立

模型计算采用大型商用有限元程序 ABAQUS，模型主要的构件维度为一维的梁、柱杆件和二维的剪力墙、楼板构件，除此之外还有连梁的钢筋也是一维单元[11]。经过综合考虑，本模型的最终单元选择：钢框架的钢梁和型钢混凝土柱采用 B31 梁单元，模型中的剪力墙和楼板采用线性、有限薄膜应变、减缩积分、四边形壳单元 S4R[11]。剪力墙中的分布钢筋通过组合式建模，即通过定义关键词 *RebarLayer（钢筋层）定义剪力墙中的分布钢筋[11]。连梁也采用 S4R 单元，模型建立时通过在墙体上开洞来建立连梁单元，连梁纵筋是通过 B31 梁单元单独建立，然后与连梁的壳单元耦合在一起的[11]。阻尼器的钢腹板和铅芯分别用壳单元模拟，二者耦合在一起[11]。阻尼器的上下翼缘采用 B31 梁单元模拟，B31 单元与腹板的 S4R 单元在对应的节点处完全耦合在一起[11]。梁单元混凝土材料本构采用 Mander

（曼德尔）模型[12-13]，并采用作者编制的子程序进行分析。经过上述工作，建立的有限元模型如图 6-2-3（a）所示[11]。图 6-2-3（b）～（d）列出了 CBM 和 NBM 的前 3 阶模态。

（a）整体模型　（b）1 阶模态　（c）2 阶模态　（d）3 阶模态

图 6-2-3　结构有限元模型及模态[11]

6.2.2　模态及反应谱分析

通过结构的模态分析，可以得到结构基本动力特性[11]。在 ABAQUS 程序中，提取结构的前 60 阶模态，经比对后发现 CBM 与 NBM 的模态振型完全一致，但周期有一定的变化[11]。两个结构的前 3 阶模态对比如表 6-2-2 所示[11]。

表 6-2-2　两个结构的模态对比[11]

振型	周期/s		平动系数(X+Y)	扭转系数	相差/%
	CBM	NBM			
1 阶	4.968	5.179	1.00(1.00+0.00)	0	4.25
2 阶	4.711	4.833	1.00(0.00+1.00)	0	2.59
3 阶	3.902	4.213	0.00(0.00+0.00)	1	7.97

从表 6-2-2 可知，因为第 11～30 层 X 方向的连梁全部替换成了可更换连梁，所以结构的整体刚度有所削弱，第一周期增大了 4.25%，Y 方向的连梁做了部分替换，周期增大了 2.59%，第三振型即扭转振型的周期增大了 7.97%[11]。总体来讲，由于提出的可更换连梁设计方法是一种承载力等效方法，等效后阻尼器的截面尺寸相比原来的连梁尺寸减小很多，会一定程度上造成结构的整体刚度削弱[11]。

对两个模型进行 8 度小震的反应谱分析，能够初步发现结构的薄弱层，也能够初步判断结构的层间位移角是否满足《建筑抗震设计规范（2016 年版）》（GB 50011—2010）要求。值得指出的是在 ABAQUS 中进行反应谱分析比较烦琐，定义谱曲线的关键词*SPECTRUM（谱）在 CAE 界面操作中不识别，必须在 Input（输入）文件中定义好谱曲线后直接提交分析[11]。通过反应谱分析得到两个结构在 X 方向和 Y 方向的层间位移角曲线如图 6-2-4 和图 6-2-5 所示[11]。

由图 6-2-4 和图 6-2-5 可知，因为对第 11～30 层 X 方向的所有连梁进行了替换，对 Y 方向的部分连梁进行了替换，所以第 11～30 层的 NBM 的层间位移角在 X 方向和 Y 方向与 CBM 相比有所增大[11]。除此之外，NBM 的最大层间位移角所在楼层也发生了变化，CBM 在 X 方向的最大层间位移角在第 31 层，NBM 在 X 方向的最大层间位移角在第 29 层；CBM 在 Y 方向的最大层间位移角在第 31～38 层，NBM 在 Y 方向的最大层间位移角在第 27～31 层[11]。

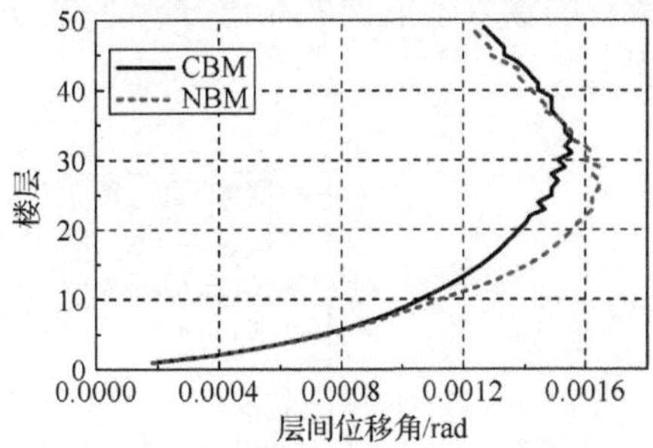

图 6-2-4　结构在 X 方向的层间位移角[11]

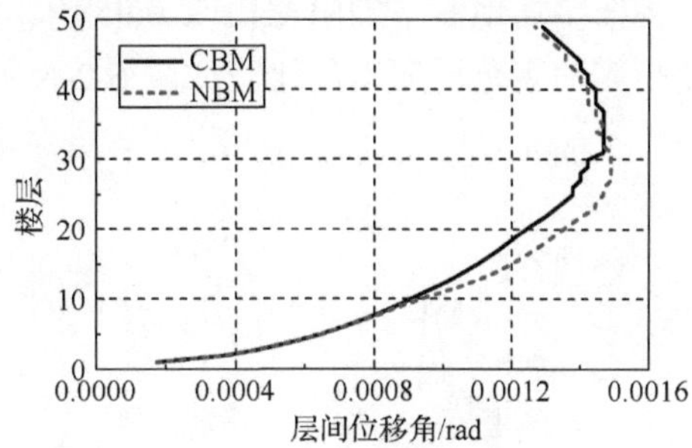

图 6-2-5　结构在 Y 方向的层间位移角[11]

CBM 和 NBM 的层间位移角都满足规范要求，最大层间位移角都远远小于 1/800。在 X 方向，第 1～2 层和第 37～50 层的层间位移角 NBM 小于 CBM，在其余层的层间位移角 NBM 都大于 CBM，一共有 13 层的层间位移角增大超过了 10%，但最大值不超过 12.79%；在 Y 方向，第 1～5 层和第 34～50 层的层间位移角 NBM 小于 CBM，在其余层的层间位移角 NBM 都大于 CBM，但层间位移角的增大值不超过 9%[11]。总体来讲，X 方向的连梁在第 11～30 层全部做了替换，导致刚度削弱，因此层间位移角在第 11～30 层都有所增大，但最大增值不超过 13%；Y 方向的连梁在第 11～30 层做了部分替换，层间位移角虽然也增大了，但最大增值小于 X 方向，不超过 9%[11]。总之，在 8 度小震的弹性反应谱分析中，带有可更换连梁的 NBM 结构的整体刚度会有所减小，结构层间位移角会适当增大。可更换连梁的主要作用是在大震下耗散地震能量，减轻墙体的损伤，保护结构的安全，小震下只要满足《建筑抗震设计规范（2016 年版）》（GB 50011—2010）相关要求即可[11]。

6.2.3　地震时程分析

带有可更换连梁的 NBM 结构在大震下的反应是最令人关心的问题，因此对 NBM 和 CBM 结构进行大震下的弹塑性动力时程反应分析，拟从结构的层间位移角、基底剪力，特别是筒体的损伤反应来全面对比研究两个结构的损伤破坏情况[11]。

1. 地震波选择

该超高层结构属于 8 度（0.2g）抗震设防区，地震分组为第一组，Ⅲ类场地土，特征周期为 0.45s[11]。结合场地条件和结构动力特性，选择 5 条地震波时程曲线作为输入地震波，其中 4 条地震波来自 PEER（Pacific Earthquake Engineering Research Center，太平洋地震工程研究中心）强震记录数据库，另外一条为汶川波。分析时地震波均采用双向输入，两个方向输入加速度幅值之间的比例关系为 1∶0.85[11]。8 度抗震设防区域罕遇地震下时程分析的地震动加速度峰值取 400cm/s^2，结构在罕遇地震下的阻尼比取 0.05[11]。对所有的输入地震波做频谱分析，并与 8 度小震的规范反应谱的比较如图 6-2-6 所示[11]。

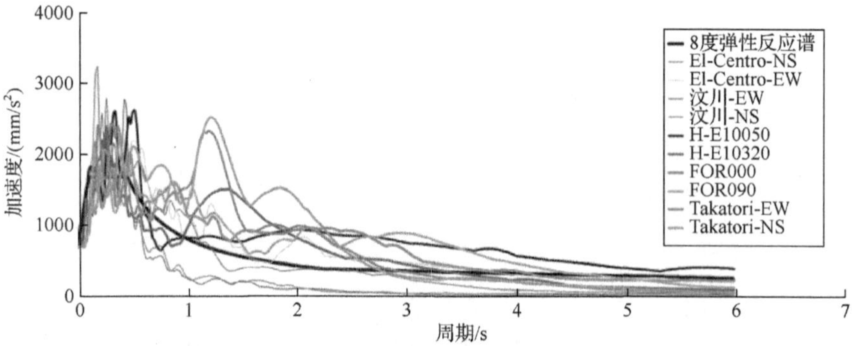

图 6-2-6 选用地震波反应谱及规范设计反应谱[11]

2. 层间位移角比较

表 6-2-3 列出了两个结构的层间位移角最大值[11]。表中相对差值的计算是用 NBM 层间位移角减去 CBM 层间位移角的差值与 CBM 层间位移角之比乘以 100%后得到的，因此相对差值的正值表示 NBM 层间位移角大于 CBM 层间位移角，反之则相反[11]。

由表 6-2-3 可知，在汶川波作用下，NBM 层间位移角在两个方向都大于 CBM；在 El-Centro 波作用下，NBM 层间位移角在 X 方向大于 CBM；在 FOR 波作用下，NBM 层间位移角在 Y 方向大于 CBM；除此之外，NBM 的层间位移角均小于 CBM，特别是在 H-E10 波和 Takatori 波作用下，层间位移角控制效果显著[11]。主要原因在于，汶川波的长周期反应较小，第 11～30 层的可更换连梁的耗能能力得不到充分发挥，刚度的减小起了主导作用，因此在汶川波的作用下 NBM 的层间位移角反而大于 CBM[11]。反之，在 H-E10 波和 Takatori 波作用下，由于这两条波的长周期反应很大，因此尽管 NBM 的结构刚度小于 CBM，但可更换连梁的耗能起了主导作用，层间位移角反而得到了有效控制[11]。因此，一般来说结构所遭受的地震越强，结构的反应越大，可更换连梁的耗能性能越能得到充分发挥，振动控制效果越好[11]。

6-2-3　结构的层间位移角最大值比较[11]

项目	El-Centro 波		汶川波		H-E10 波		FOR 波		Takatori 波	
	X 向	*Y* 向	*X* 向	*Y* 向	*X* 向	*Y* 向	*X* 向	*Y* 向	*X* 向	*Y* 向
CBM 层间位移角/%	0.673	0.234	0.205	0.109	1.12	0.565	0.679	0.82	0.639	0.449
NBM 层间位移角/%	0.714	0.23	0.219	0.112	1.1	0.501	0.674	0.886	0.595	0.377
相对差值/%	6.09	−1.71	6.83	2.75	−1.79	−11.33	−0.74	8.05	−6.89	−16.04

图 6-2-7 和图 6-2-8 表示在 5 条地震波作用下两个结构在 *X* 方向和 *Y* 方向的最大层间位移角平均值[11]。首先两个结构在两个主向的平均层间位移角都小于 1/100，满足规范的要求[11]。其次，从整体趋势来看，在 *X* 方向 NBM 的层间位移角小于 CBM，其最大值比 CBM 小 2.6%；在 *Y* 方向，第 11～32 层的层间位移角 NBM 大于 CBM，其余层的 NBM 小于 CBM，其最大值比 CBM 小 2.82%[11]。因此，带有可更换连梁的 NBM 结构的层间位移角在两个方向都小于 CBM 结构，但层间位移角控制效果一般，这说明可更换连梁虽然能增强连梁的耗能能力，但可能由于其刚度小于传统连梁，对层间位移角的控制效果不够显著[11]。

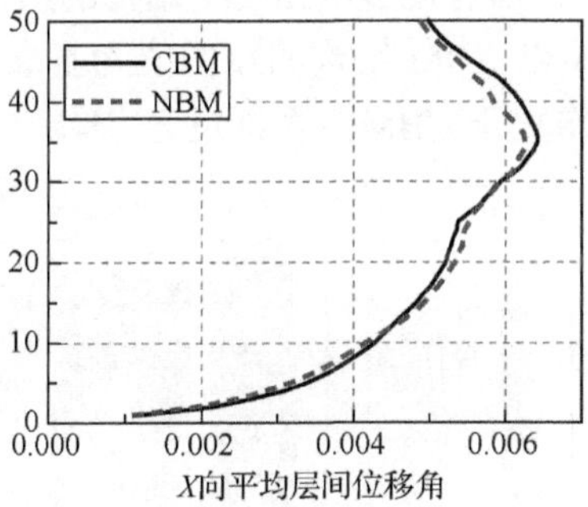

图 6-2-7　*X* 向平均层间位移角[11]

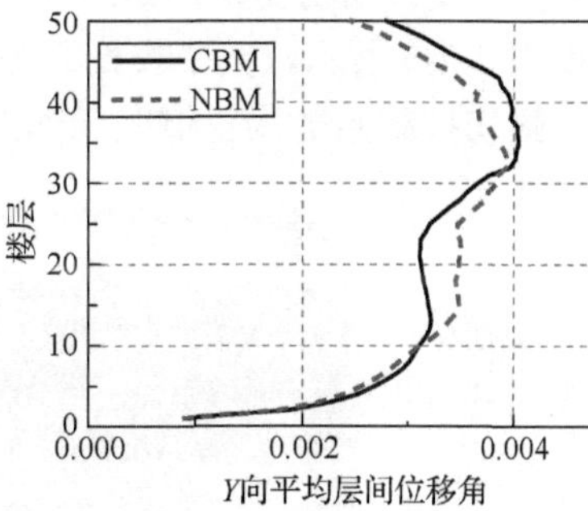

图 6-2-8　*Y* 向平均层间位移角[11]

3. 结构基底反力分析

表 6-2-4 进一步列出了在 5 条地震波的作用下两个结构在 *X* 方向和 *Y* 方向的最大基底剪力，并以 CBM 结构的最大基底剪力为标准，对两个结构的基底剪力求了相对差值[11]。由表 6-2-4 可知，大多数情况下，结构的基底剪力还是能够得到一定程度的减轻，但减轻的百分比不超过 7%，在有些情况下结构的基底剪力也会增大[11]。总体而言，附加可更换连梁后结构的基底剪力相比原结构并没有大的变化，可更换连梁对结构基底剪力的控制效果甚微[11]。

表 6-2-4　结构的基底剪力最大值比较[11]

项目	El-Centro 波		汶川波		H-E10 波		FOR 波		Takatori 波	
	X向	Y向	X向	Y向	X向	Y向	X向	Y向	X向	Y向
CBM 基底剪力/kN	95597	56245	74082	52185	100106	86065	73300	98825	100949	68762
NBM 基底剪力/kN	93413	60470	69794	52974	97148	84172	78380	92118	105734	66787
相对差值/%	−2.28	7.51	−5.79	1.51	−2.95	−2.20	6.93	−6.79	4.74	−2.87

4. 结构损伤分析

考察比较两个结构的损伤情况，分别对两个结构剪力墙损伤和连梁损伤进行比较，这得益于在 ABAQUS 程序中采用混凝土损伤本构关系定义结构的受拉损伤变量（DAMAGET）和受压损伤变量（DAMAGEC），因此这里通过这两个指标的比较来考察两个结构的损伤情况[11]。除此之外，还将通过阻尼器的等效塑性应变来考察阻尼器的性能[11]。

考虑到剪力墙一般在脚部和层间位移角较大的部位损伤较严重，但这里仅列出在 FOR 波作用下，两个结构在第 1～5 层筒体外墙的损伤状况，包括墙体的受压损伤变量和受拉损伤变量，如图 6-2-9 所示[11]。所有地震波作用下结构的损伤控制效果如表 6-2-5 所示，其中损伤系数的计算是以 CBM 结构的损伤值为基准的[11]。因此，损伤控制系数为正值表示 NBM 的损伤大于 CBM，否则反之[11]。

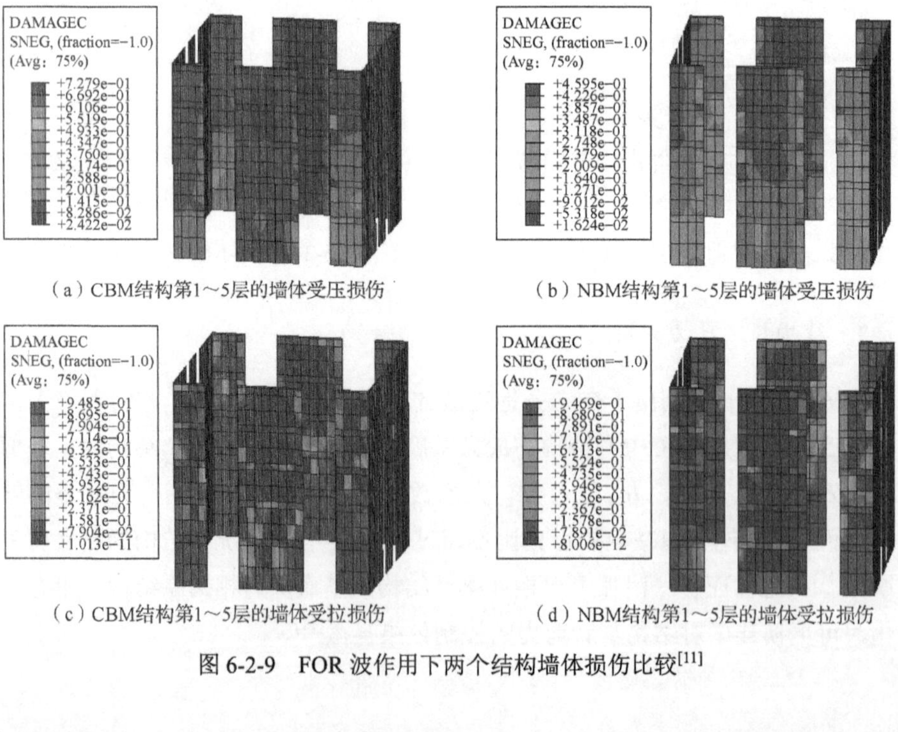

（a）CBM结构第1～5层的墙体受压损伤　（b）NBM结构第1～5层的墙体受压损伤

（c）CBM结构第1～5层的墙体受拉损伤　（d）NBM结构第1～5层的墙体受拉损伤

图 6-2-9　FOR 波作用下两个结构墙体损伤比较[11]

表 6-2-5　损伤控制效果[11]

项目		El-Centro 波		汶川波		H-E10 波		FOR 波		Takatori 波	
		受压损伤因子	受拉损伤因子	受压损伤因子	受拉损伤因子	受压损伤因子	受拉损伤因子	受压损伤因子	受拉损伤因子	受压损伤因子	受拉损伤因子
CBM	第 1～5 层	0.3681	0.9406	0.1024	0.7124	0.8302	0.9485	0.7279	0.9485	0.3436	0.9391
	第 31～40 层	0.135	0.9485	0.078	0.9184	0.3214	0.9485	0.2095	0.9485	0.5208	0.9485
NBM	第 1～5 层	0.2542	0.9341	0.1275	0.0512	0.6809	0.9485	0.4595	0.9469	0.3501	0.9416
	第 31～40 层	0.136	0.9485	0.081	0.9137	0.2308	0.9485	0.2011	0.9485	0.4415	0.9485
第 1～5 层损伤控制系数/%		−30.94	−0.69	24.51	−92.81	−17.98	0.00	−36.87	−0.17	1.89	0.27
第 31～40 层损伤控制系数/%		0.74	0.00	3.85	−0.51	−28.19	0.00	−4.01	0.00	−15.23	0.00

从表中可知，带有可更换连梁的 NBM 结构的损伤程度较轻，特别是在第 1～5 层，有较明显的控制效果；在第 31～40 层，因为这部分楼层的层间位移角最大，所以损伤比较严重，但 NBM 的损伤程度仍然轻于 CBM 结构[11]。

5. 连梁损伤分析比较

可更换连梁的特点就是使连梁的塑性变形主要集中在双钢腹板灌铅分级屈服连梁阻尼器，这有利于震后对阻尼器进行更换，图 6-2-10 显示了 CBM 和 NBM 结构在 El-Centro 波的作用下，可更换连梁和传统连梁的等效塑性应变图[11]。从图可知，新型可更换连梁的屈服区集中在阻尼器，非屈服段基本保持弹性；传统连梁的各部分都进入了塑性，不利于震后的维修加固[11]。

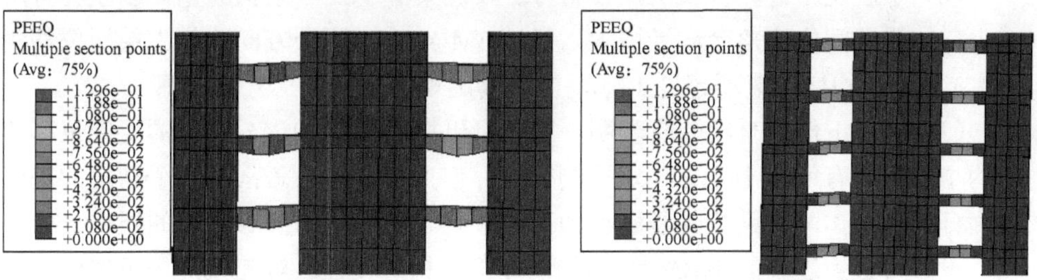

（a）CBM结构　　　　（b）NBM结构

图 6-2-10　两种不同结构连梁的等效塑性应变[11]

比较在 NBM 结构中新型可更换连梁和传统连梁的受压损伤如图 6-2-11 所示，传统连梁的受压损伤比较严重，而新型可更换连梁的损伤较轻[11]。总之，新型可更换连梁能够将屈服部位集中在连梁跨中的阻尼器上，使非屈服段保持基本完好，这有利于震后修复，可仅对受损的阻尼器进行更换[11]。综上所述可知，本书提出的实用设计方法能够实现设计目的，使阻尼器屈服耗能，保护其余部分的安全，并有利于震后更换[11]。

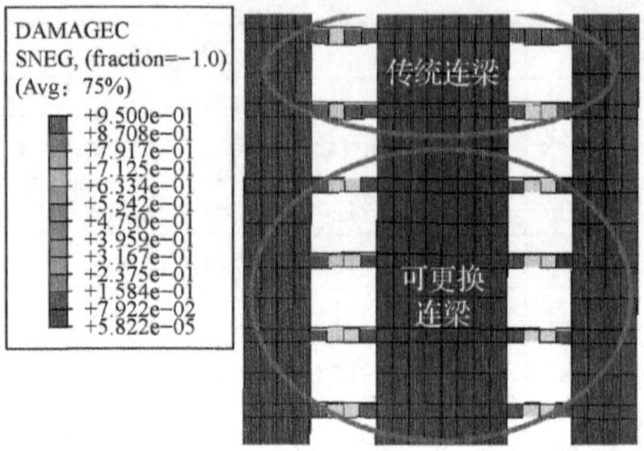

图 6-2-11　新型可更换连梁与传统连梁的受压损伤比较[11]

6.2.4　研究结论

本节的主要工作是基于一超高层 Benchmark 模型，根据可更换连梁实用设计方法，将模型中的部分连梁替换成附加双钢腹板灌铅分级屈服连梁阻尼器的可更换连梁，在 ABAQUS 有限元程序中建立了两个分析模型，即带有传统连梁的结构模型 CBM 和带有部分可更换连梁的结构模型 NBM，通过对两个结构进行模态分析、反应谱分析和多条地震波时程分析计算，得出以下初步结论。

（1）模态分析表明，将部分传统连梁替换成可更换连梁后虽会导致结构的刚度削弱，但削弱的程度不大，替换后 NBM 的第一周期增大了 4.25%，第二周期增大了 2.59%，第三周期即扭转周期增大了 7.97%。虽然结构周期有所增大，但两个结构的对应模态完全一致，表明可更换连梁对结构的基本动力特性改变不大。

（2）小震反应谱分析表明，带有可更换连梁的 NBM 结构的整体刚度会有所减小，结构层间位移角会适当增大，但 NBM 结构在两个方向的最大层间位移角相比 CBM 结构增大值不超过 13%，能够满足规范要求。

（3）大震下地震时程分析表明，带有可更换连梁的 NBM 结构的层间位移角在两个主向都有所减小，有一定控制效果，但效果并不显著；对两个结构的基底反力分析可知，两个结构的基底反力基本一致，变化很小；对墙体的损伤分析表明，设置可更换连梁的 NBM 结构的墙体损伤相对较轻；对连梁的分析表明，可更换连梁能够将屈服区域集中在阻尼器上，使非屈服段保持基本完好，有利于强震后修复或更换，而传统连梁的损伤较严重，难以修复或更换。

总之，根据提出的实用设计方法，将部分传统连梁替换成可更换连梁后，结构的刚度会稍有下降，但整体动力特性改变不大，小震时层间位移角可能会有所增大，但能够满足规范要求，大震时层间位移角会有所减小，结构的墙体损伤也会有所减轻，结构的内力变化很小，可更换连梁能够将连梁的屈服区域集中在阻尼器，有利于震后修复或更换，这是可更换连梁的主要优势。

参 考 文 献

[1] 陈云，刘涛，蒋欢军，等. 多水准减震分级屈服金属阻尼器：201621300648.1[P]. 2017-06-06.

[2] 陈云，刘涛，蒋欢军，等. 环形 Q235 钢板阻尼器力学性能试验研究[J]. 建筑结构学报，2018，39（11）：139-147.

[3] 陈云，蒋欢军，刘涛，等. 分级屈服型金属阻尼器抗震性能研究[J]. 工程力学，2019，36（3）：53-62.

[4] CHEN Y, CHEN C, JIANG H, et al. Study of an innovative graded yield metal damper[J]. Journal of constructional steel research, 2019, 160: 240-254.

[5] 潘鹏，叶列平，钱稼茹，等. 建筑结构消能减震设计与案例[M]. 北京：清华大学出版社，2014.

[6] 中华人民共和国住房和城乡建设部. 建筑抗震设计规范（2016 年版）：GB 50011—2010[S]. 北京：中国建筑工业出版社，2016.

[7] 蔡克铨，黄立宗. 含三角形加劲阻尼装置框架之设计方法与应用[J]. 建筑钢结构进展，2002（2）：16-23.

[8] 全国钢标准化技术委员会. 金属材料　拉伸试验　第 1 部分：室温试验方法：GB/T 228.1—2010[S]. 北京：中国标准出版社，2010.

[9] 中华人民共和国住房和城乡建设部. 建筑消能减震技术规程：JGJ 297—2013[S]. 北京：中国建筑工业出版社，2013.

[10] 中华人民共和国住房和城乡建设部. 高层建筑混凝土结构技术规程：JGJ 3—2010[S]. 北京：中国建筑工业出版社，2010.

[11] 陈云，吕西林，蒋欢军. 带可更换连梁的超高层结构抗震性能研究[J]. 振动与冲击，2015，34（9）：1-8.

[12] MANDER J B, PRIESTLEY M J N, PARK R. Observed stress-strain behavior of confined concrete[J]. Journal of structural engineering, 1988, 114(8): 1827-1849.

[13] MANDER J B, PRIESTLEY M J N. Theoretical stress-strain model for confined concrete[J]. Journal of structural engineering, 1988, 114(8):1804-1826.

电子技术基础与技能　第3版

习题册

班级：＿＿＿＿＿＿＿＿

姓名：＿＿＿＿＿＿＿＿

学号：＿＿＿＿＿＿＿＿

机 械 工 业 出 版 社

目　录

第1章 习 题

1. 填空题

（1）二极管具有__________特性，外加正向电压时，二极管__________，外加反向电压时，二极管__________。

（2）二极管按材料不同可分为__________、__________，前者正向工作电压为__________V，后者正向工作电压为__________V。

（3）在选择整流二极管时，主要考虑的两个参数是__________和__________。

（4）发光二极管的功能是__________________________________；光电二极管的功能是______________________________。

（5）直流稳压电源的功能是______________________________。

（6）半波整流与桥式整流相比，输出电压脉动成分较小的是__________电路。

（7）整流电路的功能是______________________________________；滤波电路的功能是____。

2. 判断题

（1）在P型半导体中，少数载流子是空穴，多数载流子是电子。 （ ）

（2）PN结反向偏置时，其内外电场方向一致。 （ ）

（3）半导体的导电能力在不同条件下有很大差别，若降低环境温度导电能力会减弱。 （ ）

（4）使用稳压管时应阳极接正，阴极接负。 （ ）

（5）PN结正向偏置时，其内外电场方向一致。 （ ）

（6）稳压管在正常稳压工作区域里，它的电流变化很大，而电压变化很小。 （ ）

（7）二极管和晶体管都是非线性器件。 （ ）

（8）电容滤波器，电容越大，则滤波效果越好。 （ ）

（9）普通二极管只要工作在反向击穿区，一定会被击穿。 （ ）

（10）整流电路由二极管组成，利用二极管的单向导电性把交流电变为脉动直流电。 （ ）

（11）二极管加反向电压时，形成很小的反向电流，在电压不超过某一范围时，二极管的反向电流随反向电压的增加而基本不变。 （ ）

（12）用两只二极管就可实现单相全波整流，而单相桥式整流电路却用了四只二极管，这样做虽然多用了两只二极管，但降低了二极管承受的反向电压。 （ ）

（13）光电晶体管只有两个引脚，其基极做成了光栅。 （ ）

（14）双向二极管两引脚有阳极和阴极之分。 （ ）

(15) 半导体的导电能力在不同条件下有很大差别，若提高环境温度导电能力会减弱。(　　)

(16) 本征半导体温度升高后两种载流子浓度仍然相等。(　　)

(17) N 型半导体中，主要依靠自由电子导电，空穴是少数载流子。(　　)

(18) 点接触型二极管只能使用于大电流和整流。(　　)

(19) 制作直流稳压电源元器件中，整流二极管按照制造材料可分为硅二极管和锗二极管。(　　)

(20) 整流二极管在最高反向工作电压下工作时，反向电流越大，说明整流二极管的单向导电性能越好。(　　)

3. 选择题

(1) 用万用表欧姆挡测量小功率二极管性能好坏时，应把欧姆挡拨到（　　）。

A. R×1 挡　B. R×10 挡　C. R×100 或 R×1k 挡　D. R×10k 挡

(2) 某硅二极管反向击穿电压为 150V，则其最高反向工作电压为（　　）。

A. 不得大于 40V　B. 等于 75V　C. 约等于 150V　D. 可略大于 150V

(3) 在桥式整流电路中，若有一只二极管断开，则负载两端的直流电压将（　　）。

A. 变为零　B. 降低　C. 升高　D. 保持不变

(4) 在单向桥式整流电路中，接入电容滤波器后，输出直流电压将（　　）。

A. 变为零　B. 降低　C. 升高　D. 保持不变

(5) 要获得 9V 的稳定电压，集成稳压器的型号应选用（　　）。

A. CW7809　B. CW7812　C. CW7909　D. CW7912

(6) CW7900 系列稳压器 1 脚为（　　）。

A. 输入端　B. 输出端　C. 调整端　D. 接地端

(7) 三端可调式稳压器 CW317 的 1 脚为（　　）。

A. 输入端　B. 输出端　C. 调整端　D. 接地端

(8) 型号为 1N4007 的二极管，其管体一端有一白色色环，则该白色色环表示（　　）。

A. 二极管阳极　B. 仅仅表示该管为二极管

C. 二极管阴极　D. 无任何意义

(9) P 型半导体的多数载流子是（　　）。

A. 电子　B. 空穴　C. 电荷　D. 电流

(10) 晶体硅或锗中，参与导电的是（　　）。

A. 离子　B. 自由电子　C. 空穴　D. B 和 C

(11) 下列说法正确的是（　　）。

A. N 型半导体带负电

B. P 型半导体带正电

C. PN 结型半导体为电中性体

D. PN 结内存在着内电场，短接两端会有电流产生

（12）关于二极管的功能，下列说法错误的是（　　）。

A. 整流　　B. 滤波　　C. 钳位　　D. 小范围稳压

（13）某稳压二极管，其管体上标有“5V6”字样，则该字样表示（　　）。

A. 该稳压管稳压值为 5.6V　　B. 该稳压管稳压值为 56V

C. 该稳压管稳压值为 5V　　D. 该稳压管稳压值为 6V

（14）半导体的导电能力随温度升高而（　　），金属导体的电阻随温度升高而（　　）。

A. 降低　降低　　B. 降低　升高

C. 升高　降低　　D. 升高　升高

（15）PN 结呈现正向导通的条件是（　　）。

A. P 区电位低于 N 区电位　　B. P 区电位高于 N 区电位

C. P 区电位等于 N 区电位　　D. 都不对

（16）二极管的反向电流随着温度降低而（　　）。

A. 升高　　B. 减小　　C. 不变　　D. 不确定

（17）二极管的主要功能之一是（　　）。

A. 电压放大　　B. 线路电流放大

C. 功率放大　　D. 整流

（18）稳压管进行稳压工作时，其两端应加（　　）。

A. 正向电压　　B. 反向电压　　C. A 和 B　　D. A 或 B

（19）半导体 PN 结是构成各种半导体器件的工作基础，其主要特性是（　　）。

A. 具有单向导电性　　B. 具有放大性

C. 具有改变电压特性　　D. 其他几个都不对

（20）P 型半导体是在本征半导体中加入微量的（　　）元素构成的。

A. 三价　　B. 四价　　C. 五价　　D. 六价

（21）在单相半波整流电路中，所用整流二极管的数量是（　　）。

A. 四只　　B. 三只　　C. 二只　　D. 一只

（22）在整流电路中，设整流电流平均值为 I_0，则流过每只二极管的电流平均值 $I_D = I_0$ 的电路是（　　）。

A. 单相桥式整流电路　　B. 单相半波整流电路

C. 单相全波整流电路　　D. 以上都不行

（23）用 MF-47 型万用表测量普通小功率二极管性能好坏时，应把万用表拨到欧姆挡的（　　）挡。

A. R×1　　B. R×100

C. R×1k　　D. R×100 或 R×1k

（24）当硅二极管加上 0.2V 正向电压时，该二极管相当于（　　）。

A. 小阻值电阻　　B. 一根导线

C. 内部短路　　D. 阻值很大的电阻

（25）半导体 PN 结是构成各种导体器件的工作基础，其主要特性是（　　）。

A. 具有放大特性　　B. 具有改变电压特性

C. 具有单向导电性　　D. 具有增强内电场性

（26）使用稳压管时应（　　）。

A. 阳极接正，阴极接负　　B. 阳极接负，阴极接正

C. 任意连接　　D. A 或 B

（27）P 型半导体的多数载流子是（　　）。

A. 电子　　B. 空穴　　C. 电荷　　D. 电流

（28）硅二极管导通时，它两端的正向导通压降约为（　　）。

A. 0.1V　　B. 0.7V　　C. 0.3V　　D. 0.5V

（29）二极管的主要功能之一是（　　）。

A. 电压放大　　B. 线路电流放大

C. 功率放大　　D. 整流

（30）二极管的正极电位是-8V，负极电位是-2V，则该二极管处于（　　）。

A. 反偏　　B. 正偏　　C. 零偏　　D. 不可判断

（31）二极管的正极电位是-10V，负极电位是-16V，则该二极管处于（　　）。

A. 反偏　　B. 正偏　　C. 零偏　　D. 不可判断

（32）二极管的反向电阻（　　）。

A. 小　　B. 大　　C. 中等　　D. 不确定

（33）稳压二极管的正常工作状态是（　　）。

A. 导通状态　　B. 截止状态

C. 反向击穿状态　　D. 饱和状态

（34）整流电路的目的是（　　）。

A. 将交流变为直流　　B. 将高频变为低频

C. 将正弦波变为方波　　D. 将直流变为交流

（35）在桥式整流电容滤波电路中，若有一只二极管断路，则负载两端的直流电压将会（　　）。

A. 下降　　B. 升高　　C. 变为 0　　D. 保持不变

（36）硅二极管的正向导通电压比锗二极管的正向导通电压（　　）。

A. 大　　B. 小　　C. 相等　　D. 无法判断

（37）半导体二极管按结构不同可分为点接触型和面接触型，点接触型二极管能承受的正向电流较（　　），面接触型二极管能承受的正向电流较（　　）。

A. 小/小　　B. 小/大　　C. 大/小　　D. 大/大

(38) 两个硅稳压管，$U_{z1}=6V$，$U_{z2}=9V$，下面（　）不是两者串联时可能得到的稳压值。

A. 15V　　B. 6.7V　　C. 9.7V　　D. 3V

4. 分析与计算

分析题图 1-1 所示电路中，各二极管是导通还是截止？试求 AO 两点间的电压 u_{AO}（设所有二极管均为理想型，即正偏时正向压降为 0，正向电阻为 0；反偏时反向电流为 0，反向电阻为∞）。

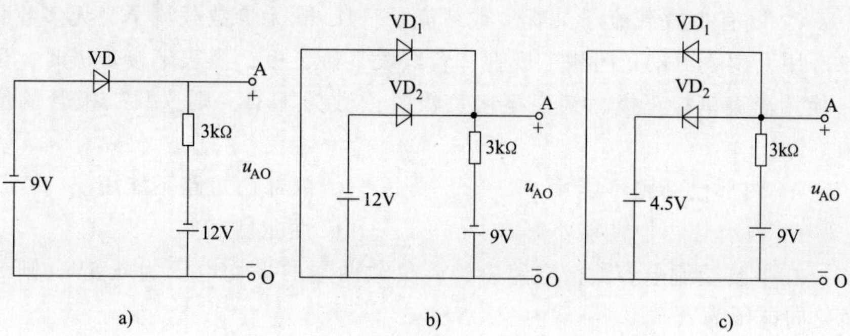

题图 1-1

5. 画图题

画出稳压、光电、变容、发光二极管的电路图形符号。

第 1 章　测　试　题

1. 填空题

(1) 半导体是一种导电能力介于________与________之间的物体。

(2) 半导体中的空穴和自由电子数目相等，这样的半导体是________。

(3) 少数载流子是自由电子的半导体是________型半导体。

(4) 二极管导通时，电流是从________极流出，从________极流入。

(5) 稳压二极管正常工作时，应使其工作在________状态。

(6) 光电二极管在使用时，应该________偏置。

(7) 二极管的正极电位是-10V，负极电位是-5V，则该二极管处于________状态。

(8) 半波整流电路和桥式整流电路相比，输出电压较小的是________电路。

2. 判断题

(1) 在半导体内部，只有电子是载流子。　（　）

(2) 在 N 型半导体中，多数载流子是空穴，少数载流子是自由电子。　（　）

(3) 一般来说，硅二极管的死区电压（门槛电压）小于锗二极管的死区电压。　（　）

（4）二极管的反向漏电流越小，其单向导电性能就越好。（　　）

（5）用万用表测某二极管的正向电阻时，插在万用表标有“+”号插孔中的测试笔所接的二极管的管脚是二极管的正极，另一端是二极管的负极。（　　）

（6）整流输出电压加电容滤波后，电压波动性减小，故输出电压也下降。（　　）

3. 选择题

（1）当二极管的 PN 结导通后，则参加导电的是（　　）。

A. 少数载流子　　B. 多数载流子

C. 既有少数载流子又有多数载流子　　D. 既无少数载流子又无多数载流子

（2）用万用表 R×1k 挡测二极管，若红表笔接正极，黑表笔接负极时，读数为 50kΩ；换用黑表笔接正极，红表笔接负极时读数为 1kΩ，则这只二极管的情况是（　　）。

A. 内部已断路不能用　　B. 内部已短路不能用

C. 没有坏，但性能不好　　D. 性能良好

（3）在半波整流电容滤波电路中，若负载两端的平均电压为 4.5V，则二极管的最高反向电压为（　　）。

A. 4.5V　　B. 6.36V　　C. 9V　　D. 12.73V

（4）在桥式整流电容滤波电路中，若有一只二极管断路，则负载两端的直流电压将会（　　）。

A. 下降　　B. 升高　　C. 变为零　　D. 保持不变

4. 分析与计算

（1）如果把二极管的正极接到 1.6V 电源正极，把负极接到电源负极，二极管是否能够正常工作？

（2）两个稳压值为 8V 的同型号稳压管，正向压降为 0.7V，能组成几种不同电路接法？能得到几种不同的稳压值，分别为多少？

（3）题图 1-2 所示为单相桥式整流电容滤波电路，请检查电路有哪些错误？

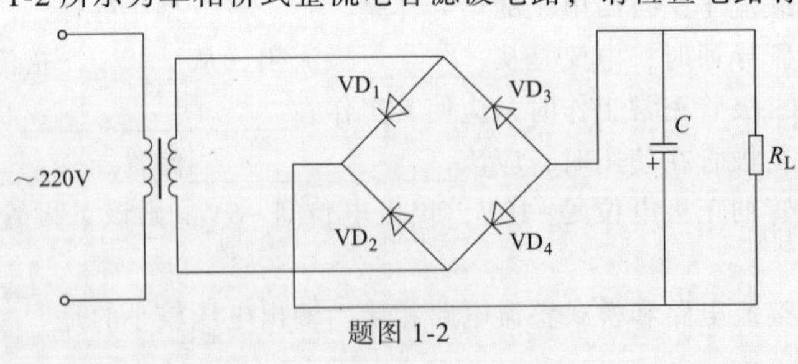

题图 1-2

（4）在单相桥式整流电路中，变压器二次电压 $U_2=120$V，在未接滤波电容 C 时负载两端电压 U_o 是多少？加了滤波电容并在空载情况下输出的直流电压最大值可达多少？此时整流二极管实际承受的反向电压是多少？

第2章　习　题

1. 填空题

（1）正常工作的 NPN 型晶体管各电极电位关系是 $U_C > U_B > U_E$，该管工作于________状态。

（2）用示波器观察 NPN 管共射单级放大器输出电压得到题图 2-1 所示三种削波失真的波形，请分别写出失真的波形及失真的类型，其中题图 2-1a 所示为________，题图 2-1b 所示为________________，题图 2-1c 所示为________________。

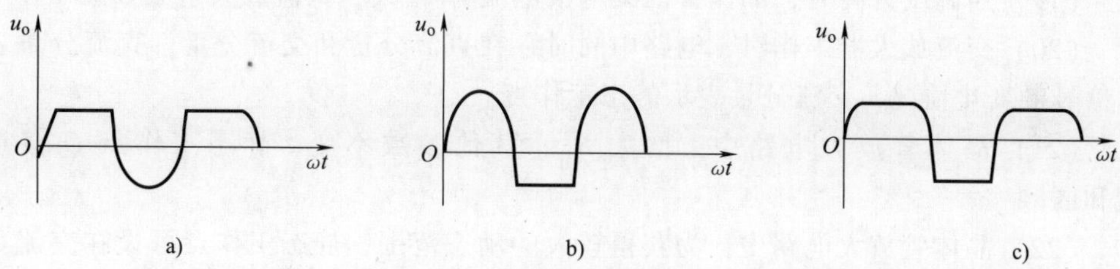

题图 2-1

（3）对于共射、共集、共基三种基本组态放大电路，若希望电压放大倍数大，可选用__________组态；若希望带负载能力强，应选用__________组态。

（4）射极输出器无__________放大作用，但有__________放大和__________放大作用。

（5）晶闸管俗称______________，具有______________单向导电性。

2. 判断题

（1）放大电路的三种组态都有功率放大作用。　（　）

（2）晶体管是构成放大器的核心，晶体管具有电压放大作用。　（　）

（3）共发射极电路的输入阻抗低，输出阻抗高。　（　）

（4）阻容耦合电路温漂小，但不能放大交流信号。　（　）

（5）晶体管的发射结和集电结是同类型的 PN 结，所以晶体管在作放大管使用时，射极和集电极可相互调换使用。　（　）

（6）射极输出器电路中引入的是电流串联负反馈。　（　）

（7）分压偏置式放大器中，如信号出现截止失真，应将上偏电阻 R_{b1} 调大。　（　）

（8）共集电极放大电路也叫做射极输出器。　（　）

（9）射极输出器的输入阻抗低，输出阻抗高。　（　）

（10）射极输出器是电压串联负反馈放大器，它具有稳定输出电压的作用。　（　）

(11) 晶体管集电极和基极上的电流总能满足 $I_c=\beta I_b$ 的关系。（　）

(12) 放大电路中的输入信号和输出信号的波形总是反相关系。（　）

(13) 放大电路中的所有电容器均有通交隔直的作用。（　）

(14) 晶体管按结构分为 NPN、PNP。（　）

(15) 晶体管由两个 PN 结组成，所以可以用两个二极管反向连接起来充当晶体管使用。（　）

(16) 放大电路中，锗晶体管发射结工作电压是 0.3V。（　）

(17) 放大电路中，锗晶体管发射结工作电压是 0.5V。（　）

(18) 基本放大电路中输出信号的能量实际上是由直流电源提供的，只是经过晶体管的控制，使之转换成信号能量，提供给负载。（　）

(19) 当温度升高时，晶体管的集电极电流 I_C 增大，电流放大系数 β 减小。

(20) 交流放大器工作时，电路中同时存在直流分量和交流分量，直流分量表示信号的变化情况，交流分量表示静态工作点。（　）

(21) 晶体管放大电路中，增大 R_B，其他参数不变，静态工作点 Q 接近饱和区。（　）

(22) 晶体管放大电路中，为获得较大的动态范围，静态工作点可设在交流负载线中点。（　）

(23) 晶体管放大电路中，当实际功耗 P_C 大于最大允许集电极耗散功率 P_{CM} 时，不仅使晶体管的参数发生变化，甚至还会烧坏晶体管。（　）

(24) NPN 型和 PNP 型晶体管的区别是不但其结构不同，而且它们的工作原理也不同。（　）

(25) 晶体管是一个电流控制器件，实现“以小控大”的作用，但并没有实现能量的放大。（　）

(26) 温度的变化是影响静态工作点稳定的主要因素。（　）

(27) 场效应晶体管与晶体管不同，不具有放大能力。（　）

(28) 交流调压器多采用双向晶闸管。（　）

3. 选择题

(1) 晶体管工作在放大区时，具有以下（　）特点。

A. 发射结反向偏置　　B. 集电结反向偏置

C. 晶体管具有开关作用　　D. 不能正常工作

(2) 在单级放大电路中，若输入电压为正弦波形，用示波器观察 u_o 和 u_i 的波形，当放大电路为共射电路时，则 u_o 和 u_i 的相位（　）。

A. 同相　　B. 反相　　C. 相差 90°　　D. 相差 120°

(3) 电路的静态是指（　）。

A. 输入交流信号幅值不变时的电路状态

B. 输入交流信号频率不变时的电路状态

C. 输入交流信号且幅值为 0 时的电路状态

D. 输入端开路时的状态

(4) 在基本放大电路中，如果 NPN 管的基极电流 i_B 增大，则与之相应的（ ）。

A. 输入电压 U_i 减小　　B. 发射极电流 I_E 增大

C. 管压降 U_{CE} 不变　　D. 输出电压 U_C 增大

(5) 固定偏置共射极放大电路缺点是（ ）。

A. 静态工作点不稳定　　B. 输出波形失真

C. 电压放大倍数小　　D. 没有电压放大倍数

(6) 晶体管的集电结反偏，发射结正偏时，晶体管处于（ ）。

A. 饱和状态　B. 截止状态　C. 放大状态　D. 开关状态

(7) 晶体管具有放大作用，其实质是（ ）。

A. 晶体管可把小能量放大成大能量

B. 晶体管可把小电压放大成大电压

C. 晶体管可把小电流放大成大电压

D. 晶体管可用小电流控制大电流

(8) 晶体管的三种组态放大器中，输入阻抗较大的是（ ）。

A. 共射极　B. 共集电极　C. 共基极　D. 都很大

(9) 晶体管的放大作用主要体现在（ ）。

A. 正向放大　B. 反向放大　C. 电流放大　D. 电压放大

(10) 在基本单管共射放大器中，集电极电阻 R_c 的作用是（ ）。

A. 限制集电极电流

B. 将晶体管的电流放大作用转换成电压放大作用

C. 没什么作用

D. 将晶体管的电压放大作用转换成电流放大作用

(11) 晶体管在组成放大器时，根据公共端的不同，连接方式有（ ）种。

A. 1　B. 2　C. 3　D. 4

(12) 放大器的输入电阻越大，则向信号源汲取的电流越（ ）。

A. 大　B. 小　C. 不变　D. 无关系

(13) 普通晶体管的放大作用主要体现在（ ）。

A. 正向放大　B. 反向放大　C. 电流放大　D. 电压放大

(14) 某放大器的电压放大倍数为-80，该负号表示（ ）。

A. 衰减　B. 同相放大　C. 无意义　D. 反相放大

(15) 阻容耦合放大电路能放大（ ）。

A. 直流信号　　B. 交流信号

C. 交直流信号　　D. 其他几个都对

(16) 直接耦合放大电路能放大（　　）。

A. 直流信号　　B. 交流信号

C. 交直流信号　　D. 其他几个都对

(17) 晶体管具有放大能力，放大器的能源来自于（　　）。

A. 基极信号源　　B. 集电极电源

C. 基极电源　　D. b 和 c

(18) 某二级放大器，第一级电压放大倍数为-20，第二级电压放大倍数为 50，则该放大器总的电压放大倍数为（　　）。

A. 30　　B. 70　　C. -1000　　D. 1000

(19) 在 OCL 电路中信号传输容易出现交越失真，为克服该缺点，应该将 OCL 电路静态工作点设置在（　　）。

A. 微导通状态　　B. 放大区　　C. 截止区　　D. 饱和区

(20) 在晶体管放大器中，晶体管各极电位最高的是（　　）。

A. NPN 管的发射极　　B. NPN 管的集电极

C. PNP 管的基极　　D. PNP 管的集电极

(21) 某国产晶体管型号为 3DG6，则该管是（　　）。

A. 高频小功率 NPN 型硅晶体管　　B. 高频大功率 NPN 型硅晶体管

C. 高频小功率 PNP 型锗晶体管　　D. 高频大功率 PNP 型锗晶体管

(22) 晶体管放大电路，既能放大电压，也能放大电流的电路是（　　）。

A. 共发射极　　B. 共集电极　　C. 共基极　　D. 共漏极

(23) 晶体管共发射极放大电路具有（　　）作用。

A. 仅放大　　B. 仅反相　　C. 放大与反相　　D. 电压跟随

(24) 基本放大电路中，经过晶体管的信号有（　　）。

A. 高频脉冲成分　　B. 直流成分

C. 交流成分　　D. 交直流成分均有

(25) 放大电路的交流通路是指（　　）。

A. 电压回路　　B. 电流通过的路径

C. 交流信号流通的路径　　D. 直流信号流通的路径

(26) 晶体管的伏安特性是指它的（　　）。

A. 输入特性　　B. 输出特性

C. 输入特性与输出特性　　D. 输入信号与电源关系

(27) 为了增大放大电路的动态范围，其静态工作点应选择（　　）。

A. 截止点　　B. 饱和点

C. 交流负载线的中点　　D. 直流负载线的中点

(28) 电压放大电路的空载是指（　　）。

A. $R_C = 0$　　B. $R_L = 0$　　C. $R_L = \infty$　　D. $R_B = \infty$

(29) 为了放大缓慢变化的非周期信号或直流信号，放大器之间应采用（　　）。

A. 阻容耦合电路　　B. 变压器耦合电路

C. 直接耦合电路　　D. 二极管耦合电路

(30) 工作在放大区的某晶体管，如果当 I_B 从 12μA 增大到 22μA 时，I_C 从 1mA 变为 2mA，那么它的 β 约为（　　）。

A. 83　　B. 91　　C. 100　　D. 110

(31) 在晶体管放大器中，晶体管各极电位最高的是（　　）之间。

A. NPN 管的发射极　　B. NPN 管的集电极

C. PNP 管的基极　　D. PNP 管的集电极

(32) 测得放大电路中某晶体管三个极对地的电位分别为 4V、3.7V 和 8V，则该晶体管的类型为（　　）。

A. 硅 PNP 型　　B. 硅 NPN 型

C. 锗 PNP 型　　D. 锗 NPN 型

(33) 测得晶体管三个极的静态电流分别为 0.03mA、3mA 和 3.03mA，则该管的 β 约为（　　）。

A. 100　　B. 60　　C. 50　　D. 40

(34) 在一个放大电路中，测得某晶体管各极对地的电位为 $U_1=3V$、$U_2=-3V$、$U_3=-2.7V$，则可知该管为（　　）。

A. PNP 锗管　　B. NPN 硅管　　C. NPN 锗管　　D. PNP 硅管

(35) 已知某晶体管的 c、b、e 三个极电位为 2V、6.3V、7V，则可判断该晶体管的类型及工作状态为（　　）。

A. NPN 型，放大状态　　B. PNP 型，截止状态

C. NPN 型，饱和状态　　D. PNP 型，放大状态

4. 计算题

(1) 将一 PNP 型晶体管接成共发射极电路，要使它具有电流放大作用，V_{CC} 和 V_{BB} 的正、负极应如何连接？为什么？画出电路图。

(2) 测得一 PNP 型晶体管，基极电位是-0.3V，发射极电位是-1V，集电极电位是-6V，试判断该管工作在什么状态？

5. 实训题

请同学们自己查找资料，并正确选择元器件，制作一款家用音乐门铃。

第 2 章　测　试　题

1. 填空题

(1) 晶体管按结构可分成________和________两种类型。

(2) 场效应晶体管为________控制型器件。

（3）题图 2-2 所示为一个共射单级放大器的输出电压波形，假定晶体管是 NPN 型，则该信号的削波属于＿＿＿＿＿＿失真，偏流电阻 R_b 应调＿＿＿＿＿＿可以消除失真。

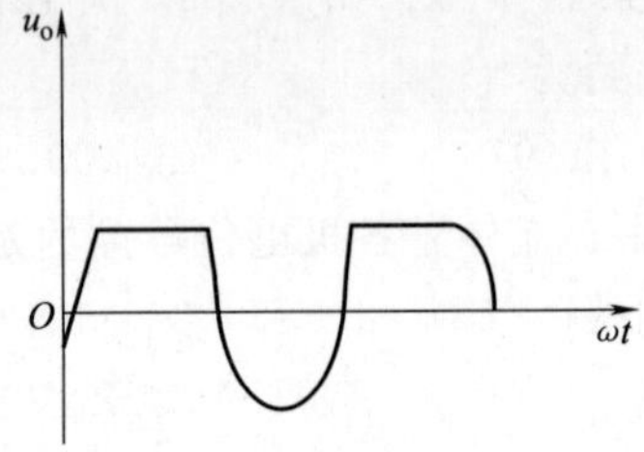

题图 2-2

（4）放大器的静态是指＿＿＿＿＿＿＿＿＿＿。

（5）在对放大电路做动态分析时，直流电源、电容可视为＿＿＿＿＿＿。

（6）在用 NPN 管的分压式偏置放大电路中，如果把上偏置电阻减小而其他不变，则晶体管的集电极电流将＿＿＿＿＿＿。

（7）造成静态工作点不稳定的因素很多，其中以＿＿＿＿＿影响最大。

（8）射极输出器的＿＿＿极为输入回路和输出回路的公共端，所以它是一种＿＿＿＿放大电路。

（9）晶闸管主要用于＿＿＿＿＿＿、＿＿＿＿＿＿、＿＿＿＿＿＿等方面。

（10）场效应晶体管一般具有＿＿＿＿＿、＿＿＿＿＿、＿＿＿＿＿三个极。

2. 判断题

（1）晶体管具有能量放大作用。（　）

（2）发射结处于正向偏置的晶体管，一定工作在放大状态。（　）

（3）场效应晶体管是一种电流控制的放大器件，其工作原理与晶体管相同。（　）

（4）设置静态工作点的目的是使信号在整个周期内不发生非线性失真。（　）

（5）共射放大电路既能放大电压，也能放大电流。（　）

（6）射极输出器即共集电极放大器，其电压放大倍数小于 1，输入电阻小，输出电阻大。（　）

（7）共集电极放大电路中输出信号和输入信号反相。（　）

（8）收音机及众多测量仪器及自动化装置中都用到了由晶体管所组成的放大电路。（　）

（9）晶体管的直流放大倍数和交流放大倍数在估算时不能通用。（　）

（10）放大器的输出电阻越大越好。（　）

3. 选择题

（1）当晶体管的两个 PN 结都有反偏电压时，则晶体管处于（　）。

A. 截止状态　　B. 饱和状态　　C. 放大状态　　D. 工作状态

（2）用数字万用表 R×1k 的电阻挡测量一只能正常放大的晶体管，用黑表笔接触一只引脚，红表笔分别接触另两只引脚时测得的电阻值都较小，该晶体管是（　　）。

A. PNP 型　　B. NPN 型　　C. 硅管　　D. 锗管

（3）在单级放大电路中，若输入电压为正弦波形，用示波器观察 u_o 和 u_i 的波形，当为共集电路时，则 u_o 和 u_i 的相位（　　）。

A. 同相　　B. 反相　　C. 相差 90°　　D. 相差 120°

（4）电路如题图 2-3a 所示，输入、输出波形如题图 2-3b 所示，可判断该放大电路产生的失真为（　　）。

A. 相位失真　　B. 饱和失真　　C. 截止失真　　D. 交越失真

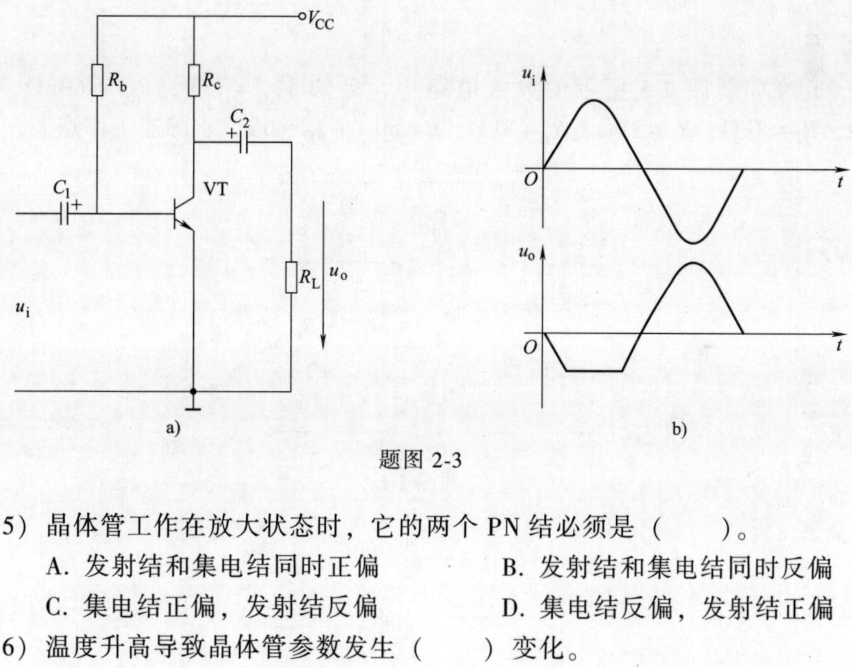

题图 2-3

（5）晶体管工作在放大状态时，它的两个 PN 结必须是（　　）。

A. 发射结和集电结同时正偏　　B. 发射结和集电结同时反偏

C. 集电结正偏，发射结反偏　　D. 集电结反偏，发射结正偏

（6）温度升高导致晶体管参数发生（　　）变化。

A. I_{CBO}、β、U_{BE} 都增大　　B. I_{CBO}、β、U_{BE} 都减小

C. I_{CBO}、β 增大，U_{BE} 减小　　D. β、U_{BE} 都增大，I_{CBO} 减小

（7）电压放大电路的空载是指（　　）。

A. $R_C=0$　　B. $R_L=0$　　C. $R_L=\infty$　　D. $R_C=\infty$

（8）共集电极放大电路的输出信号是取自于晶体管（　　）之间。

A. 基极和射极　　B. 基极和集电极

C. 射极和集电极　　D. 集电极和源极

（9）（　　）不是场效应晶体管具有的。

A. 栅极　　B. 源极　　C. 漏极　　D. 基极

(10) (　　) 连接方式不是多级放大电路常见的耦合方式。
A. 阻容耦合　　B. 电阻耦合　　C. 直接耦合　　D. 变压器耦合

4. 计算题

(1) 测得一 NPN 型晶体管，基极电位是 0.7V，发射极电位是 0V，集电极电位是 6V，试判断该管工作在什么状态？

(2) 如题图 2-4 所示，已知在电路中无交流信号时测得晶体管（均为硅管）各极对地的电位值，试说明各晶体管的工作状态。

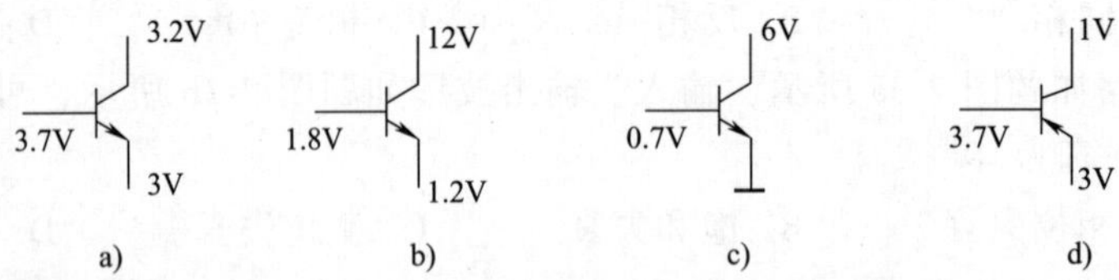

题图 2-4

(3) 在如题图 2-5 所示的放大电路中，已知 $V_{CC}=12V$，$R_{b1}=60k\Omega$，$R_{b2}=20k\Omega$，$R_c=3k\Omega$，$R_e=3k\Omega$，$R_L=3k\Omega$，$\beta=50$，$U_{BE}\approx 0V$，求静态工作点。

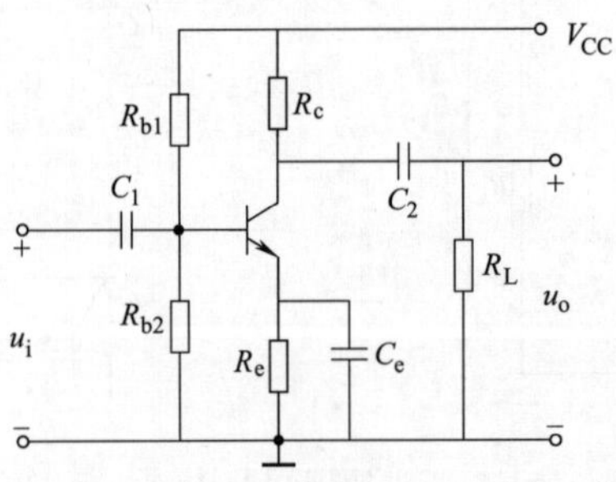

题图 2-5

第3章　习　题

1. 填空题

(1) 集成运算放大器是一个________________放大器，其内部电路主要由四部分组成，分别________________、________________、________________和________________。

(2) 考虑到__________原因，集成运放的输入级采用差动放大电路。它有______、__________两个对称输入端和一个输出端。

(3) 理想集成运放应具备的条件是输入电阻__________，输出电阻__________，开环电压放大倍数__________，共模抑制比__________。

(4) 反馈放大电路由__________和__________两部分组成。

(5) 通常采用__________方法判断反馈放大电路的反馈极性。

(6) 如果要求稳定输出电流并减少输入电阻，则应对放大电路采用________负反馈。

(7) 功率放大电路中，两功放管处于__________工作状态，两只晶体管________工作。若静态工作点设计为乙类，则易出现________失真。

(8) 以功率晶体管为核心构成的放大器称__________放大器。它不但输出一定的__________，还能输出一定的__________，也就是向负载提供一定的功率。

(9) 功率放大器简称__________。对它的要求与低频放大电路不同，主要是：输出功率尽可能大、__________尽可能高、__________尽可能小，还要考虑________管的散热问题。

(10) 功率放大器按晶体管的工作状态分类，有______________类功放、__________类功放和__________类功放。

(11) 功放管可能工作的状态有三种：甲类放大状态，它的失真__________、效率__________；乙类放大状态，它的失真__________、效率__________。

(12) 所谓“互补”放大器，就是利用__________型管和__________型管交替工作来实现放大。

(13) OTL电路和OCL电路属于__________工作状态的功率放大电路。

2. 判断题

(1) 按反馈的信号极性分类，反馈可分为正反馈和负反馈。 (　　)

(2) 负反馈使输出起到与输入相反的作用，使系统输出与系统目标的误差增大，使系统振荡。 (　　)

(3) 若反馈信号与输入信号极性相同或变化方向同相，则两种信号混合的结果是使放大器的净输入信号大于输出信号，这种反馈叫正反馈。正反馈主要用于信

号产生电路。（　）

(4) 正反馈使输出起到与输入相似的作用，使系统偏差不断增大，使系统振荡，可以放大控制作用。（　）

(5) 反馈信号与输入信号极性相反或变化方向相反，则叠加的结果是使净输入信号减弱，这种反馈叫负反馈。（　）

(6) 放大电路通常采用负反馈技术。（　）

(7) 负反馈的取样一般采用电流取样或电压取样。（　）

(8) 反馈按取样方式的不同，分为电阻反馈和电流反馈。（　）

(9) 负反馈有其独特的优点，在实际放大器中得到了广泛的应用，它改变了放大器的性能。采用负反馈使得放大器的闭环增益趋于稳定。（　）

(10) 正反馈使得放大器的闭环增益趋于稳定。（　）

(11) 线性运算电路中一般均引入负反馈。（　）

(12) 在运算电路中，同相输入端和反相输入端均为“虚地”。（　）

(13) 使净输入量减小的反馈是负反馈，否则为正反馈。（　）

(14) 集成运放处于开环状态，这时集成运放工作在非线性区。（　）

(15) 运算电路中一般引入正反馈。（　）

(16) 集成运放只能放大直流信号，不能放大交流信号。（　）

(17) 集成运放在实际运用中一般要引入深度负反馈。（　）

(18) 集成运算放大电路是一种阻容耦合的多级放大电路。（　）

(19) 集成运放的“虚断”是指运放的同相输入端和反相输入端的电流趋于零，好像断路一样，但却不是真正的断路。（　）

(20) 若放大电路的放大倍数为负值，则引入的反馈一定是负反馈。（　）

(21) 电压负反馈稳定输出电压，电流负反馈稳定输出电流。（　）

(22) 只要在放大电路中引入反馈，就一定能使其性能得到改善。（　）

(23) 反相比例运算电路中集成运放反相输入端为“虚地”。（　）

(24) 集成运算放大电路产生零点漂移的主要原因是晶体管参数受温度的影响。（　）

(25) 集成运放内部为多级直接耦合放大电路，所以只能放大直流信号，不能放大交流信号。（　）

(26) 集成运放有非常高的电压放大倍数，这就为电路引入较深的负反馈，为电路稳定工作创造了条件。（　）

(27) 反相比例运算放大器的反馈类型是电压串联负反馈。（　）

(28) 正反馈一般用于振荡电路，而负反馈用于改善放大电路性能。（　）

(29) 电流并联负反馈可提高输入电阻、稳定输出电压。（　）

3. 选择题

(1) 集成电路的引脚功能必须（　）。

A. 通过查阅手册或资料获得　　B. 凭主观想象

C. 1 脚为电源脚　　D. 1 脚为接地脚

(2) 集成运放的 K_{CMR} 越大，(　　)。

A. 抑制零漂的能力越强　　B. 放大倍数越高

C. 抑制零漂的能力越差　　D. 放大倍数越小

(3) 在 OTL 和 OCL 功率放大电路中，两只功放管的性能应满足 (　　)。

A. 管型相同、性能相同　　B. 管型相同、性能不同

C. 管型不同、性能相同　　D. 管型不同、性能不同

(4) 能很好克服零点漂移的电路是 (　　)。

A. 固定偏置电路　　B. 功率放大电路

C. 差动放大电路　　D. 直接耦合放大器

(5) 集成运放具有以下特点：(　　)。

A. 开环差模增益 $A_{ud}=\infty$，差模输入电阻 $R_{id}=\infty$，输出电阻 $R_o=\infty$

B. 开环差模增益 $A_{ud}=\infty$，差模输入电阻 $R_{id}=\infty$，输出电阻 $R_o=0$

C. 开环差模增益 $A_{ud}=0$，差模输入电阻 $R_{id}=\infty$，输出电阻 $R_o=\infty$

D. 开环差模增益 $A_{ud}=0$，差模输入电阻 $R_{id}=\infty$，输出电阻 $R_o=0$

(6) 输入量不变的情况下，若引入反馈后 (　　)，则说明引入的反馈是负反馈。

A. 输入电阻增大　　B. 输出量增大

C. 净输入量增大　　D. 净输入量减小

(7) 负反馈能抑制 (　　)。

A. 输入信号所包含的干扰和噪声　　B. 反馈环内的干扰和噪声

C. 反馈环外的干扰和噪声　　D. 输出信号中的干扰和噪声

(8) 对于集成运算放大电路，所谓开环是指 (　　)。

A. 无信号源　　B. 无反馈通路

C. 无电源　　D. 无负载

(9) 对于集成运算放大电路，所谓闭环是指 (　　)。

A. 考虑信号源内阻　　B. 接入负载

C. 接入电源　　D. 存在反馈通路

(10) 下面关于线性集成运放说法错误的是 (　　)。

A. 用于同相比例运算时，闭环电压放大倍数总是大于等于 1

B. 一般运算电路可利用“虚短”和“虚断”的概念求出输入和输出的关系

C. 在一般的模拟运算电路中往往要引入负反馈

D. 在一般的模拟运算电路中，集成运放的反相输入端总为“虚地”

(11) 集成运放级间耦合方式是 (　　)。

A. 变压器耦合　　B. 直接耦合

C. 阻容耦合　　D. 光电耦合

（12）反相比例运算电路的比例系数会（　　）。

A. 大于等于 1　　B. 小于零

C. 等于零　　D. 任意值

（13）直接耦合放大器（　　）。

A. 只能放大直流信号　　B. 只能放大交流信号

C. 交、直流信号都能放大　　D. 任何频率范围的信号都能放大

（14）下面关于集成运放理想特性叙述错误的是（　　）。

A. 输入阻抗无穷大　　B. 输出阻抗等于零

C. 频带宽度很小　　D. 开环电压放大倍数无穷大

（15）同相比例运算电路的电压放大倍数为（　　）。

A. $-R_f/R_1$　　B. R_1/R_f

C. $1-R_1/R_f$　　D. $1+R_f/R_1$

（16）反相比例运算电路的电压放大倍数为（　　）。

A. $-R_f/R_1$　　B. R_1/R_f

C. $1-R_1/R_f$　　D. $1+R_f/R_1$

（17）运算放大器构成的“跟随器”电路的输出电压与输入电压（　　）。

A. 相位相同，大小成一定比例

B. 相位和大小都相同

C. 相位相反，大小成一定比例

D. 相位和大小都不同

（18）若模输入信号是两个输入信号的（　　）。

A. 和　　B. 差　　C. 比值　　D. 平均值

（19）输出量与若干个输入量之和成比例关系的电路称为（　　）。

A. 加法比例运算电路　　B. 减法电路

C. 积分电路　　D. 微分电路

（20）集成运算放大器输入端 $u-$ 与输出端 u_o 的相位关系为（　　）。

A. 同相　　B. 反相　　C. 相位差 90°　　D. 相位差 270°

（21）理想运算放大器的开环电压放大倍数是（　　）。

A. 无穷大　　B. 零　　C. 约 120dB　　D. 约 10dB

（22）理想运算放大器的开环差模输入电阻 R_{id} 是（　　）。

A. 无穷大　　B. 零　　C. 约几百千欧　　D. 约几百欧姆

（23）理想运算放大器的共模抑制比为（　　）。

A. 无穷大　　B. 零　　C. 约 120dB　　D. 约 10dB

（24）理想运算放大器的开环输出电阻 R_o 是（　　）。

A. 无穷大　　B. 零　　C. 约几百千欧　　D. 约几百欧姆

(25) 直接耦合电路中存在零点漂移主要是因为（ ）。

A. 晶体管的非线性 B. 电阻阻值有误差

C. 晶体管参数受温度影响 D. 静态工作点设计不当

(26) 在集成运算放大电路中，为了稳定电压放大倍数，通常引入（ ）负反馈。

A. 直流 B. 交流 C. 串联 D. 并联

(27) 在集成运算放大电路中，为了稳定静态工作点，通常引入（ ）负反馈。

A. 直流 B. 交流 C. 串联 D. 并联

(28) 为了使放大器带负载能力增强，通常引入（ ）负反馈。

A. 电压 B. 电流 C. 串联 D. 并联

(29) 引入并联负反馈可使放大器的（ ）。

A. 输出电压稳定 B. 反馈环内输入电阻增加

C. 反馈环内输入电阻减小 D. 输出电流稳定

(30) 为了增大输出电阻，应在放大电路中引入（ ）。

A. 电流负反馈 B. 电压负反馈

C. 直流负反馈 D. 交流负反馈

(31) 为减小放大电路从信号源索取的电流，增大带负载能力，应在放大电路中引入（ ）。

A. 电压串联负反馈 B. 电压并联负反馈

C. 电流串联负反馈 D. 电流并联负反馈

(32) 为从信号源获得更大的电流，并稳定输出电流，应在放大电路中引入（ ）。

A. 电压串联负反馈 B. 电压并联负反馈

C. 电流串联负反馈 D. 电流并联负反馈

(33) 工作在线性区的运算放大器应置于（ ）状态。

A. 深度负反馈 B. 开环

C. 闭环 D. 正反馈

(34) 在四种反馈组态中，能够使输出电压稳定并提高输入电阻的负反馈是（ ）。

A. 电压并联负反馈 B. 电压串联负反馈

C. 电流并联负反馈 D. 电流串联负反馈

(35) 电压并联负反馈对放大器输入电阻和输出电阻的影响是（ ）。

A. 输入电阻变大，输出电阻变小 B. 输入电阻变小，输出电阻变小

C. 输入电阻变大，输出电阻变大 D. 输入电阻变小，输出电阻变大

(36) 集成运放具有很高的开环电压放大倍数，这得益于（ ）。

A. 输入级常采用差分放大器

B. 中间级由多级直接耦合放大器构成

C. 输出级常采用射极输出器

D. 中间级由多级阻容耦合放大器构成

(37) 集成运放的主要参数中，不包括（　　）。

A. 输入失调电压　　B. 开环放大倍数

C. 共模抑制比　　D. 最大工作电流

(38) 由集成运放组成（　　）放大器的输入电流基本上等于流过反馈电阻的电流。

A. 同相比例运算　　B. 反相比例运算

C. 差动　　D. 开环

4. 分析与计算

(1) 题图 3-1 所示运放电路中，$R = 10\text{k}\Omega$，$u_{i1} = 2\text{V}$，$u_{i2} = -3\text{V}$，试求输出电压 u_o 的值。

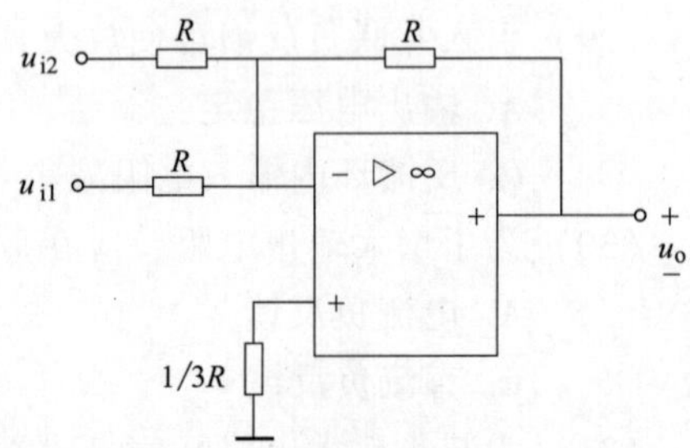

题图 3-1

(2) 为什么要引入负反馈？

(3) OCL、OTL 功放电路中，两管发射极电位各是多少？这一点对维修实践有什么指导意义？

(4) 简要说明引入复合管的必要性，并画出由两只晶体管构成的 NPN 型复合管？

第3章　测　试　题

1. 填空题

(1) 集成运算放大器是一种采用________耦合方式的放大电路，最常见的问题是________。

(2) 集成运算放大器的两个输入端分别为________输入端和________输入端，前者的极性与输出端________，后者的极性与输出端________。

(3) 根据理想运算放大器的条件，可推出两个重要结论，分别是________和________。

(4) 对直流量起反馈作用的称为________反馈，对交流量起反馈作用的称为________反馈。其中________反馈的主要作用是稳定放大器静态工作点；________反馈的作用是改善放大电路的性能。

(5) 某仪表放大电路，要求输入电阻大、输出电压稳定，应选用________负反馈。

（6）对于乙类互补对称功放，当输出信号为正半周时，________型管导通，________型管截止；当输入信号为负半周时，________型管导通，________型管截止。

（7）在 OTL 功放电路中，中点电压为__________ V，而 OCL 功放电路中，中点电压为__________ V。

（8）OCL 电路功放管的选择标准是__________，__________，__________。

（9）按放大信号的强弱分，谐振放大器可分为__________谐振放大器和__________谐振放大器两类。其中__________谐振放大器主要用于电压选频放大领域，__________谐振放大器主要用于高频功率选频放大领域。

2. 选择题

（1）使用差动放大电路的目的是为了提高（　　）。

A. 输入电阻　B. 电压放大倍数　C. 抑制零漂能力　D. 电流放大倍数

（2）集成运算放大器的 K_{CMR} 越大（　　）。

A. 抑制零漂的能力越强　B. 放大倍数越高

C. 抑制零漂的能力越弱　D. 放大倍数越低

（3）对于放大电路，所谓开环是指（　　）。

A. 不考虑信号源内阻　B. 无反馈网络

C. 无电源　D. 无负载

（4）在放大电路中，为了稳定静态工作点，可以引入（　　）。

A. 交流负反馈或直流负反馈　B. 直流负反馈

C. 交流负反馈　D. 交流正反馈

（5）一个单管共射放大电路，如果通过电阻引入负反馈，则（　　）。

A. 一定会产生高频自激振荡　B. 有可能产生高频自激振荡

C. 一定不会产生高频自激振荡　D. 无正确答案

（6）集成运算放大器的引脚功能必须（　　）。

A. 通过查阅手册或资料获得　B. 凭主观想象

C. 可自行设定　D. 各脚功能由所在电路确定

（7）要使放大电路输出电流稳定且又具有较高的输入电阻，应引入（　　）负反馈。

A. 电压并联　B. 电压串联　C. 电流串联　D. 电流并联

（8）射极输出器属于（　　）负反馈。

A. 电压串联　B. 电压并联　C. 电流串联　D. 电流并联

（9）OTL 和 OCL 电路的主要区别是（　　）。

A. 有无输出电容　B. 双电源或单电源供电

C. 有无输出变压器　D. 无区别

（10）调谐放大器是一种选频放大器。它通常利用（　　）在频率众多的信号群中选出某一频率的信号加以放大。

A. LC 并联谐振特性　　　　B. LC 串联谐振特性

C. RC 并联网络　　　　D. RC 串联网络

3. 判断题

(1) 集成运放有非常高的电压放大倍数，这就为电路引入较深的负反馈、为电路稳定工作创造了条件。　(　　)

(2) 反相比例运算放大器的反馈类型是电压串联负反馈。　(　　)

(3) 把输出信号的部分或全部返回到输入端称为反馈。　(　　)

(4) 只要在放大电路中引入反馈，就一定能使其性能得到改善。　(　　)

(5) 输出功率越大，功放管的损耗越大。　(　　)

(6) 由理想集成运算放大器组成比例运算电路时，应引入负反馈。　(　　)

(7) 负反馈能彻底消除放大电路中的非线性失真。　(　　)

(8) 乙类功放、甲乙类功放的效率都较高。　(　　)

(9) 甲类功放理想的集电极输出效率为78%，乙类功放的理想效率为50%。　(　　)

(10) 采用甲乙类功率放大输出级的收音机电路，将音量调得越小越省电。　(　　)

4. 分析与计算

(1) 找出如题图 3-2 所示电路的反馈元件，并判断反馈极性及反馈组态。

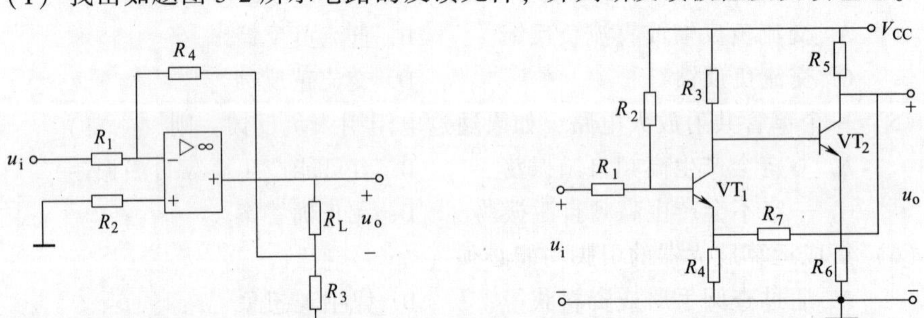

题图 3-2

(2) 电路如题图 3-3 所示。1) 若 $R_1 = 1\text{k}\Omega$，$u_i = 0.1\text{V}$，而 $u_o = -3\text{V}$，R_f 应为多少？2) 若 $u_o = -2\text{V}$，$R_f = 100\text{k}\Omega$，$u_i = 0.2\text{V}$，R_1 应为多少？

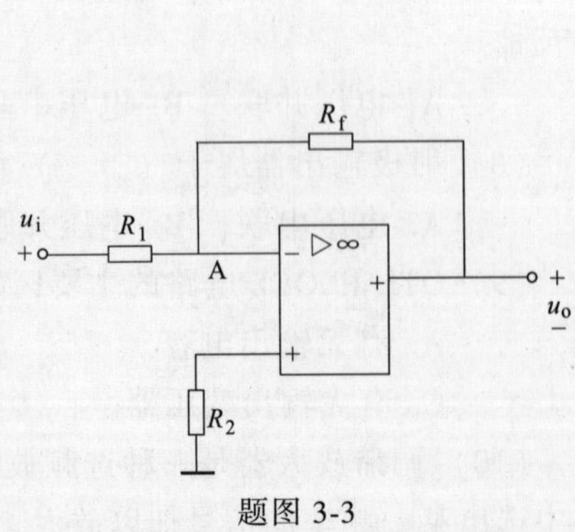

题图 3-3

(3) 试分析集成运算放大器中产生零漂的原因和抑制零漂的方法。

第4章 习 题

1. 填空题

（1）不需外加______，能够自行产生______的电路称为自激振荡电路。能够自行产生______的自激振荡电路，称为______振荡器。

（2）在正弦波振荡电路中，为了补充振荡过程中能量的消耗，维持等幅振荡，需要______电路；为了满足自激振荡相位条件，需要______电路；为了把需要的频率选出来，获得单一频率的正弦波振荡，必须在电路中采取______电路。

（3）振荡器最初的输入信号来自于______。

2. 判断题

（1）正弦波振荡器中如果没有选频网络，就不能产生自激振荡。（ ）

（2）在正弦波振荡电路中，频率不稳定的是石英晶体振荡电路。（ ）

（3）LC串联谐振电路中，输入信号频率小于谐振频率时，电路呈容性。（ ）

（4）只要有正反馈，电路就一定能产生正弦波振荡。（ ）

（5）只要有负反馈，电路就不可能产生振荡。（ ）

（6）在正弦波振荡电路中，若要求频率稳定性很高，则可用石英晶体振荡电路。（ ）

（7）按反馈的信号极性分类，反馈可分为正反馈和负反馈。（ ）

（8）正反馈使输出起到与输入相似的作用，使系统偏差不断增大，使系统振荡，可以放大控制作用。（ ）

（9）放大电路通常采用负反馈技术。（ ）

（10）负反馈的取样一般采用电流取样或电压取样。（ ）

（11）负反馈有其独特的优点，在实际放大器中得到了广泛的应用，它改变了放大器的性能。采用负反馈使得放大器的闭环增益趋于稳定。（ ）

（12）正反馈使得放大器的闭环增益趋于稳定。（ ）

（13）在运算电路中，同相输入端和反相输入端均为“虚地”。（ ）

（14）使净输入量减小的反馈是负反馈，否则为正反馈。（ ）

（15）集成运放只能够放大直流信号，不能放大交流信号。（ ）

（16）集成运放在实际运用中一般要引入深度负反馈。（ ）

（17）集成运放的“虚断”是指运放的同相输入端和反相输入端的电流趋于零，好像断路一样，但却不是真正的断路。（ ）

（18）只要在放大电路中引入反馈，就一定能使其性能得到改善。（ ）

（19）反相比例运算电路中集成运放反相输入端为“虚地”。（ ）

（20）集成运算放大电路产生零点漂移的主要原因是晶体管参数受温度的

影响。 ( )

(21) 实际集成运算放大电路的开环电压增益非常小，可以近似认为 $A=0$。 ( )

(22) “虚短”和“虚断”是分析集成运放工作在线性区的两条重要依据。 ( )

(23) 负反馈可以大大减少放大器在稳定状态下所产生的失真。 ( )

(24) 理想的差动放大电路，既能放大差模信号，也能放大共模信号。( )

(25) 振荡电路与放大电路的主要区别之一是：放大电路的输出信号与输入信号频率相同，而振荡电路一般不需要输入信号。 ( )

(26) 振荡器若不接输入信号，电路就不能起振，更不能维持振荡。 ( )

(27) 当放大器具有正反馈电路时，电路必然产生自激振荡。 ( )

(28) 对于正弦波振荡电路而言，只要不满足相位平衡条件，即使放大电路的放大倍数很大，它也不能产生正弦波振荡。 ( )

(29) 石英晶体的固有频率，即谐振器的谐振频率 f_0 的大小取决于石英晶体的材料，与晶片的几何形状和尺寸无关。 ( )

(30) 石英晶体的最大优点是频率稳定度很高。 ( )

3. 选择题

(1) 正弦波振荡器的基本组成是 ( )。

A. 基本放大器和反馈网络

B. 基本放大器和选频网络

C. 基本放大器、正反馈网络、选频网络和稳幅电路

D. 仅基本放大电路

(2) 正弦波振荡电路的幅值平衡条件是 ( )。

A. $AF>1$ B. $AF=1$ C. $AF<1$ D. $AF\neq1$

(3) 为了满足振荡的相位平衡条件，反馈信号与输入信号的相位差应等于 ( )。

A. 90° B. 180° C. 270° D. 360°

(4) 在正弦波振荡电路中，选频的作用是 ( )。

A. 使振荡器输出信号的幅度较大

B. 从振荡器输出的各种频率成分中选出单一频率的正弦波输出

C. 使振荡器产生一个单一频率的正弦波

D. 稳定振荡信号的振幅

(5) 石英晶体振荡器的主要优点是 ( )。

A. 振幅稳定 B. 频率稳定度高 C. 频率高 D. 频率低

(6) RC 桥式正弦波振荡器是由两部分电路组成，即 RC 串并联选频网络和 ( )。

A. 基本共射放大电路　　B. 共基放大电路

C. 同相比例运算电路　　D. 反相比例运算电路

(7) 电容三点式振荡器的优点是（　　）。

A. 频率很高　　B. 输出信号幅度大

C. 电路简单　　D. 输出波形较好

(8) OCL 互补功率放大电路中，两晶体管特性和参数相同且一定是（　　）。

A. NPN 与 NPN 管　　B. PNP 与 PNP 管

C. NPN 与 PNP 管　　D. 硅管和锗管

(9) 负反馈能抑制（　　）。

A. 输入信号所包含的干扰和噪声　　B. 反馈环内的干扰和噪声

C. 反馈环外的干扰和噪声　　D. 输出信号中的干扰和噪声

(10) 对于集成运算放大电路，所谓闭环是指（　　）。

A. 考虑信号源内阻　　B. 接入负载

C. 接入电源　　D. 存在反馈通路

(11) 下面关于集成运放理想特性叙述错误的是（　　）。

A. 输入阻抗无穷大　　B. 输出阻抗等于零

C. 频带宽度很小　　D. 开环电压放大倍数无穷大

(12) 同相比例运算电路的电压放大倍数为（　　）。

A. $-R_f/R_1$　　B. R_1/R_f

C. R_1/R_f　　D. $1+R_f/R_1$

(13) 用运算放大器构成的“跟随器”电路的输出电压与输入电压（　　）。

A. 相位相同，大小成一定比例　　B. 相位和大小都相同

C. 相位相反，大小成一定比例　　D. 相位和大小都不同

(14) 差模输入信号是两个输入信号的（　　）。

A. 和　　B. 差　　C. 比值　　D. 平均值

(15) 输出量与若干个输入量之和成比例关系的电路称为（　　）。

A. 加法比例运算电路　　B. 减法电路

C. 积分电路　　D. 微分电路

(16) 集成运算放大器输入端 u_- 与输出端 u_o 的相位关系为（　　）。

A. 同相　　B. 反相　　C. 相位差 90°　　D. 相位差 270°

(17) 理想运算放大器的开环电压放大倍数是（　　）。

A. 无穷大　　B. 零　　C. 约 120dB　　D. 约 10dB

(18) 理想运算放大器的开环差模输入电阻 R_{id} 是（　　）。

A. 无穷大　　B. 零　　C. 约几百千欧　　D. 约几百欧

(19) 理想运算放大器的开环输出电阻 R_o 是（　　）。

A. 无穷大　　B. 零　　C. 约几百千欧　　D. 约几百欧

（20）直接耦合电路中存在零点漂移主要是因为（　　）。

A. 晶体管的非线性　　B. 电阻阻值有误差

C. 晶体管参数受温度影响　　D. 静态工作点设计不当

（21）在集成运算放大电路中，为了稳定电压放大倍数，通常应引入（　　）负反馈。

A. 直流　B. 交流　C. 串联　D. 并联

（22）在集成运算放大电路中，为了稳定静态工作点，通常应引入（　　）负反馈。

A. 直流　B. 交流　C. 串联　D. 并联

（23）为了使放大器带负载能力强，通常引入（　　）负反馈。

A. 电压　B. 电流　C. 串联　D. 并联

（24）引入并联负反馈，可使放大器的（　　）。

A. 输出电压稳定　　B. 反馈环内输入电阻增加

C. 反馈环内输入电阻减小　　D. 输出电流稳定

（25）为了增大输出电阻，应在放大电路中引入（　　）。

A. 电流负反馈　　B. 电压负反馈

C. 直流负反馈　　D. 交流负反馈

（26）欲减小放大电路从信号源索取的电流，增大带负载能力，应在放大电路中引入（　　）。

A. 电压并联负反馈　　B. 电流串联负反馈

C. 电流并联负反馈　　D. 电压串联负反馈

（27）欲从信号源获得更大的电流，并稳定输出电流，应在放大电路中引入（　　）。

A. 电压并联负反馈　　B. 电压串联负反馈

C. 电流并联负反馈　　D. 电流串联负反馈

（28）工作在线性区的运算放大器应置于（　　）状态。

A. 深度负反馈　B. 开环　C. 闭环　D. 正反馈

（29）在四种反馈组态中，能够使输出电压稳定并提高输入电阻负反馈的是（　　）。

A. 电压并联负反馈　　B. 电压串联负反馈

C. 电流并联负反馈　　D. 电流串联负反馈

（30）电压并联负反馈对放大器输入电阻和输出电阻的影响是（　　）。

A. 输入电阻变大，输出电阻变小

B. 输入电阻变小，输出电阻变小

C. 输入电阻变大，输出电阻变大

D. 输入电阻变小，输出电阻变大

(31) 集成运放组成（ ）放大器的输入电流基本上等于流过反馈电阻的电流。

A. 同相比例运算　　B. 反相比例运算

C. 差动　　D. 开环

(32) 集成运放组成（ ）放大器的输入电阻大。

A. 同相比例运算　　B. 反相比例运算

C. 差动　　D. 开环

(33) 欲实现 $A_u=-100$ 的放大电路，应选用（ ）。

A. 反相比例运算电路　　B. 同相比例运算电路

C. 积分运算电路　　D. 微分运算电路

(34) 集成运算放大电路调零和消振应在（ ）进行。

A. 加信号前　　B. 加信号后

C. 自激振荡情况下　　D. 以上情况都不行

(35) 集成运算放大器对输入级的主要要求是（ ）。

A. 尽可能高的电压放大倍数

B. 尽可能大的带负载能力

C. 尽可能高的输入电阻，尽可能小的零点漂移

D. 尽可能小的输出电阻

4. 分析与计算

(1) 试说明什么是自激振荡条件。

(2) 振荡电路由哪几部分组成？各起什么作用？

(3) 石英晶体振荡器电路有哪两种类型？

第4章 测 试 题

1. 填空题

(1) 自激振荡电路主要由四部分组成，即________、________、________和________。

(2) 正弦波振荡器按组成选频网络的元器件类型分为________振荡器、________振荡器和________振荡器。

(3) 要使电路产生稳定的振荡，必须满足________和________两个条件。

(4) 根据选频网络和反馈电路结构的不同，LC 正弦波振荡器的三种基本形式为________、________和________。

(5) 由于晶体管的________特性，使得振荡器起振后，输出电压不断增加，振荡由弱到强建立起来并最终能达到稳定状态。

2. 判断题

(1) 把直流电能变换成交流电能的装置称正弦波振荡器。（ ）

(2) 振荡器只要同时满足振幅平衡条件和相位平衡条件，就能起振。(　　)

(3) 正弦波振荡器中，如果没有选频网络，就不能引起自激振荡。(　　)

(4) 放大器具有正反馈特性时，电路必然产生自激振荡。(　　)

(5) 任何“电扰动”，例如接通直流电源、电源电压波动、电路参数变化等，都能供给振荡器作为自激的初始信号。(　　)

(6) 振荡器的负载变动将影响振荡频率稳定性。(　　)

3. 选择题

(1) 正弦波振荡器的振荡频率由（　　）决定。

A. 基本放大器　　B. 反馈网络　　C. 选频网络　　D. 稳幅电路

(2) 振荡器的输出信号最初是由（　　）中而来的。

A. 基本放大器　　B. 选频网络　　C. 干扰或噪声信号　　D. 反馈网络

(3) 石英晶体振荡器的振荡频率与下面各种因素中的（　　）有关。

A. 晶体切割方式，几何尺寸　　B. 电源电压波动

C. 通过其电流波动　　D. 温度变化

(4) 电感三点式正弦波振荡器的正反馈电压取自电感，所以输出波形（　　）。

A. 较好　　B. 较差　　C. 好　　D. 一般

(5) 电子设备中要求正弦波振荡电路的频率为20MHz，且稳定度达10^{-10}，应采用（　　）。

A. 电感三点式正弦波振荡电路　　B. LC 正弦波振荡电路

C. 石英晶体正弦波振荡电路　　D. 电容三点正弦波振荡电路

4. 分析与计算

(1) 正弦波振荡器为什么一定要有选频网络？

(2) 振荡电路中为什么还引入负反馈，这样做会不会使振荡器停振？

第5章　习　题

1. 填空题

（1）数字信号的特点是在________和________上都是断续变化的，其高电平和低电平常用________和________表示。

（2）数字电路中，常用的数制除十进制外，还有________进制、________进制、________进制。常用的编码有________、________等。

（3）逻辑代数又称为________代数。最基本的逻辑关系有________、________、________三种。

（4）题图 5-1 中的逻辑门电路输出是________电平。

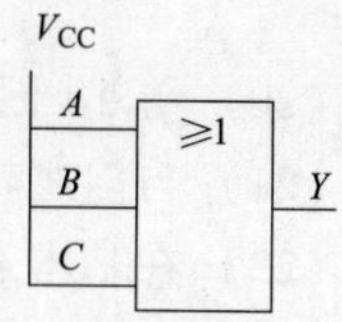

题图 5-1

（5）完成下列数制转换：$(1011011)_2 = (\_\_\_\_\_\_)_{10}$；$(36)_{10} = (\_\_\_\_\_\_)_2$。

2. 判断题

（1）与模拟信号相比，数字信号的特点是不连续、间断。（　）

（2）在时间和幅度上都断续变化的信号是数字信号，语音信号不是数字信号。（　）

（3）数字电路是以二值数字逻辑为基础的，其工作信号是离散的数字信号，电路中的电子晶体管工作于放大状态。（　）

（4）逻辑函数是数字电路的特点及描述工具，输入、输出量是高、低电平，可以用二元常量（0，1）来表示，输入量和输出量之间的关系是一种逻辑上的因果关系。（　）

（5）数字电路主要研究对象是电路的输出与输入之间的逻辑关系，数字电路和模拟电路采用的分析方法一样。（　）

（6）以二进制作为基础的数字逻辑电路，可靠性较强。电源电压的小的波动对其没有影响，温度和工艺偏差对其工作的可靠性影响也比模拟电路小得多。（　）

（7）由于数字电路中的器件主要工作在开关状态，因而采用的分析工具主要是逻辑代数，用功能表、真值表、逻辑表达式、波形图等来表达电路的主要功能。（　）

（8）数字电路的研究方法是逻辑分析和逻辑设计，所需要的工具是普通代数。（　）

（9）数字电路稳定性好，不像模拟电路那样易受噪声的干扰。（　）

（10）在数字电路中，稳态时晶体管一般工作在截止或放大状态。（　）

（11）TTL 门电路输入端悬空时，应视为输入高电平。（　）

（12）二进制数的进位关系是逢二进一，所以逻辑电路中有 1+1＝10。（　）

(13) 在逻辑变量的取值中，只有“1”与“0”两种状态。　(　　)

(14) 在逻辑变量的取值中，无法比较1与0的大小。　(　　)

(15) 数字电路中输出只有两种状态：高电平1和低电平0。　(　　)

(16) 在逻辑代数中，因为 $A+AB=A$，所以 $AB=0$。　(　　)

(17) 将2018个“1”与非得到的结果是1。

(18) 在数字电路中，二输入“与”逻辑关系的逻辑函数表达式为 $Y=A\cdot B$。　(　　)

(19) 在数字电路中，二输入“或”逻辑关系的逻辑函数表达式为 $Y=A-B$。　(　　)

(20) 与非门逻辑功能为：输入只要有低电平，输出就为高电平。　(　　)

(21) 与门逻辑功能为：输入都是低电平，输出才为高电平。　(　　)

(22) 在基本逻辑运算中，与、或、非三种运算是最本质的，其他逻辑运算是其中两种或三种的组合。　(　　)

(23) 在逻辑代数中，$A+AB=A+B$ 成立。　(　　)

(24) 当输入9个信号时，需要3位的二进制代码输出。　(　　)

(25) 十进制数366化成二进制数为101101110。　(　　)

(26) 采用OC门主要解决了TTL与非门不能线与的问题。　(　　)

(27) 在全部输入是0的情况下，“与非”运算的结果是逻辑0。　(　　)

(28) 在全部输入是1的情况下，“或非”运算的结果是逻辑0。　(　　)

(29) 在正逻辑的约定下，“1”表示高电平，“0”表示低电平。　(　　)

3. 选择题

(1) 数字电路中，晶体管工作在（　　）状态。

A. 仅放大　　B. 仅截止　　C. 仅饱和　　D. 截止与饱和

(2) 二进制数10111转换为十进制数为（　　）。

A. 15　　B. 21　　C. 18　　D. 23

(3) 十进制数15转换为二进制数为（　　）。

A. 1111　　B. 1001　　C. 1110　　D. 1101

(4) 在门电路中，通常所说的“全1出1”，它是指（　　）的功能。

A. 非门　　B. 与门　　C. 或门　　D. 同或

(5) 在数字电路中，变量的或逻辑运算，1+1=（　　）。

A. 0　　B. 1　　C. 2　　D. 10

(6) 二输入端的与非门，其输入端为 A、B，输出端为 Y，则表达式 $Y=$（　　）。

A. AB　　B. $\overline{AB}$　　C. $\overline{A+B}$　　D. $A+B$

(7) 下列四个数中，与十进制数 $(163)_{10}$ 不相等的是（　　）。

A. $(A3)_{16}$　　B. $(10100011)_2$

C. $(000101100011)_{8421BCD}$　　D. $(203)_8$

(8) N 个变量可以构成（　　）个最小项。

A. N　　B. $2N$　　C. 2^N　　D. 2^N-1

(9) 将二极管与门和反相器连接起来，可以构成（　　）。

A. 与门　　B. 或门　　C. 非门　　D. 与非门

(10) TTL 集成逻辑门是以（　　）为基础的集成电路。

A. 二极管　　B. MOS 管　　C. 晶体管　　D. CMOS 管

(11) 输出只与当前的输入信号有关，与电路原来状态无关的电路，属于（　　）。

A. 组合逻辑电路　　B. 时序逻辑电路

C. 模拟电路　　D. 数字电路

(12) 一个触发器可记录 1 位二进制代码，它有（　　）个稳态。

A. 0　　B. 1　　C. 2　　D. 4

(13) 用不同的数制来表示 2018，位数最少的是（　　）。

A. 二进制　　B. 八进制　　C. 十进制　　D. 十六进制

(14) 8421BCD 码 0110 表示十进制为（　　）。

A. 8　　B. 6　　C. 42　　D. 9

(15) 下列逻辑函数关系式中不等于 A 的是（　　）。

A. $A+1$　　B. $A+A$　　C. $A+AB$　　D. $A(A+B)$

(16) 逻辑关系式 $A\odot A=$（　　）。

A. 0　　B. 1　　C. $\overline{A}$　　D. A

(17) 实现“相同出 1，不同出 0”的逻辑关系是（　　）。

A. 与逻辑　　B. 或逻辑　　C. 与非逻辑　　D. 同或逻辑

(18) 相同为“0”不同为“1”，它的逻辑关系是（　　）。

A. 或逻辑　　B. 与逻辑　　C. 异或逻辑　　D. 同或逻辑

(19) 已知异或门的输出状态为 1，则它的 A、B 两输入端的状态一定是（　　）。

A. 1，1　　B. 0，0　　C. 1，0　　D. 相同

(20) 两输入 TTL 与非门电路的输入信号为 A、B，逻辑输出 Y 表达式是（　　）。

A. $Y=\overline{A+B}$　　B. $Y=\overline{A\cdot B}$　　C. $Y=1$　　D. $Y=0$

(21) 一只三输入端或非门，使其输出为 1 的输入变量取值组合有（　　）种。

A. 9　　B. 8　　C. 7　　D. 1

(22) 逻辑关系式 $A\oplus 1=$（　　）。

A. A　　B. 1　　C. $\overline{A}$　　D. 0

(23) 在逻辑函数表达式 $F=AB+BC$ 的真值表中，$F=1$ 的状态有（　　）个。

A. 2　　B. 3　　C. 4　　D. 5

(24) 逻辑函数表达式 $F=AB+C$，使 $F=1$ 的输入 ABC 组合为（　　）。

A. $ABC=000$　　B. $ABC=010$　　C. $ABC=100$　　D. $ABC=101$

(25) 逻辑函数表达式 $Y=\overline{A+B+C}$ 可以写成（　　）。

A. $Y=\overline{A}+\overline{B}+\overline{C}$　　B. $Y=\overline{A \cdot B \cdot C}$

C. $Y=A \cdot B \cdot C$　　D. $Y=\overline{A} \cdot \overline{B} \cdot \overline{C}$

(26) 十进制数 25 用 8421BCD 码表示为（　　）。

A. 10 101　　B. 0010 0101　　C. 100101　　D. 10101

(27) 以下表达式中符合逻辑运算法则的是（　　）。

A. $C \cdot C=C^2$　　B. $1+1=10$　　C. $0<1$　　D. $A+1=1$

(28) 当逻辑函数有 n 个变量时，共有（　　）个变量取值组合。

A. n　　B. $2n$　　C. n^2　　D. 2^n

(29) 在（　　）的输入情况下，“与非”运算的结果是逻辑 0。

A. 全部输入是 0　　B. 任一输入是 0

C. 仅一输入是 0　　D. 全部输入是 1

(30) 与十进制数 $(53.5)_{10}$ 等值的数或代码为（　　）。

A. $(01010011.0101)_{8421BCD}$　　B. $(35.8)_2$

C. $(111111.1)_2$　　D. $(65.4)_2$

4. 分析与计算

(1) 根据逻辑关系式，改正题图 5-2 所示电路中 TTL 电路的错误。

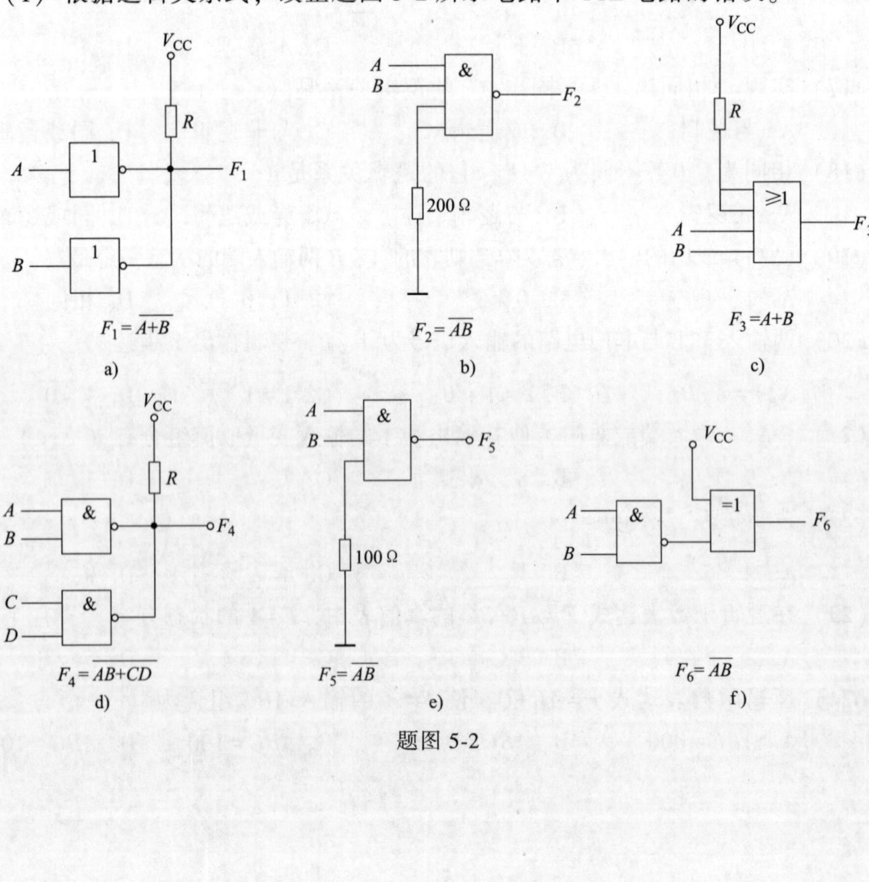

题图 5-2

（2）或门的两个输入端 A、B 波形如题图 5-3 所示，试画出输出端 Y 的波形。

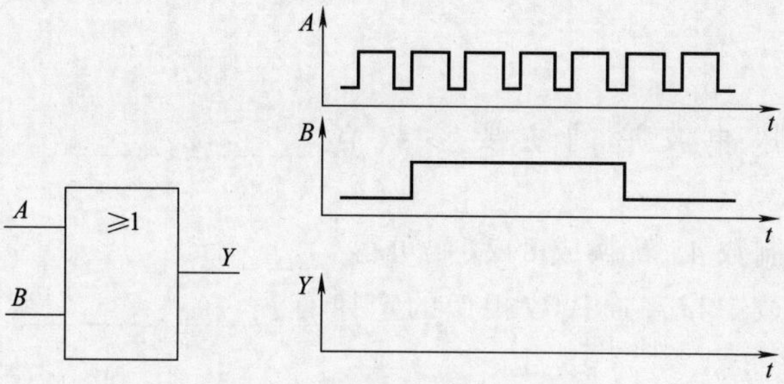

题图 5-3

（3）一个三输入端的或门，其 3 个输入端 A、B、C 的波形如题图 5-4 所示，试画出输出端 Y 的波形。

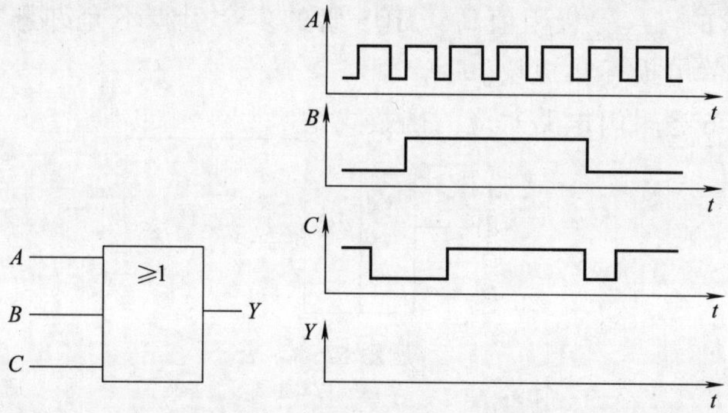

题图 5-4

5. 实训题

测试 CMOS 与非门 CC4011 的逻辑功能，题图 5-5 所示为 CC4011 内部引脚图。

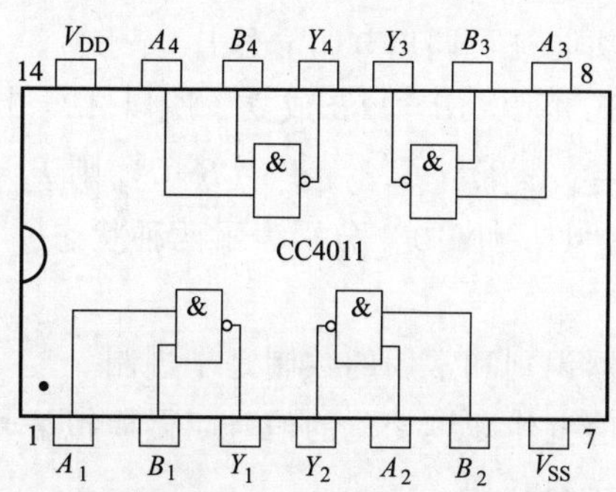

题图 5-5

第5章　测　试　题

1. 填空题

（1）描述脉冲波形的主要参数有______、______、______、______、______、______。

（2）将十进制数 45 转换成 8421 码可得______。

（3）逻辑代数中与普通代数相似的定律有______、______、______。摩根定律又称为______。

（4）模拟信号是在时间上和数值上都是______变化的信号。

（5）常见的脉冲波形有矩形波、______、三角波、______和阶梯波。

（6）数字电路研究的对象是电路的______之间的逻辑关系。

（7）数字集成电路按制造工艺不同，可分为__________和__________两大类。

（8）MOS 管的______极阻值高，MOS 管的多余引脚不允许悬空，否则易产生干扰信号，或因静电损坏集成块。

（9）题图 5-6 逻辑门电路对应的函数式是____________。

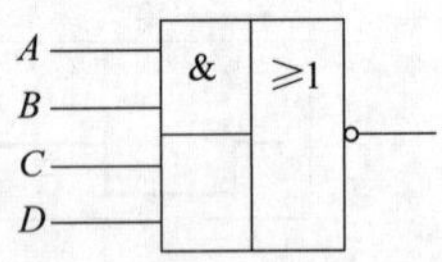

题图 5-6

（10）（　　）$_2$=(11.25)$_{10}$，(1100100101)$_{8421BCD}$=（　　）$_{10}$。

2. 判断题

（1）逻辑运算是 0 和 1 逻辑代码的运算，二进制运算也是 0、1 数码的运算。这两种运算实际是一样的。（　）

（2）占空比的公式为：$q=t_W/T$，则周期 T 越大占空比 q 越小。（　）

（3）异或门的逻辑功能是：同出 0，异出 1。（　）

（4）因为逻辑表达式 $A+B+AB=A+B$ 成立，所以 $AB=0$ 成立。（　）

（5）逻辑代数式 $L_1=(A+B)\cdot C$，$L_2=A\cdot(B+C)$，则 $L_1=L_2$。（　）

（6）数字电路中用“1”和“0”分别表示两种状态，二者无大小之分。（　）

（7）数字电路中机器识别和常用的数制是十进制。（　）

（8）在时间上和数值上作断续变化的信号叫做模拟信号。（　）

（9）8421BCD 码属于有权码。（　）

（10）输入全为低电平“0”，输出也为“0”时，必为“与”逻辑关系。（　）

3. 选择题

（1）$A+BC=($　　$)$。

A. $A+B$　　B. $A+C$　　C. $(A+B)(A+C)$　　D. $B+C$

（2）若逻辑表达式 $F=\overline{A+B}$，则下列表达式中与 F 相同的是（　　）。

A. $F=\overline{A}\,\overline{B}$　　B. $F=\overline{AB}$　　C. $F=\overline{A}+\overline{B}$　　D. $F=A+B$

（3）对逻辑函数的化简，通常是指将逻辑函数式化简成最简（　　）。

A. 或-与式　　B. 与非-与非式　　C. 与或式　　D. 与或非式

（4）具有两个输入端的或门，当输入均为高电平 3V 时，正确的是（　　）。

A. $V_L=V_A+V_B=3V+3V=6V$　　B. $V_L=A+B=1+1=2V$

C. $L=A+B=1+1=2$　　D. $L=A+B=1+1=1$

（5）某逻辑电路的输入变量为 A、B，输出变量为 F，其真值表见题表 5-1，则其逻辑表达式为（　　）。

题表 5-1

A	B	F	A	B	F
0	0	0	1	0	1
0	1	1	1	1	0

A. $F=\overline{A}B+A\overline{B}$　　B. $F=\overline{A}\,\overline{B}+AB$　　C. $F=\overline{AB}+AB$　　D. $F=\overline{A+B}$

（6）已知 TTL 电路如题图 5-7 所示，则 F 的表达式为（　　）。

A. $F=A+B$　　B. $F=\overline{AB}$

C. $F=\overline{A+B}$　　D. $F=A+B$

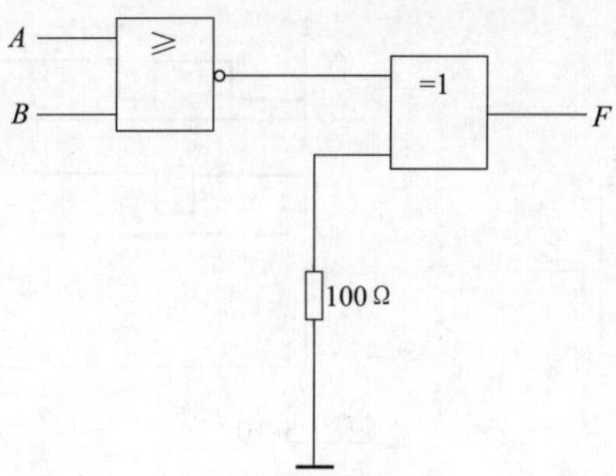

题图 5-7

（7）题图 5-8 所示电路中，TTL 门中闲置的引脚应（　　）。

A. 接电源　　B. 接地　　C. 接 A 脚　　D. 接 B 脚

（8）题图 5-9 所示逻辑门对应的函数表达式是（　　）。

A. $Y=AB+CD$　　B. $Y=A+BC+D$

C. $Y=\overline{AB+CD}$　　D. $Y=\overline{ABCD}$

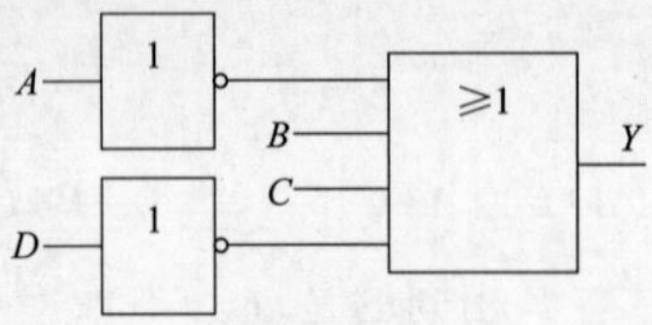

题图 5-8

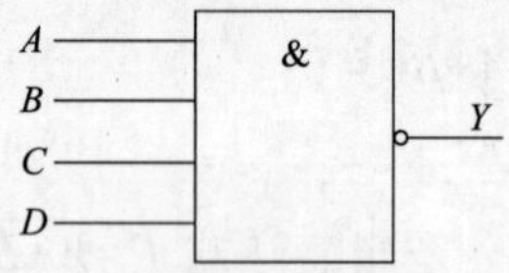

题图 5-9

(9) 对于二值逻辑问题，若输入变量为 n 个，则完整的真值表有（　　）种不同的输入组合。

A. $2n$　　　B. n　　　C. n^2　　　D. 2^n

(10) 有一电路，全部开关断开，灯泡才不亮；只要有一个开关闭合，灯泡会被点亮。这种电路代表了（　　）逻辑关系。

A. 与　　　B. 非　　　C. 或　　　D. 或非

4. 分析与计算

(1) 已知某电路的真值表如题表 5-2 所示，求该电路的逻辑表达式。

题表 5-2

A	B	C	Y_1	A	B	C	Y_2
0	0	0	0	1	0	0	0
0	0	1	1	1	0	1	1
0	1	0	0	1	1	0	1
0	1	1	1	1	1	1	1

(2) 证明等式：$\overline{A}B+A\overline{B}=\overline{\overline{A}\,\overline{B}+AB}$

(3) 与门 2 个输入端 A、B 的波形如题图 5-10 所示，试画出输出端 Y 的波形。

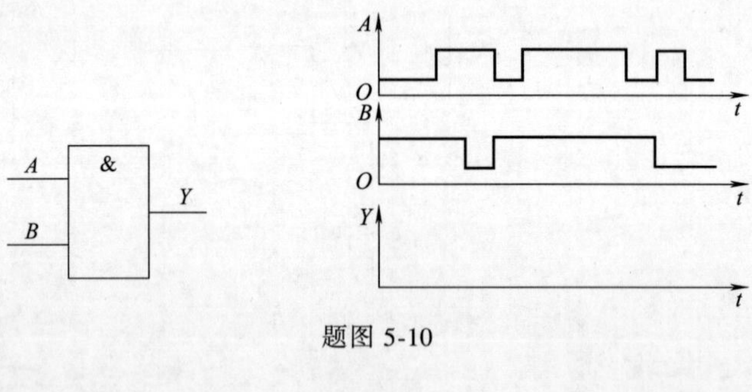

题图 5-10

第6章　习　题

1. 填空题

(1) 组合逻辑电路的特点是______________________________。

(2) 数据选择器的逻辑功能是______________________________。

(3) 数字电路中的逻辑电路按功能可分为________电路和________电路两种类型。

(4) 组合逻辑电路的分析，一般按以下步骤进行：

第一步：根据给定的逻辑电路，写出__________________。

第二步：化简逻辑电路的__________________________。

第三步：根据化简后的逻辑函数表达式列______________。

第四步：描述______________________________________。

(5) 一个输出 N 位代码的二进制编码器，可以表示______种输入信号。

2. 判断题

(1) 在二-十进制译码器中，未使用的输入编码应做约束项处理。（　）

(2) 编码器在任何时刻只能对一个输入信号进行编码。（　）

(3) 优先编码器的输入信号是相互排斥的，不允许多个编码信号同时有效。（　）

(4) 编码和译码是互逆的过程。（　）

(5) 共阴发光二极管数码显示器需选用有效输出为高电平的七段显示译码器来驱动。（　）

(6) 3位二进制编码器是3位输入、8位输出。（　）

(7) 组合逻辑电路的特点是：任何时刻电路的稳定输出，仅仅取决于该时刻各个输入变量的取值，与电路原来的状态无关。（　）

(8) 半加器与全加器的区别在于半加器无进位输出，而全加器有进位输出。（　）

(9) 串行进位加法器的优点是电路简单、连接方便，而且运算速度快。（　）

(10) 二进制译码器的每一个输出信号就是输入变量的一个最小项。（　）

(11) 竞争冒险是指组合电路中，当输入信号改变时，输出端可能出现的虚假信号。（　）

(12) 两个二进制数相加，并加上来自高位的进位，称为全加，所用的电路为全加器。（　）

(13) 在优先编码器电路中允许同时输入两个以上的编码信号。（　）

(14) 利用三态门可以实现数据的双向传输。（　）

(15) 有些 OC 门能直接驱动小型继电器。 (　　)

(16) TTL 输出端为低电平时带拉电流的能力为 5mA。 (　　)

(17) TTL、CMOS 门中未使用的输入端均可悬空。 (　　)

(18) 当决定事件发生的所有条件中任一个（或几个）条件成立时，这个事件就会发生，这种因果关系称为与运算。 (　　)

(19) 将代码状态的特点含义“翻译”出来的过程称为译码。实现译码操作的电路称为译码器。 (　　)

(20) 逻辑变量的取值 1 比 0 大。 (　　)

(21) 对于 MOS 门电路多余端可以悬空。 (　　)

(22) 计数器的模是指输入计数脉冲的个数。 (　　)

(23) 优先编码只对优先级别高的信息进行编码。 (　　)

(24) 组合逻辑电路中产生竞争冒险的主要原因是输入信号受到尖峰干扰。(　　)

(25) 译码是编码的逆过程。 (　　)

(26) 数据选择器是一个单输入、多输出的组合逻辑电路。 (　　)

(27) 数据分配器能把传输总线上的数据有选择地传送到不同的输出端。 (　　)

(28) 组合逻辑电路任何时刻的输出状态，直接由当时的输入状态和输入信号作用前的状态决定。 (　　)

(29) 组合逻辑电路的分析是给定功能画出逻辑图。 (　　)

3. 选择题

(1) 一个数据选择器的地址输入端有 3 个时，最多可以有（　　）个数据信号输出。

A. 4　　B. 6　　C. 8　　D. 16

(2) 若在编码器中有 50 个编码对象，则要求输出二进制代码位数为（　　）位。

A. 5　　B. 6　　C. 10　　D. 50

(3) 一个 16 选 1 的数据选择器，其地址输入（选择控制输入）端有（　　）个。

A. 1　　B. 2　　C. 4　　D. 16

(4) 一个 8 选 1 数据选择器的数据输入端有（　　）个。

A. 1　　B. 2　　C. 4　　D. 8

(5) 用 4 选 1 数据选择器实现函数 $Y=A_1A_0+\overline{A}_1A_0$，应使（　　）。

A. $D_0=D_2=0$，$D_1=D_3=1$　　B. $D_0=D_2=1$，$D_1=D_3=0$

C. $D_0=D_1=0$，$D_2=D_3=1$　　D. $D_0=D_1=1$，$D_2=D_3=0$

(6) 同步计数器和异步计数器比较，同步计数器的显著优点是（　　）。

A. 工作速度高　　B. 触发器利用率高

C. 电路简单　　D. 不受时钟 CP 控制

(7) 把一个五进制计数器与一个四进制计数器串联可得到（　　）进制计

数器。

A. 4 B. 5 C. 9 D. 20

(8) N 个触发器可以构成最大计数长度（进制数）为（ ）的计数器。

A. N B. $2N$ C. N^2 D. 2^N

(9) 一位 8421BCD 码计数器至少需要（ ）个触发器。

A. 3 B. 4 C. 5 D. 10

(10) 比较两个一位二进制数 A 和 B，当 $A>B$ 时输出 $F=1$，则 F 的表达式是（ ）。

A. $F=AB$ B. $F=\overline{A}B$ C. $F=A\overline{B}$ D. $F=\overline{A}\,\overline{B}$

(11) 设计加法器的超前进位是为了（ ）。

A. 电路简单

B. 每一级运算不需等待进位

C. 连接方便

D. 使进位运算由低位到高位逐位进行

(12) 编码器用 5 位二进制代码可对（ ）个信号进行编码。

A. 64 B. 32 C. 128 D. 16

(13) 数据选择器不能够做（ ）使用。

A. 函数发生器 B. 多路数据开关

C. 多路数据选择器 D. 数据比较器

(14) 不属于组合逻辑电路的器件是（ ）。

A. 编码器 B. 译码器 C. 数据选择器 D. 计数器

(15) 分析组合逻辑电路时，不需要进行（ ）。

A. 写出输出函数表达式 B. 判断逻辑功能

C. 列真值表 D. 画逻辑电路图

(16) 一块数据选择器有三个选择输入（地址输入）端，则它的数据输入端有（ ）个。

A. 3 B. 6 C. 8 D. 1

(17) 一片四位二进制译码器，它的输出函数最多可以有（ ）个。

A. 1 B. 8 C. 10 D. 16

(18)（ ）不是组合逻辑电路。

A. 加法器 B. 触发器

C. 数据选择器 D. 译码器

(19) 数值比较器对 A、B 两数进行比较时，首先比较的是 A、B 的（ ）。

A. 最高位 B. 最低位 C. 所有位 D. 低位级联输入

(20) 16 位输入的二进制编码器，其输出端有（ ）位。

A. 256 B. 128 C. 4 D. 3

(21) 一位全加器除完成半加器的功能外，还要考虑（　　）问题。

A. 向高位进位　　B. 低位向本位进位

C. 向高位借位　　D. 低位向本位借位

(22) 要比较二进制数 A 和 B 的大小，比较器需要（　　）。

A. 从低位到高位逐位比较　　B. 从低位到高位同步比较

C. 从高位到低位逐位比较　　D. 所有位同时比较

(23) 编码器用 7 位二进制代码可对（　　）个信号进行编码。

A. 64　　B. 128　　C. 32　　D. 256

(24) 可以用作数据分配器的是（　　）。

A. 编码器　　B. 译码器

C. 数据选择器　　D. 数据比较器

(25) 对于组合逻辑电路，正确的描述是（　　）。

A. 没有记忆元件　　B. 包含记忆元件

C. 存在有反馈回路　　D. 双向传输

(26) 数据分配器和（　　）有着相同的基本电路结构形式。

A. 加法器　　B. 编码器　　C. 数据选择器　　D. 译码器

(27) 在二进制译码器中，若输入有 4 位代码，则输出有（　　）个信号。

A. 2　　B. 4　　C. 8　　D. 16

(28) 能将输入信号转换为二进制代码的电路称为（　　）。

A. 译码器　　B. 编码器　　C. 数据选择器　　D. 数据分配器

(29) 2 线-4 线译码器有（　　）。

A. 2 条输入线，4 条输出线　　B. 4 条输入线，2 条输出线

C. 4 条输入线，8 条输出线　　D. 8 条输入线，2 条输出线

(30) 下列所给选项中不属于组合逻辑电路的是（　　）。

A. 译码器　　B. 编码器　　C. 加法器　　D. 计数器

(31) 如题图 6-1 所示，BA 为（　　）。

A. 00　　B. 01　　C. 10　　D. 11

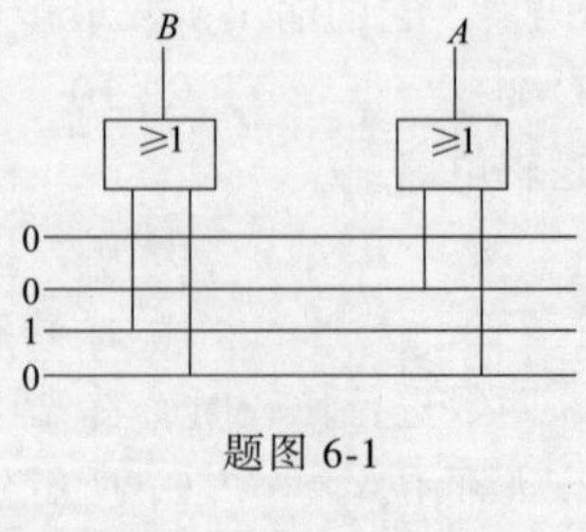

题图 6-1

(32) 能实现对两个一位二进制数及低位的进位数进行加法运算的电路称为（　　）。

A. 半加器　　B. 全加器

C. 加法运算放大器　　D. 移位寄存器

4. 分析与设计

(1) 有一个车间，有红、黄两个故障指示灯，用来表示三台设备的工作情况。当有一台设备出现故障时，黄灯亮；若有两台设备出现故障时，红灯亮；若三台设备都出现故障时，红灯、黄灯都亮。试用与非门设计一个控制灯亮的逻辑电路。

(2) 试分析如题图 6-2 所示各组合逻辑电路的逻辑功能，写出逻辑表达式。

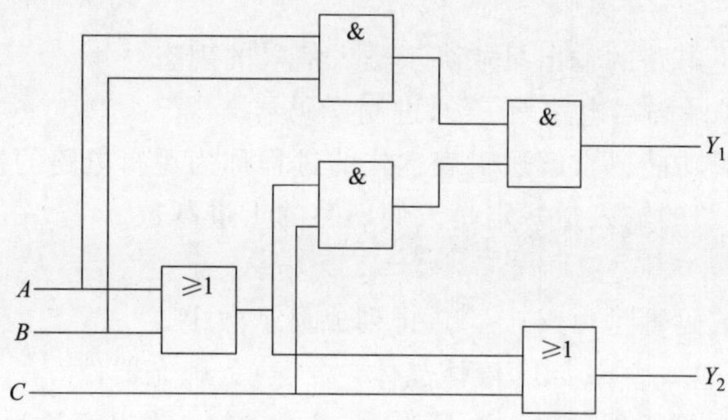

题图 6-2

5. 实训题

制作第 4 (1) 题中的控制灯亮的逻辑电路。

第 6 章　测　试　题

1. 填空题

(1) 译码器按具体功能不同分为______、______、______三种。

(2) 半导体数码管按内部发光二极管的接法不同，可分为______和______两种。

(3) 从电路结构看，组合逻辑电路具有两个特点：1) 电路由______组成，不包含任何______元件，2) 电路中不存在任何______回路。

(4) 当两个本位数相加，考虑______进位数时，叫______。

(5) 全加器一个输出为______，另一个输出为______。

(6) 二进制译码器是将______翻译成相对应的______的电路。

(7) 二-十进制编码器是将______分别编成对应的______的电路。

(8) 数字集成门电路按开关元件的不同可分为______和______两大类。

(9) 使用______门可以实现总线结构；使用______门可实现“线与”逻辑。

(10) 能将机器识别的______制数码转换成人们熟悉的______制或某种特定信息的逻辑电路，称为______器。

2. 判断题

（1）译码器的功能是将二进制码还原成给定的信号符号。（　　）

（2）组合逻辑电路的设计是指给定逻辑功能画出逻辑图。（　　）

（3）在 8 线-3 线编码器中，输入信号为 8 位二进制代码，输出为 3 个特定对象。（　　）

（4）在二-十进制编码器中，8421BCD 编码器是唯一的。（　　）

（5）8421BCD 编码器，可以任意选择四位二进制代码中的 10 种组合。（　　）

（6）TTL 门输入端口为“或”逻辑关系时，多余的输入端应接低电平。（　　）

（7）组合逻辑电路的输出只取决于输入信号的现态。（　　）

（8）3 线-8 线译码器电路是三-八进制译码器。（　　）

（9）已知逻辑功能，求解逻辑表达式的过程称为逻辑电路的设计。（　　）

（10）编码电路的输入量一定是人们熟悉的十进制数。（　　）

3. 选择题

（1）半导体数码管是由（　　）排列成显示数字。

A. 小灯泡　B. 液体晶体　C. 辉光器件　D. 发光二极管

（2）8421BCD 编码器的输入变量为（　　）个，输出变量为（　　）个。

A. 8　B. 4　C. 10　D. 7

（3）3 线-8 线译码器电路是（　　）。

A. 3 位二进制　B. 三进制　C. 三-八进制　D. 八进制

（4）译码电路的输出量是（　　）。

A. 二进制代码　B. 十进制数

C. 某个特定的控制信息　D. 八进制代码

（5）一个四输入端的与非门，它的输出有（　　）种状态。

A. 1　B. 2　C. 4　D. 16

（6）完成二进制代码转换为十进制数的应选择（　　）。

A. 译码器　B. 编码器

C. 一般组合逻辑电路　D. 数据选择器

（7）译码器的输入是（　　）。

A. 二进制代码　B. 二进制数　C. 十进制数　D. 八进制代码

（8）八输入端的编码器按二进制数编码时，输出端的个数是（　　）。

A. 2 个　B. 3 个　C. 4 个　D. 8 个

（9）译码器的输出是（　　）。

A. 二进制　B. 八进制　C. 十进制　D. 十六进制

（10）具有“有 1 出 0、全 0 出 1”功能的逻辑门是（　　）。

A. 与非门　B. 或非门　C. 异或门　D. 或门

4. 分析与设计

(1) 用与非门设计一个三变量一致电路（变量取值相同，输出为 1，否则为 0）

(2) 写出题图 6-3 所示逻辑电路的逻辑函数表达式。

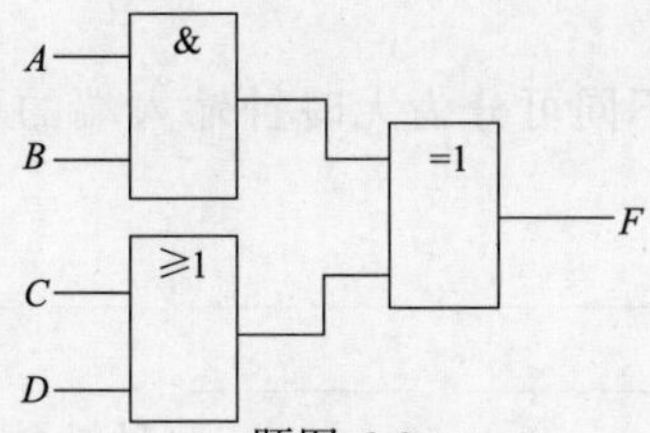

题图 6-3

(3) 由题图 6-4 给出的逻辑图和集成与非门 74LS00，要求：

1）先写出逻辑图的与或逻辑表达式，然后再转换成与非逻辑表达式。

2）用 74LS00 实现其逻辑功能。（正确画出连接图、标明输入、输出变量）

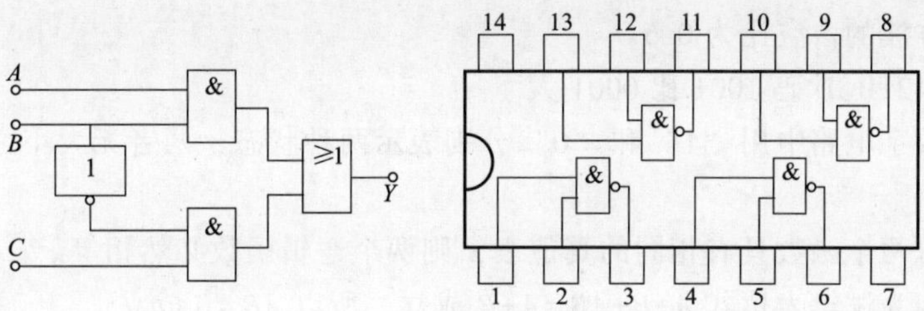

题图 6-4

第7章　习　题

1. 填空题

(1) RS 触发器按结构不同可分为无时钟输入端的________触发器和有时钟输入端的________触发器。

(2) RS 触发器提供了________、________、________三种功能。

(3) JK 触发器提供了________、________、________、________四种功能。

(4) D 触发器提供了________、________两种功能。

(5) 通常把一个 CP 脉冲引起触发器两次翻转的现象称为________。

(6) 一个基本 RS 触发器，在正常工作时，不允许输入 $S=R=1$ 的信号，因此应遵守的约束条件是________。

2. 判断题

(1) 方波的占空比为 0.5。 (　　)

(2) 8421BCD 码 1001 比 0001 大。 (　　)

(3) 数字电路中用“1”和“0”分别表示两种状态，两者无大小之分。 (　　)

(4) 若两个函数具有相同的真值表，则两个逻辑函数必然相等。 (　　)

(5) 因为逻辑表达式 $A+B+AB=A+B$ 成立，所以 $AB=0$ 成立。 (　　)

(6) TTL 与非门的多余输入端可以接固定高电平。 (　　)

(7) 当 TTL 与非门的输入端悬空时相当于输入为逻辑 1。 (　　)

(8) 普通的逻辑门电路的输出端不可以并联在一起，否则可能会损坏器件。 (　　)

(9) 三态门的三种状态分别为：高电平、低电平、不高不低的电压。 (　　)

(10) TTL OC 门（集电极开路门）的输出端可以直接相连，实现线与。 (　　)

(11) D 触发器的特性方程为 $Q^{n+1}=D$，与 Q^n 无关，所以它没有记忆功能。 (　　)

(12) RS 触发器的约束条件 $RS=0$，表示不允许出现 $R=S=1$ 的输入。 (　　)

(13) 同步触发器存在空翻现象，而边沿触发器和主从触发器克服了空翻。 (　　)

(14) 对边沿 JK 触发器，在 CP 为高电平期间，当 $J=K=1$ 时，状态会翻转一次。 (　　)

(15) 施密特触发器有两个稳态。 (　　)

(16) 施密特触发器的正向阈值电压一定大于负向阈值电压。 (　　)

(17) 编码与译码是互逆的过程。 (　　)

（18）二进制译码器相当于一个最小项发生器，便于实现组合逻辑电路。（ ）

（19）共阴极接法发光二极管数码显示器需选用有效输出为高电平的七段显示译码器来驱动。（ ）

（20）同步时序电路由组合电路和存储器两部分组成。（ ）

（21）组合电路不含有记忆功能的器件。（ ）

（22）时序电路不含有记忆功能的器件。（ ）

（23）RS 触发器、JK 触发器均具有状态翻转功能。（ ）

（24）构成一个 7 进制计数器需要 3 个触发器。（ ）

（25）触发器能够存储一位二值信号。（ ）

（26）当放大器具有正反馈电路时，电路必然产生自激振荡。（ ）

（27）将 JK 触发器的 J、K 端连接在一起作为输入端，就构成 D 触发器。（ ）

3. 选择题

（1）如将 TTL 与非门作为非门使用，则多余输入端应做（ ）处理。

A. 全部接高电平　　B. 部分接高电平，部分接低电平

C. 全部接低电平　　D. 部分接低电平，部分悬空

（2）如题图 7-1 所示，根据逻辑图，下列正确的逻辑式是（ ）。

A. $Y=B(A+C)+AB$　　B. $Y=A(B+C)+BC$

C. $Y=A(B+C)+AC$　　D. $Y=C(B+A)+BC$

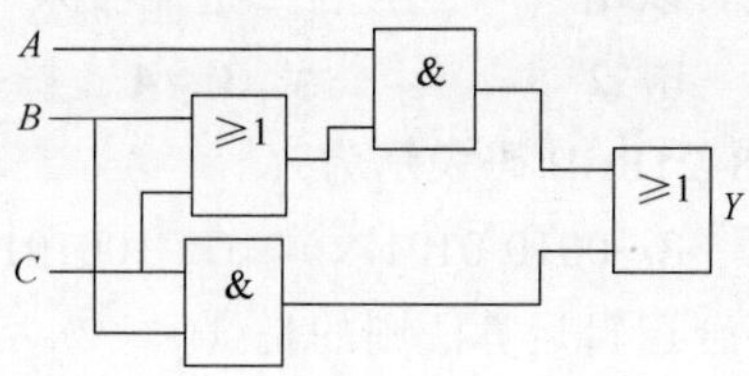

题图 7-1

（3）触发器三种触发方式中，（ ）的触发器抗干扰能力最强。

A. 电平触发　　B. 脉冲触发　　C. 主从触发　　D. 边沿触发

（4）已知 74LS138 译码器输入三个使能端（$E_1=1$，$E_{2A}=E_{2B}=0$）时，地址码 $A_2A_1A_0=011$，则输出 $Y_7 \sim Y_0$ 是（ ）。

A. 11111101　　B. 10111111　　C. 11110111　　D. 11111111

（5）门电路的抗干扰能力取决于（ ）。

A. 噪声容限　　B. 阈值电压　　C. 扇出系数　　D. 空载功耗

（6）下列几种 TTL 电路中，输出端可实现线与功能的电路是（ ）。

A. 或非门　　B. 与非门　　C. 异或门　　D. OC 门

(7) 对 CMOS 与非门电路，其多余输入端正确的处理方法是（　　）。

A. 通过大电阻接地（>1.5kΩ）　　B. 悬空

C. 通过小电阻接地（<1kΩ）　　D. 通过电阻接 V_{CC}

(8) 请判断以下哪个电路不是时序逻辑电路（　　）。

A. 计数器　　B. 寄存器　　C. 译码器　　D. 触发器

(9) 某电路的输入波形 u_I 和输出波形 u_O 如题图 7-2 所示，则该电路为（　　）。

A. 施密特触发器　　B. 反相器

C. 单稳态触发器　　D. JK 触发器

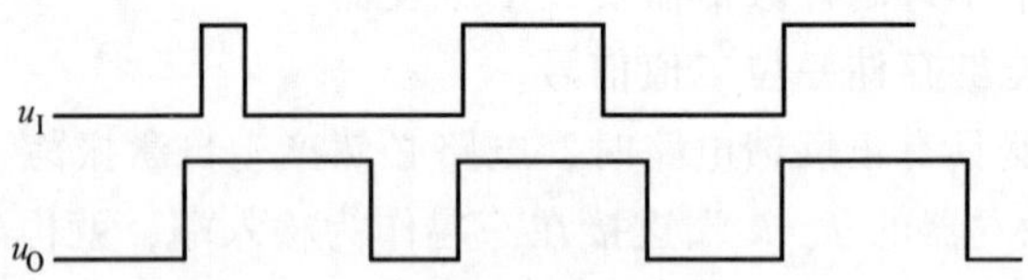

题图 7-2

(10) 要将方波脉冲的周期扩展 10 倍，可采用（　　）。

A. 10 级施密特触发器　　B. 10 位二进制计数器

C. 十进制计数器　　D. 10 位 D/A 转换器

(11) 与逻辑函数 $Y=AB+\bar{A}C+\bar{B}C$ 相等的函数为（　　）。

A. AB　　B. $AB+\bar{A}C$　　C. $AB+\bar{B}C$　　D. $AB+C$

(12) 一位十六进制数可以用（　　）位二进制数来表示。

A. 1　　B. 2　　C. 4　　D. 16

(13) 十进制数 25 用 8421BCD 码表示为（　　）。

A. 10 101　　B. 0010 0101　　C. 100101　　D. 10101

(14) 以下表达式中符合逻辑运算法则的是（　　）。

A. $C \cdot C=C^2$　　B. 1+1=10　　C. 0<1　　D. A+1=1

(15) 当逻辑函数有 n 个变量时，共有（　　）个变量取值组合。

A. n　　B. $2n$　　C. n^2　　D. 2^n

(16) 在何种输入情况下，“与非”运算的结果是逻辑 0。（　　）

A. 全部输入是 0　　B. 任一输入是 0

C. 仅一输入是 0　　D. 全部输入是 1

(17) N 个触发器可以构成能寄存（　　）位二进制数码的寄存器。

A. $N-1$　　B. N　　C. $N+1$　　D. 2^N

(18) 一个触发器可记录一位二进制代码，它有（　　）个稳态。

A. 0　　B. 1　　C. 2

D. 3　　E. 4

(19) 存储 8 位二进制信息要（　　）个触发器。

A. 2　　B. 3　　C. 4　　D. 8

(20) 对于 D 触发器，欲使 $Q^{n+1}=Q^n$，应使输入 $D=$（　　）。

A. 0　　B. 1　　C. Q　　D. $\overline{Q}$

(21) 用二进制码表示指定离散电平的过程称为（　　）。

A. 采样　　B. 量化　　C. 保持　　D. 编码

(22) 单稳态触发器的输出状态有（　　）。

A. 一个稳态、一个暂态　　B. 两个稳态

C. 只有一个稳态　　D. 没有稳态

(23) T 触发器中，在 $T=1$ 时，加上时钟脉冲，则触发器（　　）。

A. 保持原态　　B. 翻转　　C. 置 1　　D. 置 0

(24) 只能按地址读出信息，而不能写入信息的存储器为（　　）。

A. RAM　　B. ROM　　C. PROM　　D. EPROM

(25) 下列电路中，不属于时序逻辑电路的是（　　）。

A. 计数器　　B. 全加器　　C. 寄存器　　D. 锁存器

(26) 若将一个 TTL 异或门（设输入端为 A、B）当作反相器使用，则 A、B 端应（　　）。

A. A 或 B 中有一个接低电平

B. A 或 B 中有一个接高电平

C. A 和 B 并联使用

D. 不能实现

(27) N 个触发器可以构成最大计数长度（进制数）为（　　）的计数器。

A. N　　B. $2N$　　C. N^2　　D. 2^N

(28) RS 触发器要求状态由 0→1，其输入信号为（　　）。

A. $RS=01$　　B. $RS=\times 1$　　C. $RS=\times 0$　　D. $RS=10$

(29) 以下描述错误的是（　　）。

A. 数字比较器可以比较数字大小

B. 实现两个一位二进制数相加的电路叫全加器

C. 实现两个一位二进制数和来自低位的进位相加的电路叫全加器

D. 编码器可分为普通全加器和优先编码器

(30) 下列描述不正确的是（　　）。

A. 触发器具有两种状态，当 $Q=1$ 时触发器处于 1 态

B. 时序电路必然存在状态循环

C. 异步时序电路的响应速度要比同步时序电路的响应速度慢

D. 边沿触发器具有前沿触发和后沿触发两种方式，能有效克服同步触发器的空翻现象

(31) 下列描述不正确的是（　　）。

A. 时序逻辑电路某一时刻的电路状态取决于电路进入该时刻前所处的状态

B. 寄存器只能存储少量数据，存储器可存储大量数据

C. 主从 JK 触发器主触发器具有一次翻转性

D. 上面描述至少有一个不正确

(32) 下列描述不正确的是（　　）。

A. E^2PROM 具有数据长期保存的功能且比 EPROM 使用方便

B. 集成二-十进制计数器和集成二进制计数器均可方便扩展

C. 将移位寄存器首尾相连可构成环形计数器

D. 上面描述至少有一个不正确

(33) 下列描述不正确的是（　　）。

A. D 触发器具有两个有效状态，当 $Q=0$ 时触发器处于 0 态

B. 移位寄存器除具有数据寄存功能外还可构成计数器

C. 主从 JK 触发器的主触发器具有一次翻转性

D. 边沿触发器具有前沿触发和后沿触发两种方式，能有效克服同步触发器的空翻现象

(34) 下列描述不正确的是（　　）。

A. 译码器、数据选择器、EPROM 均可用于实现组合逻辑函数

B. 寄存器、存储器均可用于存储数据

C. 将移位寄存器首尾相连可构成环形计数器

D. 上面描述至少有一个不正确

(35) 基本 RS 触发器输入端禁止使用（　　）。

A. $\overline{R}_D=0$，$\overline{S}_D=0$　　B. $R=1$，$S=1$

C. $\overline{R}_D=1$，$\overline{S}_D=1$　　D. $R=0$，$S=0$

(36) 同步 RS 触发器的 $\overline{S}_D$ 端称为（　　）。

A. 异步置 0 端　　B. 异步置 1 端

C. 复位端　　D. 置零端

(37) JK 触发器在 J、K 端同时输入高电平，则处于（　　）。

A. 保持　　B. 置 0　　C. 翻转　　D. 置 1

(38) 在题图 7-3 中，由 JK 触发器构成了（　　）。

A. D 触发器

B. 基本 RS 触发器

C. 同步 RS 触发器

D. T 触发器

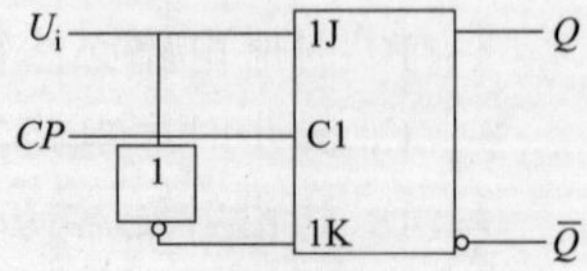

题图 7-3

(39) 欲使 JK 触发器按 $Q^{n+1}=Q^n$ 工作，可使 JK 触发器的输入端（　　）。

A. $J=K=0$　　B. $J=Q$，$K=\overline{Q}$

C. $J=\overline{Q}$，$K=Q$　　D. $J=Q$，$K=0$

(40) 仅具有"置 0"、"置 1"功能的触发器叫（　　）。

A. JK 触发器　B. RS 触发器　C. D 触发器　D. T 触发器

(41) JK 触发器用作 T′触发器时，控制端 J、K 正确接法是（　　）。

A. $J=Q^n$　$K=Q^n$　　B. $J=K=1$

C. $J=K=\overline{Q^n}$　　D. $J=K=0$

4. 分析与计算

(1) JK 触发器与 RS 触发器的逻辑功能有什么差异？

(2) 由与非门构成的基本 RS 触发器，已知输入端$\overline{S}$、$\overline{R}$ 的电压波形如题图 7-4 所示，试画出与之对应的 Q 和 $\overline{Q}$ 的波形。

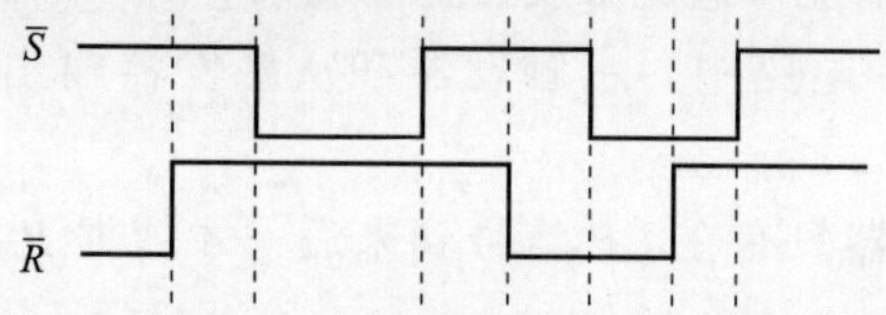

题图 7-4

(3) 有一上升沿触发的 JK 触发器如题图 7-5a 所示，已知 CP、J、K 信号波形如题图 7-5b 所示，画出 Q 端的波形。(设 Q 的初始态为 0)

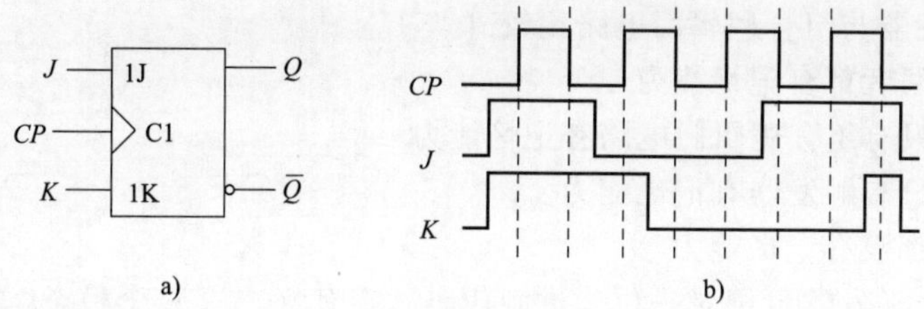

题图 7-5

第 7 章　测　试　题

1. 填空题

(1) 触发器具有________个稳定状态，在输入信号消失后，它能保持________不变。

(2) 同步 RS 触发器状态的改变是与________信号同步的。

(3) 主从触发器是一种能防止________现象的实用触发器。

（4）触发器电路中，利用 S_D 端、R_D 端可以根据需要预先将触发器________或________，而不受________的同步控制。

（5）与非门构成的基本 RS 触发器中，当 $\overline{S}=0$，$\overline{R}=1$ 时，其输出状态是________。

（6）在时钟脉冲控制下，根据输入信号及 J、K 的不同情况，能够具有________、________、________和________功能的电路，称为 JK 触发器。

2. 判断题

（1）触发器与门电路一样，输出状态仅取决于触发器的即时输入情况。（　）

（2）时钟脉冲的主要作用是使触发器的输出状态稳定。（　）

（3）基本 RS 触发器的 $\overline{S}_D$、$\overline{R}_D$ 信号不受时钟脉冲的控制，就能将触发器置 1 或置 0。（　）

（4）主从 JK 触发器能够避免触发器空翻现象。（　）

（5）在主从触发器电路中，主触发器和从触发器输出状态的翻转是同时进行的。（　）

（6）同步 RS 触发器只有在 CP 信号到来后，才依据 R、S 信号的变化来改变输出的状态。（　）

3. 选择题

（1）同步 RS 触发器电路中，触发脉冲消失后，其输出状态（　）。

A. 保持状态　B. 状态会翻转　C. 置 1　D. 置 0

（2）触发器与组合逻辑门电路比较（　）。

A. 两者都有记忆能力

B. 只有组合逻辑门电路有记忆能力

C. 只有触发器有记忆能力

D. 都没有记忆能力

（3）一个触发器可记录一位二进制代码，它有（　）个稳态。

A. 0　B. 1　C. 2　D. 3

（4）对于 JK 触发器，若 $J=K$，则可完成（　）触发器的逻辑功能。

A. RS　B. D　C. T　D. T′

（5）仅具有“翻转”功能的触发器叫做（　）。

A. JK 触发器　B. T′触发器

C. D 触发器　D. T 触发器

4. 分析与计算

（1）触发器的基本性质是怎样的？触发器按逻辑功能不同分为哪些基本类型？

（2）题图 7-6a 中，已知 D 触发器、JK 触发器都是边沿触发器，起始状态为 0，且已知 A、B、C 波形如题图 7-6b 所示，试画出各触发器对应 Q 端的波形。

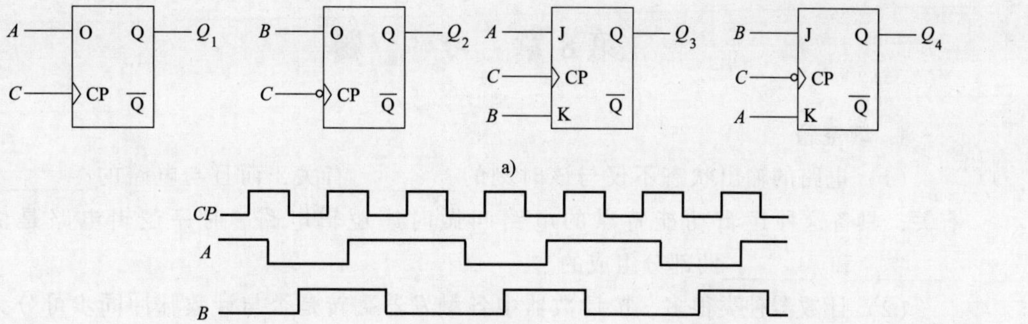

b)

题图 7-6

(3) 边沿 JK 触发器组成题图 7-7a 所示电路，题图 7-7b 为输入波形。试画出 Q_1、Q_2、Z 端的波形。设 Q_1、Q_2 的初态为 0。

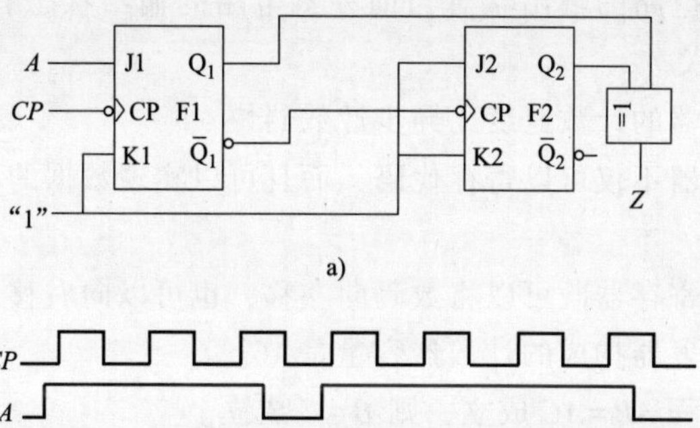

b)

题图 7-7

第8章　习　题

1. 填空题

(1) 电路的输出状态不仅与该时刻的________有关，而且与电路的________有关，具备这种逻辑功能特点的电路叫做时序逻辑电路。时序逻辑电路是由________和________两部分组成的。

(2) 计数器种类很多，按计数器中各触发器翻转是否与计数脉冲同步可分为________和________。

(3) 用来累计输入脉冲的部件称为________________。

(4) 能够存放________________的电路成为数码寄存器。

2. 判断题

(1) 时序逻辑电路的输出状态与前一刻电路的输出状态有关，还与电路当前的输入变量组合有关。（　）

(2) 同步计数器的计数速度比异步计数器快。（　）

(3) 移位寄存器不仅可以寄存代码，而且可以实现数据的串-并行转换和处理。（　）

(4) 双向移位寄存器既可以将数码向左移，也可以向右移。（　）

(5) 由四个触发器构成的计数器容量是16。（　）

(6) 若逻辑方程 $AB=AC$ 成立，则 $B=C$ 成立。（　）

(7) 一个逻辑函数的对偶式只是将逻辑函数中的原变量换成反变量，反变量换成 原变量。（　）

(8) 八路数据分配器的地址输入（选择控制）端有8个。（　）

(9) 因为逻辑表达式 $A+B+AB=A+B$ 成立，所以 $AB=0$ 成立。（　）

(10) 在时间和幅度上都断续变化的信号是数字信号，语音信号不是数字信号。（　）

(11) 时序电路不含有记忆功能的器件。（　）

(12) 计数器除了能对输入脉冲进行计数，还能作为分频器用。（　）

(13) 优先编码器只对同时输入的信号中的优先级别最高的一个信号编码。（　）

(14) 计数模为 $2n$ 的扭环形计数器所需的触发器为 n 个。（　）

(15) Mealy 型时序电路的输出只与当前的外部输入有关。（　）

(16) 组合逻辑电路的特点是功能上无记忆，结构上无反馈。（　）

(17) 用数据选择器可实现时序逻辑电路。（　）

(18) RS 触发器的约束条件 $RS=0$，表示不允许出现 $R=S=1$ 的输入。（　）

(19) 主从 JK 触发器、边沿 JK 触发器和同步 JK 触发器的逻辑功能完全相同。 (　　)

(20) 由两个 TTL 或非门构成的基本 RS 触发器，当 $R=S=0$ 时，触发器的状态为不定。 (　　)

(21) 当时序逻辑电路存在无效循环时，该电路不能自启动。 (　　)

(22) 双向移位寄存器电路中没有组合逻辑电路。 (　　)

(23) 锁存器是克服了空翻的寄存器。 (　　)

(24) D/A 转换器的位数越多，能够分辨的最小输出电压变化量就越小。 (　　)

(25) 集成计数器通常都具有自启动能力。 (　　)

(26) 使用 3 个触发器构成的计数器最多有 8 个有效状态。 (　　)

(27) 同步时序逻辑电路中各触发器的时钟脉冲 CP 不一定相同。 (　　)

(28) 十进制计数器是用十进制数码“0~9”进行计数的。 (　　)

(29) 时序电路无记忆功能。 (　　)

(30) 从电路结构看，时序电路仅由各种逻辑门组成。 (　　)

(31) 所谓计数器就是具有计数功能的时序逻辑电路。 (　　)

(32) 通常将二进制计数器与五进制计数器相串，可得到十进制计数器，若将十进制计数器与六进制计数器相串，可得十六进制计数器。 (　　)

(33) 组成计数器电路的器件必须具有记忆功能。 (　　)

3. 选择题

(1) 有一个与非门构成的基本 RS 触发器，欲使其输出状态保持原态不变，其输入信号应为(　　)。

A. $S=R=0$　　B. $S=0$，$R=1$

C. $S=1$，$R=0$　　D. $S=R=1$

(2) 一个 8 位 A-D 转换器，若所转换的最大模拟电压为 5V，当输入 2V 电压时，其输出的数字量为(　　)。

A. 00111001　　B. 01100110　　C. 10011001　　D. 01010010

(3) 用 n 个触发器构成计数器，可得到的最大计数长度（模值）为(　　)。

A. n　　B. $2n$　　C. n^2　　D. 2^n

(4) 由 555 定时器构成的施密特触发器如题图 8-1 所示，该电路的回差电压为(　　)V。

A. 5

B. 4

C. 2

D. 5/3

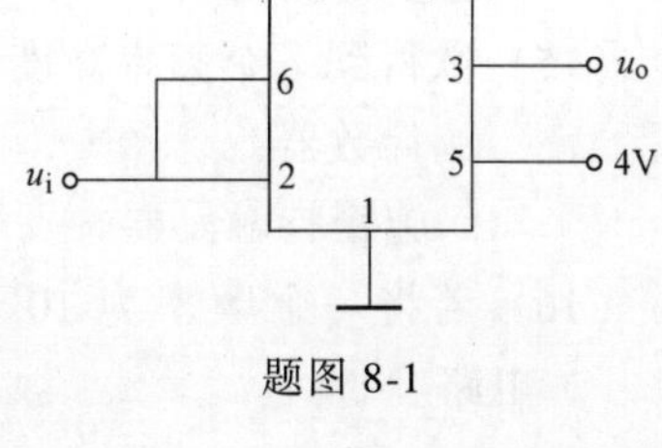

题图 8-1

(5) 同步时序电路和异步时序电路比较，其差异在于后者（　　）。

A. 没有触发器　　B. 没有统一的时钟脉冲控制

C. 没有稳定状态　　D. 输出只与内部状态有关

（6）时序逻辑电路中一定是含（　　）

A. 触发器　　B. 组合逻辑电路

C. 移位寄存器　　D. 译码器

（7）8位移位寄存器，串行输入时经（　　）个脉冲后，8位数码全部移入寄存器中。

A. 1　　B. 2　　C. 4　　D. 8

（8）计数器可以用于实现（　　），也可以实现（　　）。

A. 定时器　　B. 寄存器　　C. 分配器　　D. 分频器

（9）用 n 个触发器构成扭环型计数器，可得到最大计数长度是（　　）。

A. n　　B. $2n$　　C. 2^n　　D. 2^n-1

（10）一个4位移位寄存器可以构成最长计数器的长度是（　　）。

A. 8　　B. 12　　C. 15　　D. 16

（11）设下面所有触发器的初始状态皆为0，图中触发器在时钟信号作用下，输出电压波形恒为0的是（　　）。

A. 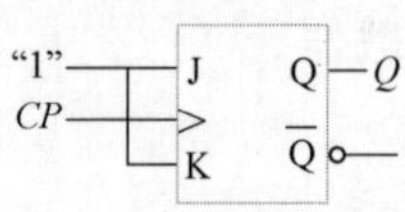

B. 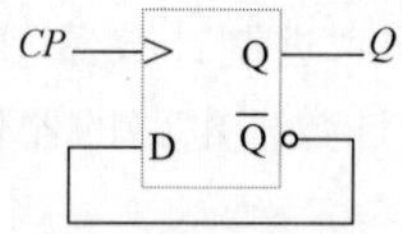

C. 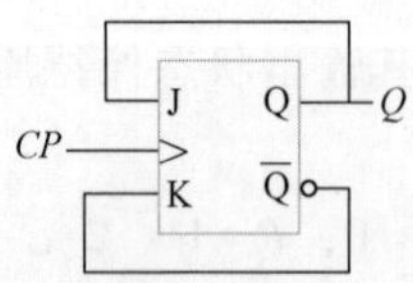

D. 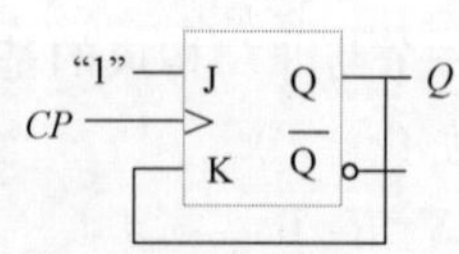

（12）在下列逻辑部件中，属于组合逻辑电路的是（　　）。

A. 计数器　　B. 数据选择器　　C. 寄存器　　D. 触发器

（13）能实现串行数据变换成并行数据的是（　　）。

A. 编码器　　B. 译码器

C. 移位寄存器　　D. 二进制计数器

（14）下列（　　）不能用555电路构成。

A. 施密特触发器　　B. 单稳态触发器

C. 多谐振荡器　　D. 晶体振荡器

（15）欲得到一个频率高度稳定的矩形波，应采用（　　）电路。

A. 计数器　　B. 单稳态触发器

C. 施密特触发器　　D. 石英晶体多谐振荡器

（16）若将一个频率为10kHz的矩形波变换成一个1kHz的矩形波，应采用（　　）电路。

A. T′触发器　　B. 十进制计数器

C. 环形计数器　　D. 施密特触发器

(17) 一个八位 D/A 转换器的最小输出电压增量为 0.02V，当输入代码为 01001100 时，输出电压 V_O 为（　）伏。

A. 0.76V　　B. 3.04V　　C. 1.40V　　D. 1.52V

(18) 有八个触发器的二进制计数器，它们最多有（　）种计数状态。

A. 8　　B. 16　　C. 256　　D. 64

(19) 下列触发器中上升沿触发的是（　）。

A. 主从 RS 触发器　　B. JK 触发器

C. T 触发器　　D. D 触发器

(20) 下列式中与非门表达式为（　），或门表达式为（　）。

A. $Y=A+B$　　B. $Y=AB$　　C. $Y=\overline{A+B}$　　D. $Y=\overline{AB}$

(21) 十二进制加法计数器需要（　）个触发器构成。

A. 8　　B. 16　　C. 4　　D. 3

(22) 逻辑电路如题图 8-2 所示，函数式为（　）。

A. $F=\overline{AB}+\overline{C}$　　B. $F=\overline{AB}+C$

C. $F=\overline{AB+C}$　　D. $F=A+\overline{BC}$

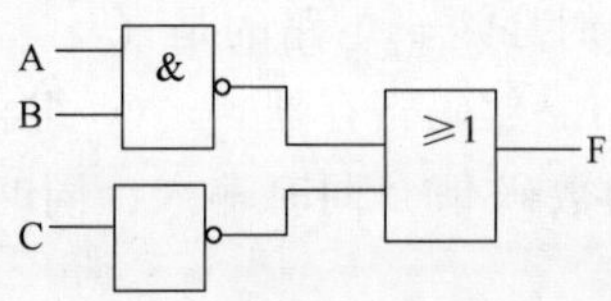

题图 8-2

(23) 74LS138 译码器有（　），74LS148 编码器有（　）。

A. 三个输入端，三个输出端　　B. 八个输入端，八个输出端

C. 三个输入端，八个输出端　　D. 八个输入端，三个输出端

(24) 单稳态触发器的输出状态有（　）。

A. 一个稳态、一个暂态　　B. 两个稳态

C. 只有一个稳态　　D. 没有稳态

(25) 4 位移位寄存器，现态 $Q_0Q_1Q_2Q_3$ 为 1100，经左移 1 位后其次态为（　）。

A. 0011 或 1011　　B. 1000 或 1001

C. 1011 或 1110　　D. 0011 或 1111

(26) 现欲将一个数据串延时 4 个 CP 的时间，则最简单的办法是采用（　）。

A. 4 位并行寄存器　　B. 4 位移位寄存器

C. 4进制计数器　　D. 4位加法器

(27) 一个四位串行数据，输入四位移位寄存器，时钟脉冲频率为1kHz，经过（　　）可转换为4位并行数据输出。

A. 8ms　　B. 4ms　　C. 8μs　　D. 4μs

(28) 由3级触发器构成的环形和扭环形计数器的计数模值依次为（　　）。

A. 8和8　　B. 6和3　　C. 6和8　　D. 3和6

(29) 下列功能的触发器中，（　　）不能构成移位寄存器。

A. RS触发器　　B. JK触发器

C. D触发器　　D. T和T′触发器

(30) 触发器异步输入端的作用是（　　）。

A. 清0　　B. 置1

C. 接收时钟脉冲　　D. 清0或置1

(31) 可以直接线与的器件是（　　）。

A. OC门　　B. I2L门　　C. ECL门　　D. TTL门

(32) 16个触发器构成计数器，该计数器可能的最大计数模值是（　　）。

A. 16　　B. 32　　C. 162　　D. 216

(33) 用1K×1位的RAM扩展成4K×2位应增加地址线（　　）根。

A. 1　　B. 2　　C. 3　　D. 4

(34) 下面电路中不属于时序逻辑电路的是（　　）。

A. 同步计数器　　B. 数码寄存器　　C. 组合逻辑电路　　D. 异步计数器

(35) 如果一个寄存器的数码是“同时输入，同时输出”，则该寄存器应采用（　　）。

A. 串行输入和输出　　B. 并行输入和输出

C. 串行输入、并行输出　　D. 并行输入、串行输出

(36) 在相同的时钟脉冲作用下，同步计数器和异步计数器比较，工作速度较快的是（　　）。

A. 同步计数器　　B. 异步计数器

C. 两者相同　　D. 不能确定

(37) 清零后的四位移位寄存器，如果要将四位数码全部串行输入，需配合 CP 脉冲数（　　）。

A. 2　　B. 4　　C. 6　　D. 8

4. 分析与计算

(1) 时序逻辑电路主要由哪几部分组成?

(2) 时序逻辑电路与组合逻辑电路的区别是什么?

(3) 如果要寄存4个二进制数码，通常需要用几个触发器来构成寄存器?

(4) 试画出如题图8-3所示时序电路在一系列 CP 信号作用下，Q_0、Q_1、Q_2

的输出电压波形。设触发器的初始状态为 $Q=0$。

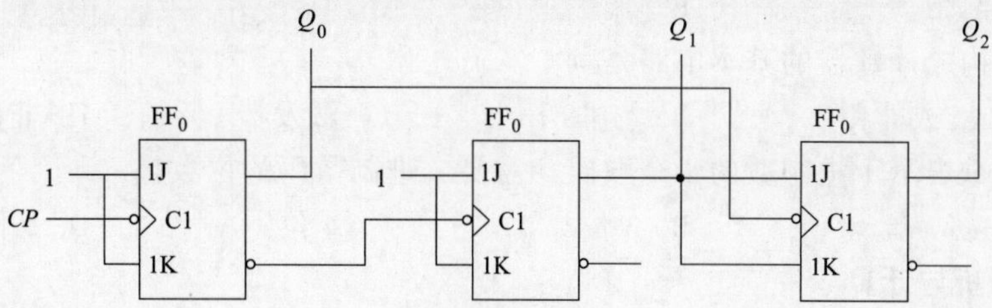

题图 8-3

第 8 章　测　试　题

1. 填空题

（1）用来累计和寄存输入脉冲数目的部件称为________。

（2）能以二进制数码形式存放数或指令的部件称为________。

（3）译码器的输入是________，输出是________。

（4）数字显示电路通常由________、________和________等部件组成。

（5）8421BCD 码为 1001，它代表的十进制数是________。

（6）8421BCD 码的二-十进制计数器中，当计数状态是________时，再输入一个计数脉冲，计数状态为 0000，然后向高位发________信号。

2. 判断题

（1）构成计数器电路的器件必须具有记忆能力。（　）

（2）移位寄存器只能串行输出。（　）

（3）移位寄存器每输入一个时钟脉冲，电路中只有一个触发器翻转。（　）

（4）计数器、寄存器都是组合门电路。（　）

（5）时序逻辑电路与组合门电路相结合可以实现多种逻辑功能，例如计数译码电路等，目前多采用集成组件。（　）

（6）移位寄存器就是数码寄存器，它们没有区别。（　）

（7）触发器实质上就是一种功能最简单的时序逻辑电路，是时序电路、存储记忆电路的基础。（　）

（8）时序逻辑电路在结构方面的特点是：由具有控制作用的逻辑门电路和具有记忆作用的触发器两部分组成。（　）

3. 选择题

（1）一个八进制计数器，最多能记忆（　）个脉冲。

A. 7　　B. 8　　C. 9　　D. 10

（2）一个五进制计数器，需要（　　）个触发器构成。

A. 2　　B. 3　　C. 4　　D. 5

（3）构成计数器的基本电路是（　　）。

A. 或非门　　B. 与非门　　C. 触发器　　D. 非门

（4）欲表示十进制数的十个数码，需要二进制数码的位数是（　　）。

A. 2 位　　B. 3 位　　C. 4 位　　D. 5 位

4. 分析与计算

（1）说明同步时序逻辑电路和异步时序逻辑电路有何不同？

（2）已知计数器的输出端 Q_2、Q_1、Q_0 的输出波形如题图 8-4 所示，试画出对应的状态转换图，并分析该计数器为几进制计数器。

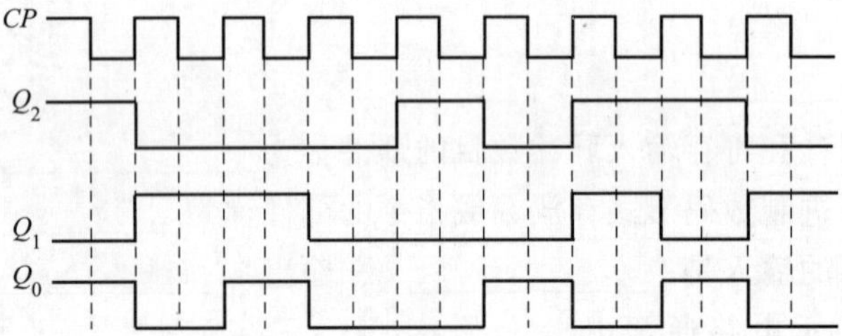

题图 8-4

第9章 习 题

1. 填空题

(1) 由 555 组成的多谐振荡器输出脉冲的振荡周期 $T\approx$________，广泛用作________。

(2) 单稳态触发器是有 1 个________和 1 个________的波形变换电路，在外加触发信号作用下，能够产生具有一定宽度和幅度的________信号。

(3) 单稳态触发器可用于实现脉冲信号的________、________和________等功能。

(4) 施密特触发器是一种________触发器，具有________个稳态。

(5) 施密特触发器具有________________特性，$\Delta u=$________。

2. 判断题

(1) 石英晶体振荡器的振荡频率取决于石英晶体的固有频率。 ( )

(2) 关门电压 U_{OFF} 是允许的最大输入高电平。 ( )

(3) TTL 门电路在高电平输入时，其输入电流很小，74LS 系列每个输入端的输入电流在 40μA 以下。 ( )

(4) 三态门输出为高阻时，其输出线上电压为高电平。 ( )

(5) 译码器哪个输出信号有效取决于译码器的地址输入信号。 ( )

(6) 五进制计数器的有效状态为五个。 ( )

(7) 施密特触发器的特点是电路具有两个稳态且每个稳态需要相应的输入条件维持。 ( )

(8) D-A 的含义是模数转换。 ( )

(9) 555 定时器可以构成多谐振荡器、单稳态触发器、施密特触发器。 ( )

(10) RS 触发器、JK 触发器均具有状态翻转功能。 ( )

(11) 半导体存储器是用来存放数据、资料等二进制信息的部件。 ( )

(12) 存储器所包含的总存储单元数是指存放的字数。 ( )

(13) 存储器以位为单位进行读写操作。 ( )

(14) 用 4K×1 的存储器芯片扩展为 4K×8 的存储器系统，要采用字扩展的方式。 ( )

(15) 1KB 的存储器芯片，其字长为 2。 ( )

(16) 基本寄存器的数据只能并行输入、并行输出。 ( )

(17) 移位寄存器中的数据可以在移位脉冲作用下依次逐位右移或左移，数据可以并行输入、并行输出、串行输入、串行输出，并行输入、串行输出，串行输入、并行输出。 ( )

(18) 异步时序逻辑电路结构简单，速度慢。 ( )

(19) 时序逻辑电路的输出信号只与当时的输入信号有关，与电路的原状态

无关。（　）

（20）多谐振荡器在触发信号作用下输出矩形脉冲。（　）

（21）多谐振荡器没有稳态，因此又称为无稳态电路。（　）

（22）单稳态触发器由暂稳态翻回稳态时，需要外加触发信号。（　）

（23）单稳态触发器经信号触发后，新的状态只能暂时保持。（　）

（24）施密特触发器的状态转换及维持取决于外加触发信号。（　）

3. 选择题

（1）集成555电路在CO端不使用时，比较器C_1的基准电压为（　），C_2的基准电压为（　）。

A. $2U_{DD}/3$　B. $U_{DD}/3$　C. U_{DD}　D. $U_{DD}/2$

（2）集成555电路在控制电压端CO处加控制电压U_{CO}，则C_1和C_2的基准电压将分别变为（　）和（　）。

A. $2U_{CO}/3$　B. $U_{CO}/3$　C. U_{CO}　D. $U_{CO}/2$

（3）为使集成555电路输出OUT为低电平，应满足（　）条件。

A. $\overline{R}$为低电平　B. $U_{\overline{TR}}<U_{DD}/3$

C. $U_{TH}<2U_{DD}/3$　D. $U_{TH}>2U_{DD}/3$

（4）集成555电路在输出OUT前端设置了缓冲器G_2的主要原因是（　）。

A. 拉高高电平

B. 降低低电平

C. 提高驱动负载能力

D. 放电端D和输出端OUT电平保持一致

（5）施密特触发器属于（　）型电路。

A. 电平触发　B. 边沿触发　C. 脉冲触发　D. 锁存器

（6）施密特触发器的U_{T+}称为正向阈值电压，U_{T-}称为负向阈值电压，且$U_{T+}>U_{T-}$，两者的差值称回差为（　）。

A. $U_{T+}+U_{T-}$　B. $U_{T+}-U_{T-}$　C. U_{T+}　D. U_{T-}

（7）用运算放大器组成的施密特触发器利用了（　）特性。

A. 正反馈　B. 线性

C. 负反馈　D. 输出正饱和值与负饱和值

（8）施密特触发器主要作用是（　）、（　）、（　）等。

A. 信号整形　B. 波形变换

C. 提高驱动负载能力　D. 幅度鉴别

（9）施密特触发器用于整形时，输入信号的幅度应（　）。

A. 大于U_{T+}　B. 等于U_{T+}

C. 等于U_{T-}　D. 小于U_{T-}

（10）（　）可将变化缓慢的输入信号变换为矩形脉冲信号。

A. 单稳态电路　B. 施密特触发器

C. 触发器　D. 锁存器

（11）单稳态电路从稳态翻转到暂稳态取决于（　　），从暂稳态翻转到稳态取决于（　　）。

A. 脉冲宽度　　B. R 和 C
C. 阈值电压　　D. 输入脉冲信号

（12）单稳态电路可应用于以下（　　）情况。

A. 加法器　　B. 定时电路　　C. 振荡器　　D. 移位寄存器

（13）将一冲宽度为 5ms 方波信号变换为相同周期的脉冲宽度为 7ms 矩形脉冲，可采用（　　）。

A. 施密特触发器　　B. 单稳态触发器
C. 五进制计数器　　D. 移位寄存器

（14）触发脉冲信号作用于可重复触发单稳态电路时，且暂稳态的时间大于触发脉冲信号的周期，则单稳态电路的输出则是一（　　）信号。

A. 倍周期　　B. 正弦　　C. 高电平　　D. 低电平

（15）（　　）可将脉冲高电平宽度不等的脉冲信号变换成脉冲高电平宽度相等的脉冲信号。

A. 施密特触发器　　B. 多谐振荡器
C. 单稳态电路　　D. 锁存器

（16）（　　）是单稳态电路输出脉冲宽度。

A. 暂稳态时间的 0.7 倍　　B. 稳态时间
C. 稳态时间的 0.7 倍　　D. 暂稳态时间

（17）单稳态触发器和多谐振荡器中的暂稳态时间与（　　）成正比。

A. 脉冲宽度　　B. R 和 C
C. 阈值电压　　D. 输入脉冲信号

（18）用石英晶体多谐振荡器代替对称多谐振荡器中的一个电容，另一个电容的值应（　　）。

A. 加大　　B. 减小
C. 不变　　D. 也换成石英晶体谐振器

（19）多谐振荡器的电路结构可归纳为（　　）和（　　）两部分。

A. 正反馈的延时环节　　B. 单稳态触发器
C. 施密特触发器　　D. 开关器件

（20）n（大于 1 的奇数）个反相器首尾相连构成环形多谐振荡器，其振荡周期为（　　）。

A. $2nt_{pd}$　　B. $6t_{pd}$　　C. $2t_{pd}$　　D. $3n\ t_{pd}$

（21）欲获得频率稳定度高的脉冲信号，应采用（　　）。

A. 单稳态电路　　B. 集成 555
C. 对称多谐振荡器　　D. 石英晶体振荡器

（22）欲使集成 555 电路组成的振荡器停止振荡，应按（　　）处理。

A. 复位端接高电平　　B. 复位端接低电平

C. CO 接高电平　　D. CO 悬空

(23) 题图 9-1 所示电路为由 555 定时器构成的（　　）。

A. 施密特触发器　　B. 多谐振荡器

C. 单稳态触发器　　D. T 触发器

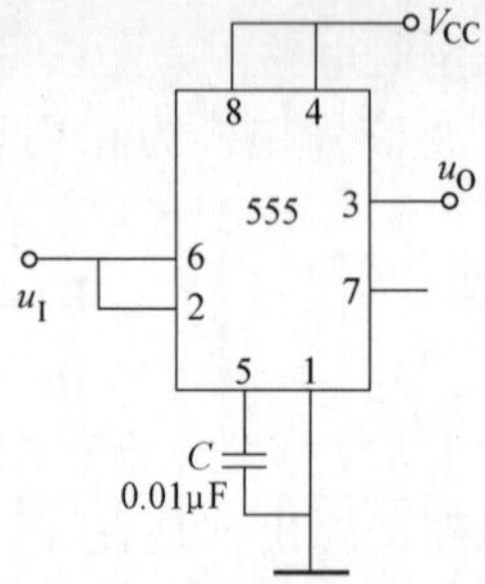

题图 9-1

(24) 多谐振荡器可产生（　　）。

A. 正弦波　　B. 矩形脉冲　　C. 三角波　　D. 锯齿波

(25) 石英晶体多谐振荡器的突出优点是（　　）。

A. 速度高　　B. 电路简单

C. 振荡频率稳定　　D. 输出波形边沿陡峭

(26) 以下四种转换器，（　　）是 A/D 转换器且转换速度最高。

A. 并联比较型　　B. 逐次逼近型

C. 双积分型　　D. 施密特触发器

(27)（　　）不能将减法运算转换为加法运算。

A. 原码　　B. 反码　　C. 补码

(28) 小数“0”的反码可以写为（　　）。

A. 0. 0…0　　B. 1. 0…0　　C. 0. 1…1　　D. 1. 1…1

(29) 逻辑函数 $F=A\oplus B$ 和 $G=A\odot B$ 满足关系（　　）。

A. $F=\overline{G}$　　B. $F'=G$　　C. $F'=\overline{G}$　　D. $F=G\oplus 1$

(30) 要使 JK 触发器在时钟脉冲作用下，实现输出 $Q^{n+1}=\overline{Q^n}$，则输入端信号应为（　　）。

A. $J=K=0$　　B. $J=K=1$　　C. $J=1$，$K=0$　　D. $J=0$，$K=1$

(31) 设计一个同步十进制计数器，需要（　　）触发器。

A. 3 个　　B. 4 个　　C. 5 个　　D. 10 个

(32) 一般 A/D 转换的四个过程包含（　　）。

A. 取样　　B. 保持　　C. 量化　　D. 编码

(33) 模数转换器（　　）。

A. 也叫 D/A 转换器

B. 也叫 A/D 转换器

C. 可以实现模拟信号转换为数字信号

D. 可以实现数字信号转换为模拟信号

(34) D/A 转换器（　　）。

A. 常用数字量的位数表示 D/A 转换器的分辨率

B. 输入数字量位数越少，分辨率越高

C. 可以实现数字信号向模拟信号转换

D. 输入数字量位数越多，分辨率越高

(35) 多谐振荡电路是一种（　　）。

A. 矩形波整形电路　　B. 锯齿波振荡电路

C. 尖脉冲形成电路　　D. 矩形波振荡电路

(36) 多谐振荡器电路工作状态有（　　）。

A. 具有两个稳态　　B. 仅有一个稳态

C. 仅有两个暂稳态　　D. 有一个稳态，有一个暂稳态

(37) 回差特性是（　　）电路所固有的特性。

A. 多谐振荡器　　B. 单稳态触发器

C. 施密特触发器　　D. 555 定时电路

(38) 施密特触发器一般不适用于（　　）电路。

A. 延时　　B. 波形变换

C. 脉冲波形整形　　D. 幅度鉴别

4. 画图题

画出由 555 组成的多谐振荡器、单稳态触发器、施密特触发器。

第 9 章　测　试　题

1. 填空题

(1) 多谐振荡器电路没有________，电路不停地在两个________之间转换，而这个转换的快慢主要取决于________的速度。

(2) 在触发脉冲作用下，单稳态触发器从________转换到________后，依靠自身电容的放电作用，又能自行回到________。

(3) 单稳态触发器的工作过程可分为________、________和________三个阶段。

(4) 应用施密特触发器对脉冲作整形时，通过调整________的大小，可以改变输出矩形波的________。

(5) 施密特触发器具有________特性，回差电压为________。

2. 判断题

(1) 多谐振荡器没有稳态，因此又称为无稳态电路。　　(　　)

(2) 多谐振荡器有两个信号输出端，但是输出信号极性是相反的。 ( )

(3) 单稳态触发器工作时不需要外加触发信号就能自动地从稳态翻转到暂稳态。 ( )

(4) 单稳态触发器由暂稳态翻回稳态时，需要外加触发信号。 ( )

(5) 施密特触发器作为整形应用时，往往增大回差电压 ΔV；而作为幅度鉴别时，则要求 ΔV 越小越好。 ( )

(6) 施密特触发器有两个不同的触发电平，且存在回差电压。 ( )

3. 选择题

(1) 多谐振荡器输出信号为 ( )。

A. 矩形波　B. 锯齿波　C. 尖脉冲波　D. 正弦波

(2) 多谐振荡器一旦起振，电路所处状态是 ( )。

A. 具有一个稳态　B. 具有两个暂稳态

C. 具有两个稳态　D. 有一个稳态，有一个暂稳态

(3) 单稳态电路由稳态翻转成暂稳态时，需要外加触发信号，若触发信号过窄，电路会出现 ( )。

A. 不翻转　B. 空翻　C. 正常翻转　D. 状态不定

(4) 单稳态电路一般不适用于 ( ) 电路。

A. 定时　B. 延时

C. 脉冲波形整形　D. 自激振荡产生脉冲信号

(5) 题图 9-2 所示为由 555 集成电路构成的 ( )。

A. 单稳态触发器　B. 无稳态电路

C. 施密特触发器　D. 双稳态触发器

(6) 题图 9-2 所示电路中若要调整电路输出信号频率，则应调 ( )。

A. C_1　B. C_2　C. R_1　D. R_2

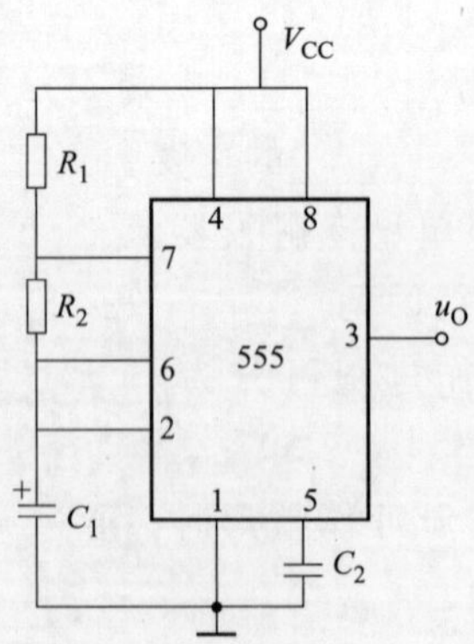

题图 9-2

(7) 施密特触发器输出矩形脉冲的频率 ( )。

A. 与输入信号频率无关　　B. 等于输入信号频率

C. 高于输入信号频率　　D. 低于输入信号频率

（8）欲将边沿较差或带有干扰、噪声的不规则波形整形时，应选择（　　）。

A. 单稳态电路　　B. 无稳态电路

C. 双稳态电路　　D. 施密特触发器

4. 分析与计算

（1）单稳态触发器有哪些特点？有哪些应用？

（2）设反相输出施密特触发器的上升沿触发电平 $u_{T+}=1.6V$，回差电压 $\Delta u=0.7V$，若输入波形如题图 9-3 所示，试画出输出电压的波形（设 $u_H=3.6V$，$u_L=0.3V$）。

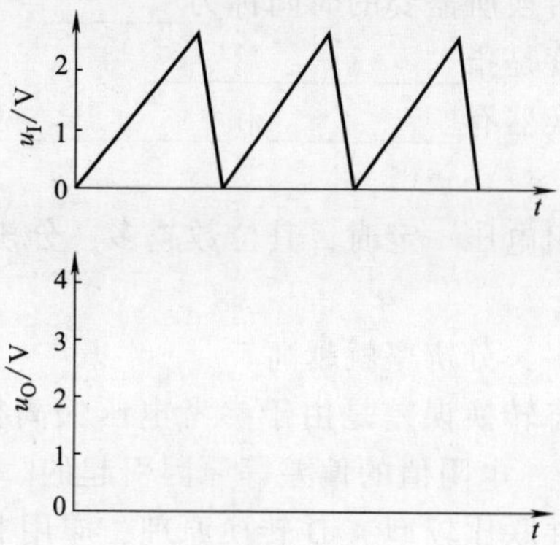

题图 9-3

第10章　习　　题

1. 填空题

（1）A-D 转换的一般步骤包括________、________、________、________。

（2）衡量 A-D 转换器性能的两个重要指标是________、________。

（3）________________称为模数转换器，简称 ADC。

（4）将数量转换成模拟量的装置称____________，简称________。

（5）DAC 的分辨率是指________________。

（6）完成一次 A-D 转换所需要的时间称为________。

（7）DAC 的转换精度是指________________。

（8）常见的 D-A 转换器有__________和__________两大类。

2. 判断题

（1）DAC 的最大输出电压一定时，其位数越多，分辨率越小，精度越低。（　　）

（2）ADC 的位数越多，分辨率就越高。（　　）

（3）DAC 的最大静态转换误差是由于参考电压偏离标准值、运算放大器的零点漂移、模拟开关的压降、电阻值的偏差等原因引起的。（　　）

（4）ADC0809 采用并联比较型 A-D 转换原理，应用非常广泛。（　　）

（5）DAC0832 是 8 位分辨率的 D-A 转换集成芯片，以其价格低廉、接口简单、转换控制容易等优点，在单片机应用系统中得到广泛的应用。（　　）

3. 选择题

（1）分辨率高，转换速度快，目前广泛应用的一种 A-D 转换器是（　　）。

A. 并联比较型 A-D 转换器　　B. 逐次逼近型 A-D 转换器

C. 双积分型 A-D 转换器　　D. 以上都不是

（2）高速 ADC 的转换时间约为（　　）。

A. 1~3ms　　B. 50μs　　C. 50ns　　D. 500ns

（3）（　　）是描述 D-A 转换器转换速度的重要性能指标。

A. 输出建立时间　　B. 转换精度

C. 分标率　　D. 电源电压抑制比

4. 实训题

现有四位二进制计数器 74LS161、D-A 转换器 DAC0832 和集成运放 μA741 芯片各一片，试设计梯形波发生器，画出电路原理图，并在万能电路板上做出电路，要求：将 f=1kHz 的脉冲信号加到计数器的 CP 端，用示波器观察输出的波形并记录。